概率論

與數理統計教程

（第二版）

主　編◇白淑敏
副主編◇駱川義、吳小丹

第二版前言

　　本教材自 2012 年 12 月出版發行以來,受到了使用本教材的廣大教師與學生的較好評價,同時也提出了個別問題,我們在教學中也發現了一些值得改進的地方.為了使本書更加有利於教師講授和學生學習,我們在廣泛徵求使用者意見、虛心吸納同行建議的基礎上,對本教材進行了一些修改.

　　再版教材保留了第一版的基本體系,在內容上作了一些局部調整和增減改進.其中變動較大的是刪掉了第四章中矩母函數的有關內容,增加了條件數學期望這一節的內容,這主要是考慮到本教材的適用對象是經濟管理各專業的本科生,而在學生學習金融、保險精算、經濟管理等理論時會接觸到有關條件數學期望的概念.另外,我們也對個別例題與習題作了一定的調整,目的是使得例題、習題與學習內容更加匹配.

　　由於水平所限,書中有不妥或錯誤之處,懇請廣大讀者批評指正.

編　者

目錄

第 1 章　事件與概率 ……………………………………………………（1）

　　§1.1　邏輯基礎的建立（一）——引入集合 ………………………（2）

　　§1.2　邏輯基礎的建立（二）——概率公理化定義的形成 ………（8）

　　§1.3　概率的性質 …………………………………………………（19）

　　§1.4　條件概率 ……………………………………………………（23）

　　§1.5　事件的獨立性 ………………………………………………（32）

第 2 章　隨機變量的分佈 ………………………………………………（41）

　　§2.1　隨機變量及其分佈函數 ……………………………………（42）

　　§2.2　離散型隨機變量及其分佈 …………………………………（46）

　　§2.3　連續型隨機變量及其分佈 …………………………………（57）

　　§2.4　隨機變量函數的分佈 ………………………………………（70）

第 3 章　多維隨機變量的分佈 …………………………………………（81）

　　§3.1　多維隨機變量及其分佈函數 ………………………………（82）

　　§3.2　二維離散型隨機變量的分佈 ………………………………（84）

　　§3.3　二維連續型隨機變量的分佈 ………………………………（89）

　　§3.4　隨機變量的獨立性 …………………………………………（97）

　　§3.5　二維隨機變量函數的分佈 …………………………………（103）

　　*§3.6　條件分佈 ……………………………………………………（109）

第 4 章　隨機變量的數字特徵 …………………………………………（121）

　　§4.1　隨機變量的數學期望 ………………………………………（122）

001

§4.2 隨機變量數學期望的運算性質 ································ (128)
§4.3 隨機變量的方差與矩 ··· (135)
§4.4 兩個隨機變量的協方差與相關係數 ························· (143)
*§4.5 條件數學期望 ·· (152)
§4.6 大數定律 ·· (157)
§4.7 中心極限定理 ·· (161)

第5章 數理統計的基本知識 ·· (169)
§5.1 幾個基本概念 ·· (170)
§5.2 數理統計中幾個常用分佈 ······································ (174)
§5.3 抽樣分佈定理 ·· (180)

第6章 數理統計的基本方法 ·· (189)
§6.1 參數的點估計 ·· (190)
§6.2 正態總體參數的區間估計 ······································· (199)
§6.3 參數的假設檢驗 ·· (208)
§6.4 一個正態總體參數的假設檢驗 ································ (212)
*§6.5 兩個正態總體參數的假設檢驗 ······························· (221)

參考答案 ·· (232)

附表 ··· (256)

第1章

事件與概率

在客觀世界中,我們發現許多現象在一定的條件下或者一定發生,或者一定不發生. 例如「水從高處流向低處」,又如,「太陽不會從西邊升起」「同性電荷必然互斥」「函數在間斷點處不存在導數」等. 這些現象,我們稱之為確定性現象.

但是在自然界和社會生活中,也廣泛存在著與確定性現象有著本質區別的另一類現象,即隨機現象. 這種現象的特點是,在一定條件下,既可以發生這樣的結果,也可以發生那樣的結果. 比如,擲一枚硬幣,觀察哪面向上,結果可能正面向上,也可能反面向上;又如,在抽樣檢查產品質量時,如果任意從被檢產品中抽 100 件,那麼其中的次品可能有 5 件,可能有 10 件,也可能只有 1 件;再如,汽車行駛到馬路的交叉路口,可能遇到紅燈,也可能遇到綠燈,等等.

概率論以隨機現象為研究對象,我們的目的是以數學的方式研究隨機現象,因此需要首先建立邏輯基礎.

§1.1　邏輯基礎的建立(一)——引入集合

一、基本概念

概率論是研究隨機現象的數學學科,旨在揭示隨機現象背後的規律.而觀測與試驗是人們在早期研究隨機現象的重要方法,如:

(1) 將一枚硬幣連續擲兩次,觀察出現正面和反面的情況;

(2) 擲一枚硬幣 100 次,記錄正面朝上的次數.

這類試驗有如下特徵:試驗的所有可能結果可以事先知道;任何一次試驗的確定結果無法事先知道;可以在同一條件下重複做此試驗.符合這三個特徵的試驗稱之為隨機試驗,簡稱試驗,記為 E.

隨機試驗會出現一些可能結果,如試驗(1)中的可能結果有(正正)、(正反)、(反正)、(反反),試驗(2)中的可能結果有 0,1,2,…,100. 我們把隨機試驗的每一個可能的基本結果稱為一個**樣本點**,記作 ω. 如:試驗(1)中的樣本點有 $\omega_1 = $(正正),$\omega_2 = $(正反),$\omega_3 = $(反正),$\omega_4 = $(反反). 稱全體樣本點的集合為隨機試驗的**樣本空間**,記作 Ω,如試驗(2)中的樣本空間為 $\Omega = \{0,1,2,\cdots,100\}$.

在對隨機現象的研究中,人們並不一定對隨機試驗的每個結果(樣本點)都感興趣,而是對某些樣本點的集合感興趣,如在試驗(1)中,某人對「兩次都出現正面」這個事情感興趣;試驗(2)中,某人對「正面向上的次數不少於 60 次」這個事情感興趣.

定義 1.1　樣本空間的滿足某種條件的子集稱為隨機事件,簡稱事件. 常用大寫的英文字母 A,B,C,… 表示.

我們把樣本空間 Ω 中只包含一個樣本點的子集稱為基本事件,而把樣本空間 Ω 的最大子集(即 Ω 自身)稱為必然事件,把樣本空間 Ω 的最小子集(即空集 $\varnothing$)稱為不可能事件;稱至少含有兩個樣本點的集合為複合事件.

試驗(1)中,記 A =「兩次都出現正面」,B =「兩次出現正面或反面」;試驗(2)中,記 C =「正面向上的次數不少於 60 次」,D =「正面向上的次數大於 100 次」,則 A = {(正正)},B = {(正正),(正反),(反正),(反反)},C = {60,61,…,100},D = $\varnothing$ 均為隨機事件. 其中,B 為必然事件,D 為不可能事件.

註:(1) 樣本空間中的元素可以是數,也可以不是數.

(2) 樣本空間含有樣本點的個數可以是有限個,也可以是無限個. 我們將

樣本點個數為有限個或可列個的樣本空間統稱為**離散樣本空間**,而將樣本點個數為無限不可列個的樣本空間稱為**連續樣本空間**. 一般,對於離散樣本空間,可以將其任意一個子集稱作事件. 而對於連續樣本空間,根據實際意義,只是將我們感興趣(滿足某種條件)的那些子集稱作事件.

(3)在某次隨機試驗中,若事件 A 中某個樣本點出現了,則稱事件 A 發生了.

例 1 試給出下列各隨機現象的樣本空間.
(1)擲一枚骰子,觀察出現的點數.
(2)考察一天中進入某商場的顧客數.
(3)考察某種電子產品的使用壽命.

解 (1)$\Omega_1 = \{\omega_1, \omega_2, \omega_3, \omega_4, \omega_5, \omega_6\}$,這裡 ω_i 表示「出現 i 點」,$i = 1, 2, \cdots, 6$. 也可簡記為 $\Omega_1 = \{1, 2, 3, 4, 5, 6\}$.

(2)$\Omega_2 = \{0, 1, 2, \cdots, 10,000, \cdots\}$,這裡「0」表示「一天內無人光顧此商場」,而「10,000」表示「一天內有一萬人光顧此商場」. 雖然這兩種情況發生的可能性很小,但我們不能說它們是不可能發生的. 因此,用所有非負整數表示該樣本空間的樣本點,應該是合理的.

(3)$\Omega_4 = \{t / t \geq 0\}$.

二、隨機事件的關係和運算

根據定義 1.1,隨機事件都是樣本點的集合. 因此,集合的關係及諸種運算也同樣適用於事件. 在下面的討論中,設 Ω 是隨機試驗 E 的樣本空間,A、B、C、$A_i(i = 1, 2, \cdots)$ 等是 Ω 的子集,即為 E 的隨機事件.

1. 事件的包含

如果事件 A 發生必然導致事件 B 發生,即屬於 A 的樣本點都屬於 B,則稱 A 包含於 B,記作 $A \subset B$.

對任何事件 A,顯然總有 $A \subset \Omega$. 又,為了以後討論的方便,我們約定不可能事件 $\varnothing$ 包含於任何事件 A 中,即 $\varnothing \subset A$. 於是,總有 $\varnothing \subset A \subset \Omega$.

2. 事件相等

如果事件 A 與 B 滿足 $A \subset B$ 且 $B \subset A$,則稱事件 A 與 B 相等,記為 $A = B$. 顯然相等的事件包含相同的樣本點.

例如在擲一枚骰子的試驗中,如果記事件 A =「出現的點數不小於 5」,B =「出現的點數大於 4」,則 $A = B$.

3. 事件的並(和)

表示「A 或 B 至少有一個發生」的事件,即由事件 A 與 B 中所有的樣本點(相同的只計入一次)組成的集合,稱為 A 與 B 的並,記作 $A \cup B$.

例如在擲一枚骰子的試驗中,如果記事件 A =「出現奇數點」,B =「出現的點數大於 4」,則 $A \cup B = \{1, 3, 5, 6\}$.

4. 事件的交(或乘積)

表示「A 與 B 同時發生」的事件,即由事件 A 與 B 中公共的樣本點組成的集合,稱為事件 A 與 B 的交(或積),記作 $A \cap B$ 或 AB.

例如在擲一枚骰子的試驗中,如果記事件 A =「出現奇數點」,B =「出現的點數大於 4」,則 AB =「出現 5 點」.

事件的並和交的概念可以推廣到有限個和可列個事件的情形:

n 個事件 $A_i (i = 1, 2, \cdots, n)$ 的並 $A_1 \cup A_2 \cup \cdots \cup A_n$ 為一個新事件,簡記為 $\bigcup_{i=1}^{n} A_i$,當且僅當「$A_1, A_2, \cdots, A_n$ 中至少有一個發生」時,該事件發生;

n 個事件 $A_i (i = 1, 2, \cdots, n)$ 的交 $A_1 \cap A_2 \cap \cdots \cap A_n$ 為一個新事件,簡記為 $\bigcap_{i=1}^{n} A_i$,當且僅當「$A_1, A_2, \cdots, A_n$ 同時發生」時,該事件發生.

類似地,可定義可列個事件的並 $\bigcup_{i=1}^{\infty} A_i$ 及可列個事件的交 $\bigcap_{i=1}^{\infty} A_i$.

5. 逆事件(對立事件)

表示「A 不發生」的事件,即由在 Ω 中而不在 A 中的樣本點組成的集合,稱為事件 A 的逆事件,或稱 A 的對立事件,記作 $\bar{A}$.

利用上述事件的並和交的運算符號,有

$$A \cup \bar{A} = \Omega \text{ 及 } A\bar{A} = \varnothing$$

顯然,A 與 $\bar{A}$ 互為逆事件.

例如,在擲骰子的試驗中,若 $A = \{1, 3\}$,則 $\bar{A} = \{2, 4, 5, 6\}$;若 A =「點數小於 3」,則 $\bar{A}$ =「點數不小於 3」.

6. 事件的差

表示「A 發生而 B 不發生」的事件,即由在事件 A 中且不在 B 中的樣本點組成的集合,稱為事件 A 與 B 之差,記為 $A - B$. 顯然有 $A - B = A\bar{B}$.

例如在擲一枚骰子的試驗中,如果記事件 A =「出現奇數點」,B =「出現的點數大於 4」,則 $A - B = \{1, 3\}$.

7. 互斥事件(互不相容)

若兩個事件 A 與 B 滿足關係 $A \cap B = \varnothing$,也就是說,如果 A 與 B 不能同時

发生,就称 A 与 B 互斥或互不相容.

显然,若 A 与 B 互为逆事件,则 A、B 一定互斥,但互斥事件不一定互为逆事件.

事件的关系与运算,可用集合论中的 Venn 图直观地予以表示(如图 1.1):

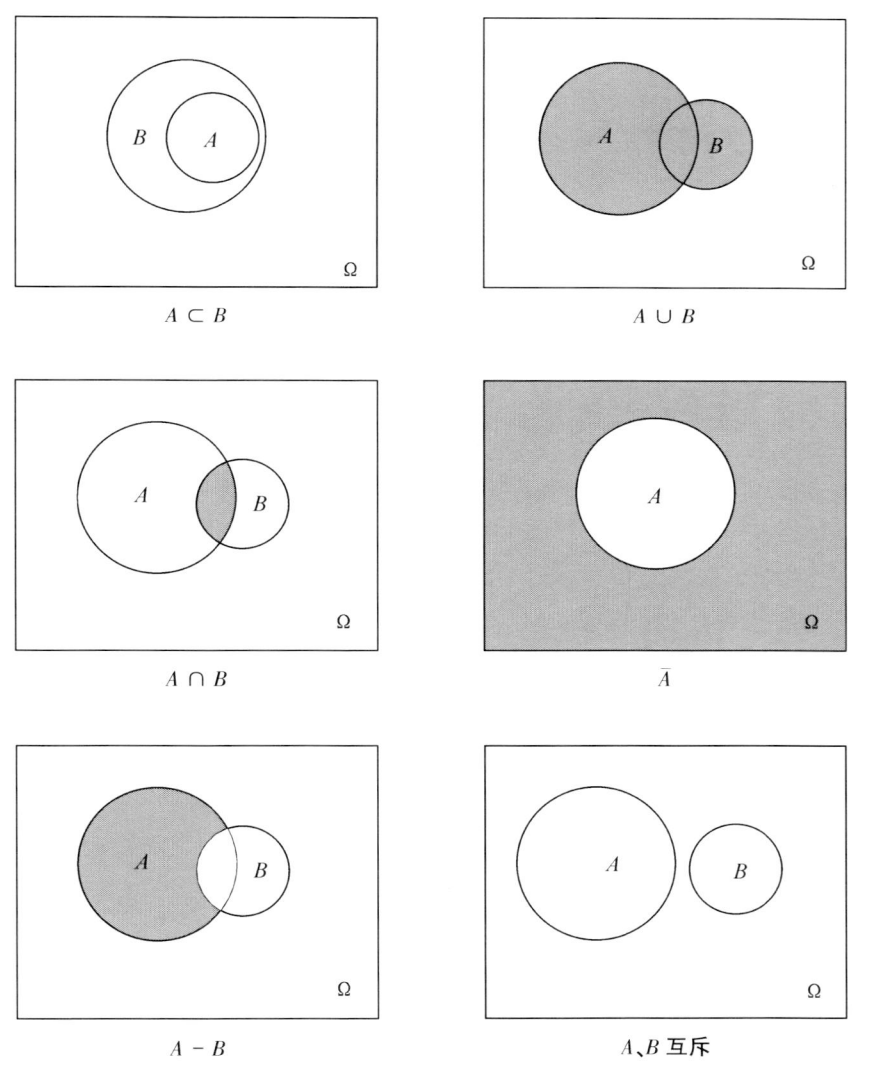

图 1.1

与集合的运算一样,事件的运算也满足如下规律:
(1) 交换律:$A \cup B = B \cup A$, $A \cap B = B \cap A$;

(2) 結合律:$A \cup (B \cup C) = (A \cup B) \cup C$,
$$A \cap (B \cap C) = (A \cap B) \cap C;$$
(3) 吸收律:$A \subset B \Rightarrow A \cup B = B, A \cap B = A$;
(4) 分配律:$A \cap (B \cup C) = (A \cap B) \cup (A \cap C)$,
$$A \cup (B \cap C) = (A \cup B) \cap (A \cup C);$$
(5) 對偶律(De Morgan's theorem):$\overline{A \cup B} = \bar{A} \cap \bar{B}, \overline{A \cap B} = \bar{A} \cup \bar{B}$.

其中,運算律(1)(2)(4)(5)也可以推廣到任意有限個或可列個事件的情形. 例如,對可列個事件 $A_i (i = 1, 2, \cdots)$,有對偶律
$$\overline{\bigcup_{i=1}^{\infty} A_i} = \bigcap_{i=1}^{\infty} \bar{A_i}, \quad \overline{\bigcap_{i=1}^{\infty} A_i} = \bigcup_{i=1}^{\infty} \bar{A_i}.$$

例2 從某廠的產品中隨機抽取三件產品. 設 A 表示「三件中至少有一件是廢品」,B 表示「三件中至少有兩件是廢品」,C 表示「三件都是正品」,問:$\bar{A}, \bar{B}, A \cup B, A \cap B, A \cup C, A \cap C, A - B$ 各表示什麼事件?

解 $\bar{A} = C$ 表示三件都是正品;

$\bar{B}$ 表示三件中至多有一件是廢品;

$A \cup B = A$ 表示至少有一件是廢品;

$A \cap B = B$ 表示至少有兩件是廢品;

$A \cup C = \Omega$ 為必然事件;

$A \cap C = \emptyset$ 為不可能事件;

$A - B$ 表示恰好有一件廢品.

例3 某人連續三次購買彩票,每次一張. 令 A, B, C 分別表示其第一、二、三次所買的彩票中獎的事件,試用 A, B, C 及其運算表示下列事件:

(1) 恰有一次中了獎;

(2) 不止一次中獎;

(3) 只有第二次中獎;

(4) 一次獎也未中;

(5) 至多中獎兩次.

解 (1) $A\bar{B}\bar{C} \cup \bar{A}B\bar{C} \cup \bar{A}\bar{B}C$;

(2) $AB \cup BC \cup AC$;

(3) $\bar{A}B\bar{C}$;

(4) $\overline{ABC}$ 或 $\overline{A \cup B \cup C}$;

(5) $\overline{ABC}$ 或 $\bar{A} \cup \bar{B} \cup \bar{C}$.

習題 1.1

1. 試判斷下列試驗是否為隨機試驗：
(1) 在恒力的作用下一質點作勻加速運動；
(2) 在5個同樣的球(標號1、2、3、4、5)中，任意取一個，觀察所取球的標號；
(3) 在分析天平上稱量一小包白糖，並記錄稱量結果．

2. 寫出下列試驗的樣本空間．
(1) 將一枚硬幣連擲三次；
(2) 觀察在時間$[0, t]$內進入某一商店的顧客人數；
(3) 在單位圓內任取一點，記錄它的坐標．

3. 將一顆骰子連擲兩次，觀察其擲出的點數．令 $A =$「兩次擲出的點數相同」，$B =$「點數之和為10」，$C =$「最小點數為4」．試分別指出事件 A、B、C 以及 $A \cup B$、ABC、$A - C$、$C - A$、$B\bar{C}$ 各自含有的樣本點．

4. 在一段時間內，某電話交換臺接到呼喚的次數可能是0次,1次,2次⋯⋯記事件 $A_k (k = 1, 2, \cdots)$ 表示「接到的呼喚次數小於 k」，試用 A_k 間的運算表示下列事件：
(1) 呼喚次數大於2；
(2) 呼喚次數在5到10次範圍內；
(3) 呼喚次數與8的偏差大於2．

5. 試用事件 A、B、C 及其運算關係式表示下列事件：
(1) A 發生而 B 不發生；
(2) A 不發生但 B、C 至少有一個發生；
(3) A、B、C 中只有一個發生；
(4) A、B、C 中至多有一個發生；
(5) A、B、C 中至少有兩個發生；
(6) A、B、C 不同時發生．

6. 在某大學金融學院的學生中任選一名學生．若事件 A 表示被選學生是女生，事件 B 表示該生是大學二年級學生，事件 C 表示該生是運動員．
(1) 敘述 $AB\bar{C}$ 的意義．
(2) 在什麼條件下 $ABC = C$ 成立？
(3) 在什麼條件下 $\bar{A} \subset B$ 成立？

7. 化簡下列各事件：
(1) $(A - B) \cup A$；
(2) $(A - B) \cup B$；
(3) $(A - B)A$；
(4) $(A - B)B$；
(5) $(A \cup B) \cap (A \cup \bar{B}) \cap (\bar{A} \cup A)$.
8. 若 $AB = \overline{A}\overline{B}$，證明：$A$ 與 B 互為逆事件.

§1.2　邏輯基礎的建立（二）——概率公理化定義的形成

對於一個隨機現象，我們不僅關心它可能出現哪些結果，更需要知道某些結果出現的可能性的大小．例如，商業保險機構為獲得較大利潤，就必須研究個別意外事件發生的可能性的大小，由此去計算保險費和賠償費的多少．人們希望用一個數值來度量事件發生的可能性大小，並將這個表徵可能性大小的數值稱之為事件的概率．究竟怎樣定義概率？為什麼起源於賭博問題的概率論能夠發展成為一個嚴格的數學學科？概率定義的數學本質是什麼？上一節已經指出，將樣本點抽象為「元素」；將隨機事件抽象為「集合」是形成概率論邏輯基礎的一個前提，而概率公理化定義的形成則是另一個重要前提．如何定義概率，如何把概率論建立在嚴格的邏輯基礎上，是概率論發展的困難所在，對這一問題的探索一直持續了近 300 年．

早期的概率定義源於計算與經驗，因此我們首先從概率的計算方法開始討論概率的定義．

一、概率的古典定義

概率的古典定義是人們確定隨機事件發生可能性大小的最早的方法，由法國數學家 Laplace 在 1812 年給出定義．

定義 1.2　對於某一隨機試驗，若樣本空間只有有限個樣本點，即 $\Omega = \{\omega_1, \omega_2, \cdots, \omega_n\}$，且每個樣本點在試驗中都等可能出現，則稱這種試驗為古典概型．在古典概型中，事件 A 發生的概率為

$$P(A) = \frac{n_A}{n}$$

其中 n_A 為事件 A 包含的樣本點數.

對於古典概型,求事件 A 的概率的關鍵是正確求出樣本空間中樣本點總數以及事件 A 所包含的樣本點個數,這種計算大多涉及排列組合的相關知識.

例1 箱中有 6 個白球,4 個黑球,從中任取 3 個球. 求下列事件的概率:(1) 取到的都是白球;(2) 取到 2 個白球 1 個黑球.

解 把任意取出的 3 個球作為一個樣本點,樣本點總數為 C_{10}^3,且每個樣本點的出現是等可能的,因此本試驗是古典概型.

(1) 設事件 A 表示「取到 3 個白球」. 因為 3 個白球只能從 6 個白球中取得,故 A 所包含的樣本點數為 C_6^3,所以

$$P(A) = \frac{C_6^3}{C_{10}^3} = \frac{1}{6} \approx 0.167.$$

(2) 設事件 B 表示「取到 2 個白球,1 個黑球」. 因為 2 個白球是從 6 個白球中取得,1 個黑球是從 4 個黑球中取得,故由乘法原理,B 所包含的樣本點數為 $C_6^2 \cdot C_4^1$(把取 3 個球看成由兩個步驟完成),因此

$$P(B) = \frac{C_6^2 \cdot C_4^1}{C_{10}^3} = \frac{1}{2} = 0.5.$$

需要注意的是,本題中的球均互不相同,若無特別說明,本書中提到的物件均互不相同.

例2 (不放回抽取與有放回抽取) 將例 1 中的取球方式改成 (1) 不放回連取三次的取球方式;(2) 放回連取三次的取球方式. 分別求兩種方式下「取到 2 個白球,1 個黑球」的概率.

解 同例 1 一樣,仍設 B 表示「取到 2 個白球,1 個黑球」.

(1) 把從袋中不放回地連取 3 只球作為一個樣本點,則樣本點總數為 $C_{10}^1 \cdot C_9^1 \cdot C_8^1$;而在三次取球中,可能一、二次取到白球,可能二、三次取到白球,也可能一、三次取到白球,因此,B 所包含的樣本點數為 $C_3^2 C_6^1 C_5^1 C_4^1$,故

$$P(B) = \frac{C_3^2 C_6^1 C_5^1 C_4^1}{C_{10}^1 C_9^1 C_8^1} = \frac{1}{2}.$$

比較此結果與例 1 中 (2) 的結果,我們會發現,一次同時取 3 只球與不放回地逐一取出 3 只球,效果是完全一致的. 因此,對不放回地逐一取球問題,樣本點數可按一次性取出的情形求.

(2) 把從袋中有放回地抽取三個球作為一個樣本點,則樣本點總數為 10^3,B 所包含的樣本點數為 $C_3^2 6^2 \cdot 4$,於是

$$P(B) = \frac{C_3^2 6^2 \cdot 4}{10^3} = 0.432.$$

例 3　（盒子模型）將 k 個小球隨機地放入 $N(N \geq k)$ 個盒子中，假定每個盒子可放的球數不限，且設每個球都以等概率放入任一盒子中．（通常稱此問題為分房模型）現記

$A=$「在指定的 k 個盒子中各有一個球」；

$B=$「k 個球放入 k 個不同的盒子中」；

$C=$「在某一指定的盒子中有 m 個球」．

求事件 A,B,C 的概率．

解　因為對盒子中小球的個數沒有限制，所以每個小球都有 N 種放法，k 個小球共有 N^k 種放法，即樣本點總數為 N^k．

對事件 A，要使指定的 k 個盒子各有一個球，這是一個全排列的問題，樣本點數為 $k!$，故

$$P(A)=\frac{n_A}{n}=\frac{k!}{N^k}.$$

對事件 B，可以分兩步進行：先在 N 個盒子中選定 k 個盒子，這有 C_N^k 種選法；再將 k 個小球放入選定的 k 個盒子中，每個盒子中各有一個球，此步有 $k!$ 種放法．所以，由乘法原理，B 包含的樣本點數為 $C_N^k \cdot k!$，於是

$$P(B)=\frac{n_B}{n}=\frac{C_N^k \cdot k!}{N^k}=\frac{A_N^k}{N^k}.$$

對事件 C，也可以分兩步進行：從 k 個小球中任意取出 m 個球，放入指定的盒子中，共有 C_k^m 種取法；餘下的 $k-m$ 個小球以任意的方式放入其餘的 $N-1$ 個盒子中，共有 $(N-1)^{k-m}$ 種放法．由乘法原理，C 包含的樣本點數為 $C_k^m \cdot (N-1)^{k-m}$．故

$$P(C)=\frac{n_C}{n}=\frac{C_k^m \cdot (N-1)^{k-m}}{N^k}.$$

此模型可以應用到很多實際問題中，其中一個問題就是歷史上有名的「生日問題」．把 $N=365$ 看成一年中的 365 天，將 k 個人看成 k 個球，故 k 個人的生日都不相同的概率為

$$p_k=\frac{C_N^k \cdot k!}{N^k}=\left(1-\frac{1}{365}\right)\left(1-\frac{2}{365}\right)\cdots\left(1-\frac{k-1}{365}\right).$$

也許你會認為在 30 個人的群體中，生日都不相同的可能性較大，甚至超過 50%；那麼在 60 個人的群體中，至少有兩個人的生日相同的可能性又有多大呢？

事實上，30 個人的群體中，生日都不相同的概率為 $p_{30} \approx 30.37\%$，遠遠小於 50%；而在 60 個人的群體中，生日都不相同的概率為 $p_{60} \approx 0.0078$，幾乎就不可

能．也就是說，60個人中至少有兩個人的生日相同的概率為 $1 - p_{60} \approx 99.22\%$，出乎你的預料吧！

例4 （抽籤公平性）盒中有 n 只籤，其中有 k 只長籤，其餘為短籤．現在有 n 個人依次各取一籤，證明每個人抽得長籤的概率都是 $\frac{k}{n}$．

證 n 個人依次各取一只籤，共有 $n!$ 種取法，其中第 j 個人抽到長籤的取法：在第 j 個位置上安排一只長籤，有 k 種情形，其餘 $n-1$ 只籤在餘下的位置全排列，因此

$$p = \frac{C_k^1(n-1)!}{n!} = \frac{k}{n}.$$

古典定義優點是簡單明瞭，同時給出了簡單算法．但是其不足也是顯然的，即「等可能發生」的條件與「樣本點有限」的條件很難滿足．這大大限制了概率古典定義的適用範圍．

二、概率的幾何定義

古典概型的試驗結果為有限種且每個結果出現的可能性要相同．一個直接的推廣是：保留等可能性，而允許試驗的所有可能結果為直線上的一線段或平面上的一區域或空間中的一立體等具有無限多個結果的情形．將幾何與概率結合起來的思想是由法國數學家蒲豐（Buffon）於1777年提出並加以研究的．

定義 1.3 如果一個隨機試驗 E 具有下面的特點：

（1）樣本空間 Ω 充滿某個區域，其度量（長度、面積或體積等）大小可用 M_Ω 表示；

（2）任意一點落在度量相同的子區域內是等可能的，即點落入子區域 $A \subset \Omega$ 的可能性大小與 A 的度量 M_A 成正比，而與其位置和形狀無關，則稱

$$P(A) = \frac{M_A}{M_\Omega}$$

為隨機試驗 E 中事件 A 的概率．

例5 （會面問題）兩人相約於中午12點到1點在某地會面，並約定先到者應等候另一人20分鐘，過時即可離去．求兩人能會面的概率．

解 用12點過 x 分與12點過分 y 分別表示兩人到達某地的時刻，由於兩人都是隨機地在12點至1點之間到達，則 x, y 分別等可能地在 $[0,60]$ 上取值，(x,y) 的所有可能取值在邊長為60的正方形中（如圖1.2），故樣本空間為：$\Omega = \{(x,y) \mid 0 \le x, y \le 60\}$，其度量為 $M_\Omega = 60^2$．而事件 $A = $「兩人能會面」$ = \{(x,y) \mid |x-y| \le 20, (x,y) \in \Omega\}$，即 A 對應於圖1.2的中間部分，其度

011

量為 $M_A = 60^2 - 40^2$. 於是

$$P(A) = \frac{M_A}{M_\Omega} = \frac{60^2 - 40^2}{60^2} = \frac{5}{9} = 0.5556$$

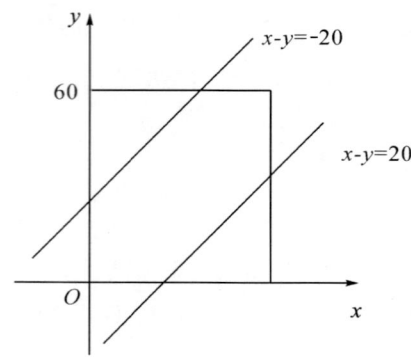

圖 1.2

值得注意的是, 如果用 B 表示事件「兩人都恰好在 12 點半到達約會地點」, 則 $B = \{(30,30)\}$, 因 B 的面積為零, 即 $M_B = 0$, 從而有

$$P(B) = \frac{M_B}{M_\Omega} = \frac{0}{60^2} = 0$$

但顯然事件 B 有可能發生. 可見, 這裡概率為零的事件不一定是不可能事件; 進而, 概率為 1 的事件也不一定是必然事件.

例 6 (Buffon 投針問題) 平面上畫有等距離的平行線, 平行線的距離為 $a(a > 0)$, 向平面投擲一枚長為 $l(l \leq a)$ 的針, 試求針與平行線相交的概率.

解 如圖 1.3, 以 x 表示針的中點與最近一條平行線的距離, 又以 φ 表示針與直線間的夾角, 則隨機試驗的樣本空間為 $\Omega = \{(\varphi,x) \mid 0 \leq \varphi \leq \pi, 0 \leq x \leq \frac{a}{2}\}$. 用 A 表示事件「針與平行線相交」, 則 $A = \{(\varphi,x) \mid 0 \leq x \leq \frac{l}{2}\sin\varphi\}$. Ω 表示的區域是圖 1.4 中的矩形, A 表示圖 1.4 中的曲線 $x = \frac{l}{2}\sin\varphi$ 與 φ 軸所圍成的區域. 由等可能性知

$$P(A) = \frac{M_A}{M_\Omega} = \frac{\int_0^\pi \frac{l}{2}\sin\varphi \, d\varphi}{\frac{a}{2}\pi} = \frac{2l}{\pi a}$$

圖 1.3　　　　　　　　　　圖 1.4

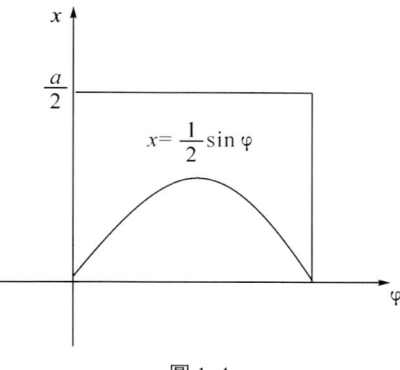

在概率的幾何定義中,需要特別注意的地方是定義中的最後一句:「稱……為隨機試驗 E 中事件 A 的概率」,這意味著事件的概率依賴於事件所屬的隨機試驗,當隨機試驗給定時,事件的概率是唯一確定的．不注意這一點,就有可能造成概念上的含糊,甚至出現一些「怪誕的結論」.

***例 8 (貝特朗奇論)**　1888 年法國數學家 Joseph Bertrand 提出這樣的問題:在單位圓中任意做弦,求此弦的長度大於圓內接正三角形邊長的概率.

解 1:利用圓心到弦的距離定弦．弦長只跟它到圓心的距離有關,而與方向無關．當且僅當弦到圓心的距離小於 $\frac{1}{2}$ 時,其長度才大於 $\sqrt{3}$．設計這樣的隨機試驗 E_1:如圖 1.5,在圓上取定直徑 PQ,只需考慮上半圓即可,在 OP 上任意(隨機)取點 H,OH 為圓心到弦的距離,由此確定弦 AB,N 為 OP 的中點．此時的樣本空間為:$\Omega = OP$,記事件 $C = ON$,則

「$AB > \sqrt{3}$」$\Leftrightarrow$「H 落入線段 ON 上」

故 $P(AB > \sqrt{3}) = P(C) = \frac{M_C}{M_\Omega} = \frac{1}{2}$,因此所求概率為 $\frac{1}{2}$.

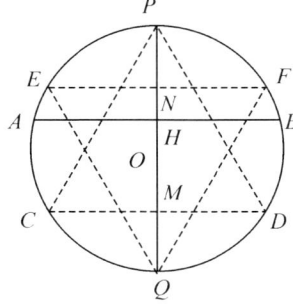

圖 1.5

解2：利用圓上兩點定弦．任何弦交圓於兩點，不失一般性，如圖1.6，先固定其中一點 M 在圓周上，以此點為頂點作一等邊三角形 $\triangle ABM$，顯然只有當弦的另一端點 N 落入劣弧 AB 上時，才滿足條件（弦長大於 $\sqrt{3}$）．設計這樣的隨機試驗 E_2：在圓上取定 M 點，在圓周上隨機取另一個點 N，得到弦 MN．此時的樣本空間為：$\Omega =$ 圓周曲線，記事件 $C =$ 劣弧 AB，則

「$MN > \sqrt{3}$」$\Leftrightarrow$「N 落入劣弧 AB 上」

故 $P(MN > \sqrt{3}) = P(C) = \dfrac{M_C}{M_\Omega} = \dfrac{1}{3}$，因此所求概率為 $\dfrac{1}{3}$．

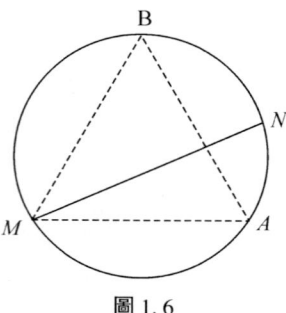

圖1.6

解3：利用弦的中點定弦．弦長被其中點唯一確定，當且僅當其中點屬於半徑為 $\dfrac{1}{2}$ 的同心圓內時，才滿足條件（弦長大於 $\sqrt{3}$）．設計這樣的隨機試驗 E_3：如圖1.7，在除去圓心及圓周以外的單位圓內隨機取點 A，以 A 為中點得到弦 MN．此時的樣本空間為：$\Omega =$ 半徑為 1 的去心圓盤，記事件 $C =$ 半徑為 $\dfrac{1}{2}$ 的去心圓盤，則

「$MN > \sqrt{3}$」$\Leftrightarrow$「A 落入半徑為 $\dfrac{1}{2}$ 的去心圓盤」

故 $P(MN > \sqrt{3}) = P(C) = \dfrac{M_C}{M_\Omega} = \dfrac{1}{4}$，因此所求概率為 $\dfrac{1}{4}$．

貝特朗奇論，又稱貝特朗悖論，之所以稱為悖論，是因為同一問題有三種不同的答案．但與其他的悖論不同的是，這個悖論只是看起來「錯」而已．實際上，造成不同答案的原因在於取弦時採用不同的隨機試驗，從而導致不同的等可能性假設．對於各自的隨機試驗而言，它們都是正確的．這說明在以往定義中的等可能性要求並不明確，而且在許多試驗中，基本事件的發生不具有等可能性．因此，採用等可能性來定義一般的概率是困難的．對貝特朗奇論這類問題的研

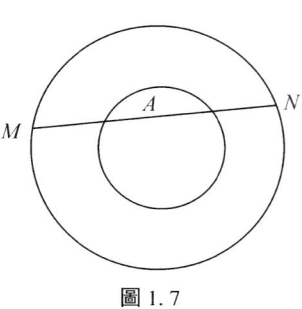

圖1.7

究,促使數學家們尋找另外的途徑來一般性地定義事件的概率,從而最終建立了概率的公理化體系.

三、概率的統計定義

人們在實踐中很早就有這樣的經驗:在 n 次試驗中事件 A 發生的頻繁程度來估計 A 發生的可能性大小. 例如,設 A 是試驗 E 的一個可能結果,若在相同條件下將試驗 E 連作 100 次,結果事件 A 發生了 90 次,你一定會自然地認為,事件 A 發生的可能性是比較大的,因為在總的 100 次試驗中,A 發生的次占了 90%,如果 A 發生的可能性不大,似乎不應該出現這種結果. 就是說,人們會認同,在 n 次試驗中 A 發生的次數 n_A 與 n 的比值在一定程度上反應了事件 A 發生的可能性的大小. 為此,先引入頻率的概念.

定義 1.4　設在相同條件下所做的 n 次試驗中事件 A 發生的次數為 n_A,稱比值 $\dfrac{n_A}{n}$ 為 A 發生的頻率,記作

$$f_n(A) = \frac{n_A}{n}.$$

顯然,頻率 $f_n(A)$ 的大小表示了在 n 次試驗中事件 A 發生的頻繁程度. 頻率大,事件 A 發生就頻繁,在一次試驗中 A 發生的可能性就大,也就是事件 A 發生的概率大,反之亦然. 因此,直觀的想法就是用頻率來描述概率. 表 1.1 列舉的是歷史上一些科學家在拋擲硬幣試驗中得到的相關數據:

表1.1

試驗者	擲幣次數 n	頻數 n_A	頻率 $f_n(A)$
De Morgan	2048	1061	0.5181
Buffon	4040	2048	0.5069
William Feller	10,000	4979	0.4979
Karl Pearson	12,000	6019	0.5016
Karl Pearson	24,000	12,012	0.5005
羅曼諾夫斯基	80,640	39,699	0.4923

表1.1表明頻率具有隨機波動性,但隨著試驗次數 n 的增大,$f_n(A)$ 總是圍繞在0.5上下波動,且逐漸穩定於0.5,這表明頻率具有所謂的穩定性.像物理學中許多實驗定律一樣,頻率的穩定性是客觀存在的,被古今無數實踐活動所證實.概率的統計定義正是企圖從描述頻率的穩定性出發來定義概率.1919年由奧地利數學家米塞斯(R. von Mises)提出了概率的統計定義.

定義1.5 在做大量重複試驗時,隨著試驗次數的增加,事件 A 出現的頻率總是在一個固定的數值附近波動,顯示出一定的穩定性,稱這個固定的數值為事件 A 發生的概率.

概率的統計定義為概率的計算提供了一種試驗的方法,即用頻率來估計概率.更為重要的是,它不再需要「等可能性發生」的條件.除此以外,頻率還有如下「優點」.

頻率的性質:

(1) 非負性:對任何事件 A,有 $0 \leq f_n(A) \leq 1$;

(2) 規範性:$f_n(\Omega) = 1$,Ω 為必然事件;

(3) 有限可加性:若 $A_1, A_2, \cdots, A_m$ 為兩兩互斥的 m 個事件,則有

$$f_n(\bigcup_{i=1}^{m} A_i) = \sum_{i=1}^{m} f_n(A_i).$$

其中,性質(1),(2)正好符合人們的習慣與經驗,而性質(3)則簡化了計算.

證明: 性質(1),(2)顯然成立,現在證明(3).

設在 n 次試驗中,事件 $A_1, A_2, \cdots, A_m$ 發生的頻數分別是 $n_{A_1}, n_{A_2}, \cdots, n_{A_m}$,由於 $A_1, A_2, \cdots, A_m$ 兩兩互斥,因此在 n 次試驗中事件 $\bigcup_{i=1}^{m} A_i$ 發生的頻數等於諸 $A_i (i = 1, 2, \cdots, m)$ 各自發生的頻數之和,從而

$$f_n(\bigcup_{i=1}^{m} A_i) = \frac{n_{A_1} + n_{A_2} + \cdots + n_{A_m}}{n} = \sum_{i=1}^{m} f_n(A_i)$$

儘管概率的統計定義具有很多優點,但卻存在理論與應用上的缺陷.如,事件的頻率不是一個固定的數,它會隨著試驗次數 n 的變化而變化.即使 n 不變,在不同的兩輪 n 次試驗中,由於 n_A 可能不同 $f_n(A)$ 也不一定相同.在實際應用中,往往用頻率近似代替概率,那麼做多少次試驗才算「合適」?做 $n+1$ 此試驗所得頻率會比做 n 次試驗所得頻率更準確?另一方面,實際生活中有些試驗不可重複進行,無法計算事件發生的頻率,即使對可重複進行的試驗,也不可能對每一個事件做大量的試驗,然後求出事件的頻率,用以表徵事件發生的可能性的大小.

四、概率的公理化定義

以上關於概率的三種定義都有各自的適用範圍,但都有其局限.隨著概率論應用範圍擴大,其邏輯體系需要進一步完善,概率論需要成為一門獨立的數學學科,因此一個迫切的問題被提出來:究竟什麼是概率?概率的數學本質到底是什麼?1900年德國數學家希爾伯特(David Hilbert)在巴黎第二屆國際數學家大會上提出了著名的23個問題,其中第6個問題就是要建立概率的公理化體系,即從概率的少數幾條性質出發來刻畫概率的概念.

通過比對前面的三種定義,我們可以發現一些共同的屬性.

(1) 概率是事件發生可能性的一種度量,其數學本質是事件集合 F 到實數集合 R 上的映射.

(2) 這種度量是非負的、有界的.

(3) 這種度量符合人們的習慣(百分數)與經驗(必然事件發生的可能性為1).

(4) 這種度量滿足可加性——由兩兩不相交集合合併而成的並集的度量等於每一個集合的度量之和.

是否可以對這些屬性加以抽象概括而給出嚴格的概率定義,從而揭示概率的本質呢?隨著代數學(尤其是測度論)的逐步完善,1933年,蘇聯數學家柯爾莫哥洛夫在他的《概率論基礎》一書中首次提出了概率的公理化定義.

定義1.6(概率的公理化定義) 設 Ω 為一隨機試驗 E 下的樣本空間,F 為 Ω 的某些子集組成的一個事件集合.建立映射 $P:F \to R$,即 $\forall A \in F$,存在唯一實數 $p \in R$,使得 $p = P(A)$,且滿足:

(1) 非負性:$P(A) \geqslant 0$;

(2) 規範性:$P(\Omega) = 1$;

(3) 可列可加性:

$A_1, A_2, \cdots, A_n, \cdots$ 為 Ω 中任意一列兩兩互斥的事件 $\Rightarrow P(\bigcup_{i=1}^{\infty} A_i) = \sum_{i=1}^{\infty} P(A_i)$

則稱 $P(A)$ 為事件 A 的概率.

在概率的公理化定義出現之前,概率論作為一個數學分支來說,還缺乏嚴格的理論基礎.概率公理化定義以事件的頻率及其性質為背景,概括了歷史上各種概率定義中的共同特性,同時又避免了各自的局限性與含混之處,明確了概率的本質特性,為現代概率論的發展打下了堅實的基礎.從此概率論才被數學界承認是數學的一個分支並得以迅速發展.這個公理化體系是概率論發展史上的里程碑.

雖然,概率的公理化定義並沒有告訴人們如何去計算概率,但有了這個定義之後,在其之前出現的概率的頻率定義、古典定義、幾何定義等,因為符合三條公理,就均可作為一定場合之下的概率計算方法了.公理化定義更為重大的意義在於我們可以借助概率的公理化假設以及符號系統進行推演,獲得重要性質、結論,實現對複雜隨機事件的概率計算,進而實現對複雜隨機現象的規律研究.

最後需要指出的是,儘管概率的公理化定義被人們普遍接受,但關於概率的定義仍然存在諸多爭議,「概率定義仍有待進一步完善」[①].如,有學者給出了依賴於「試驗模型」的概率定義,有學者給出了主觀概率的定義,也有學者從經驗科學的角度去定義概率等等.

習題 1.2

1. 在一個足球場上有 23 個人(2×11 個運動員和 1 個裁判員),試求出在這 23 人當中至少有兩個人的生日是在同一天的概率.

2. 設袋中有 4 只白球和 2 只黑球,現從袋中無放回地依次摸出 2 只球(即第一次取一球不放回袋中,第二次再從剩餘的球中取一球,此種抽取方式稱為無放回抽樣,試求

(1) 取到的兩只球都是白球的概率;

(2) 取到的兩只球顏色相同的概率;

(3) 取到的兩只球至少有一只是白球的概率.

3. 設一個人的生日在星期幾是等可能的,求 6 個人的生日都集中在一個星期中的某兩天,但不是都在同一天的概率.

4. 隨機地向半圓 $0 < y < \sqrt{2ax - x^2}$(a 為正常數)內擲一點,點落在圓內任

---

① 中國科學院數學研究所概率統計室.對概率論發展的幾個問題的認識[J].教學學報,1976, 19(2):83-87.

何區域的概率與區域的面積成正比,求原點與該點的連線與 x 軸的夾角小於 $\pi/4$ 的概率.

5. 把長為 a 的棒任意折成三段,求它們可以構成三角形的概率.

6. 隨機地取兩個正數 x 和 y,這兩個數中的每一個都不超過 1,試求 x 與 y 之和不超過 1,積不小於 0.09 的概率.

§1.3 概率的性質

在概率的公理化定義的三條公理假設基礎上,可以推演出概率的另外一些性質.

性質 1 $P(\varnothing) = 0$.

證   因為可列個不可能事件的並仍是不可能事件,所以,有
$$\Omega = \Omega \cup \varnothing \cup \varnothing \cdots \cup \varnothing \cup \cdots$$
又因為不可能事件與任何事件是互斥的,故由可列可加性假設得
$$P(\Omega) = P(\Omega) + P(\varnothing) + \cdots + P(\varnothing) + \cdots$$
由規範性假設 $P(\Omega) = 1$,得
$$P(\varnothing) + P(\varnothing) + \cdots = 0$$
再由非負性假設,必有
$$P(\varnothing) = 0$$

性質 2   (有限可加性)若事件 $A_1, A_2, \cdots, A_n$ 兩兩互斥,則
$$P\left(\bigcup_{i=1}^{n} A_i\right) = \sum_{i=1}^{n} P(A_i).$$

證   因 $\bigcup_{i=1}^{n} A_i = A_1 \cup A_2 \cup \cdots \cup A_n \cup \varnothing \cup \varnothing \cup \cdots$
由可列可加性假設,有
$$\begin{aligned}P\left(\bigcup_{i=1}^{n} A_i\right) &= P(A_1 \cup A_2 \cup \cdots \cup A_n \cup \varnothing \cup \varnothing \cup \cdots) \\ &= P(A_1) + P(A_2) + \cdots P(A_n) + P(\varnothing) + P(\varnothing) + \cdots \\ &= P(A_1) + P(A_2) + \cdots P(A_n).\end{aligned}$$
特別地,當事件 A 與 B 互斥時,有 $P(A \cup B) = P(A) + P(B)$.

性質 3   (對立事件的概率)對任一事件 A,有
$$P(\bar{A}) = 1 - P(A).$$

證   因為 $A\bar{A} = \varnothing$ 且 $A \cup \bar{A} = \Omega$,由性質 2 得

$$1 = P(\Omega) = P(A \cup \bar{A}) = P(A) + P(\bar{A})$$

於是
$$P(\bar{A}) = 1 - P(A).$$

性質4 （差事件的概率）對任意兩個事件 A 與 B,有
$$P(A - B) = P(A) - P(AB).$$

證 如圖 1.8,將事件 A 分解為兩個互斥事件的並 $A = (A - B) \cup AB$,由性質 2 得
$$P(A) = P(A - B) + P(AB)$$

從而
$$P(A - B) = P(A) - P(AB).$$

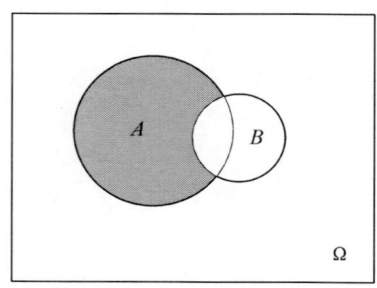

圖 1.8

在這裡,我們用到了一個重要的數學思想——分解. 將待求解概率的事件分解成幾個事件的運算關係,再利用概率的性質或假設求解. 也就是將複雜問題通過分解簡化,這一思想將在後面被多次用到.

性質5 （單調性）$B \subset A \Rightarrow P(B) \leq P(A)$.

證 $B \subset A \Rightarrow AB = B$,由 $P(A - B) = P(A) - P(AB)$（性質 4）及非負性假設得
$$P(A) - P(B) = P(A) - P(AB) = P(A - B) \geq 0$$

故
$$P(B) \leq P(A).$$

性質6 （加法公式）設 A, B 是任意兩個隨機事件,則有
$$P(A \cup B) = P(A) + P(B) - P(AB).$$

證 將事件 $A \cup B$ 分解為兩個互斥的事件 A 與 $B - A$ 的並,即
$$A \cup B = A \cup (B - A)$$

由性質 2 得

$$P(A \cup B) = P(A \cup (B-A)) = P(A) + P(B-A)$$
$$= P(A) + P(B) - P(AB).$$

利用數學歸納法,可將性質6推廣到任意 n 個事件的情形:
$$P(\bigcup_{i=1}^{n} A_i) = \sum_{i=1}^{n} P(A_i) - \sum_{1 \leq i < j \leq n} P(A_i A_j)$$
$$+ \sum_{1 \leq i < j < k \leq n} P(A_i A_j A_k) + \cdots + (-1)^{n-1} P(A_1 A_2 \cdots A_n)$$

特別,當 $n=3$ 時,有
$$P(A_1 \cup A_2 \cup A_3) = P(A_1) + P(A_2) + P(A_3)$$
$$- P(A_1 A_2) - P(A_2 A_3) - P(A_1 A_3) + P(A_1 A_2 A_3).$$

利用公理化定義及其性質,一些複雜事件的概率就可以通過數學推演得到.

例1 設 $A \supset B, A \supset C, P(A) = 0.8, P(\bar{B} \cup \bar{C}) = 0.6$,求 $P(A\overline{BC})$.

解 因為 $A \supset B, A \supset C$,所以 $A \supset BC$,於是
$$P(A\overline{BC}) = P(A-BC) = P(A) - P(BC)$$

又因 $P(\overline{BC}) = P(\bar{B} \cup \bar{C}) = 0.6$

故 $P(BC) = 1 - P(\overline{BC}) = 1 - 0.6 = 0.4$

所以 $P(A\overline{BC}) = P(A) - P(BC) = 0.8 - 0.4 = 0.4.$

例2 從 $1,2,\cdots,9$ 中可重複地取 n 個數,求取出的 n 個數的乘積能被10整除的概率.

解 因為「乘積能被10整除」意味著:「n 次抽取後,5被取到過」且「n 次抽取後,偶數被取到過」,引入符號:C = 「乘積能被10整除」;A = 「n 次抽取後,5被取到過」;B = 「n 次抽取後,偶數被取到過」. 故
$$P(C) = P(AB) = 1 - P(\bar{A} \cup \bar{B}) = 1 - P(\bar{A}) - P(\bar{B}) + P(\bar{A}\bar{B})$$
$$= 1 - \frac{8^n}{9^n} - \frac{5^n}{9^n} + \frac{4^n}{9^n}.$$

當對立事件與其他性質結合使用時,會顯現出很好的效果.

例3 (配對模型) 將 n 個相同的盒子與 n 只相同的小球分別編號為 $1, 2, \cdots, n$,把這 n 只小球隨機地投入這 n 個盒子中(每個盒子中投入一只球). 求至少有一只小球的編號與其進入的盒子編號相同的概率.

解 記 B = 「至少有一只小球的編號與其進入的盒子編號相同」,無法直接計算 $P(B)$,故考慮用分解思想簡化複雜問題,即構造一系列簡單事件來表示事件 B. 為此,令 A_i = 「第 i 號球投入第 i 號盒子」$i = 1, 2, \cdots, n$,則 $B = \bigcup_{i=1}^{n} A_i$. 由於

$$P(A_i) = \frac{(n-1)!}{n!} = \frac{1}{n}, i = 1, 2, \cdots, n$$

$$P(A_i A_j) = \frac{(n-2)!}{n!}, 1 \leq i < j \leq n$$

$$P(A_i A_j A_k) = \frac{(n-3)!}{n!}, 1 \leq i < j < k \leq n$$

……

$$P(A_1 A_2 \cdots A_n) = \frac{1}{n!}$$

而

$$\sum_{i=1}^{n} P(A_i) = 1$$

$$\sum_{1 \leq i < j \leq n} P(A_i A_j) = C_n^2 \cdot \frac{(n-2)!}{n!} = \frac{1}{2!}$$

$$\sum_{1 \leq i < j < k \leq n} P(A_i A_j A_k) = C_n^3 \cdot \frac{(n-3)!}{n!} = \frac{1}{3!}$$

……

故利用概率加法公式得

$$P(\bigcup_{i=1}^{n} A_i) = \sum_{i=1}^{n} P(A_i) - \sum_{1 \leq i < j \leq n} P(A_i A_j) + \sum_{1 \leq i < j < k \leq n} P(A_i A_j A_k)$$
$$+ \cdots (-1)^{n-1} P(A_1 A_2 \cdots A_n)$$
$$= 1 - \frac{1}{2!} + \frac{1}{3!} + \cdots + (-1)^{n-1} \frac{1}{n!} \to 1 - \frac{1}{e} (n \to +\infty).$$

值得注意的是,對於複雜事件的概率分析,除了應用數學思想簡化問題以外,恰當地「符號化」是我們借助假設、性質進行演繹的基礎.

習題1.3

1. 設 A, B 為兩事件,且設 $P(B) = 0.3, P(A \bigcup B) = 0.6$,求 $P(A\bar{B})$.

2. 設 $P(A) = P(B) = \frac{1}{2}$,證明: $P(AB) = P(\bar{A}\bar{B})$.

3. $AB = \emptyset, P(A) = 0.6, P(A \cup B) = 0.8$,求 B 的逆事件的概率.

4. $P(A) = 0.4, P(B) = 0.3, P(A \cup B) = 0.6$,求 $P(A - B)$.

5. $P(A) = P(B) = P(C) = \frac{1}{4}, P(AB) = 0, P(AC) = P(BC) = \frac{1}{8}$,求 A、

B、C 都不出現的概率.

6. 設 A,B 滿足 $P(A) = 0.8, P(B) = 0.7$,求 $P(AB)$ 的最大(小)值.

7. 設 A,B 同時發生時,C 必然發生,證明:$P(C) \geq P(A) + P(B) - 1$.

8. 在 1～2000 的整數中隨機地取一個數,問取到的整數既不能被 6 整除,又不能被 8 整除的概率是多少?

9. 口袋中有 $n-1$ 個黑球、1 個白球,每次從口袋中隨機地摸出一球,並換入一只黑球.求第 k 次取到黑球的概率.

§1.4　條件概率

俄羅斯左輪手槍問題:

一把左輪手槍可以裝六發子彈.兩個玩兒命的賭徒約定在手槍裡放了兩發子彈(設子彈在彈膛裡是挨著的),並把子彈輪盤隨機地轉了一下.其中一個賭徒拿起手槍先朝自己開了一槍,幸運的是,當然也可以說不幸的是,他還活著.接著輪到另一賭徒.問他接過槍該直接朝自己開槍,還是先隨機地轉一下輪盤再朝自己開槍呢?這個問題曾經是華爾街一家金融公司招聘職員的面試題目.

一、條件概率的概念

在實際問題中,常需要考慮一個事件的發生對另一個事件的影響,即我們可能遇到這樣的情況,在已知某一事件 B 已經發生的條件下,要求另一事件 A 發生的概率.由於附加了條件「事件 B 已經發生」,這個概率一般與 $P(A)$ 有所不同,通常記作 $P(A|B)$,並稱之為事件 B 已經發生條件下事件 A 發生的條件概率.

如何嚴格地定義並計算條件概率呢?下面的例子會對我們有所啓發.

例 1　擲一顆均勻的骰子,設事件 A =「點數小於 4」,B =「出現偶數點」,求 $P(A|B)$.

解　因為現在要求的是事件 B 已經發生條件下 A 發生的概率,所以無須在試驗的整個樣本空間 Ω 上考慮問題(樣本點 1,3,5 不會出現已經是確定的!),而只需在 Ω 的子集 $B = \{2,4,6\}$ 內考慮.在這種情況下,當且僅當樣本點「2」出現了事件 A 才發生.因此有

$$P(A|B) = \frac{1}{3}.$$

一般地,在古典概型中,設 A 與 B 是樣本空間 Ω 中的兩個事件,欲求

$P(A|B)$. 既然 B 已經發生,所以應在縮小了的範圍「B」中考慮問題(可稱 B 為縮減樣本空間). 若 B 的樣本點數為 n_B,B 中屬於 A 的樣本點數為 n_{AB}(即 A 與 B 共同含有的樣本點數),則

$$P(A|B) = \frac{n_{AB}}{n_B}$$

進一步,若 Ω 的樣本點數為 n,則有

$$P(A|B) = \frac{n_{AB}}{n_B} = \frac{\frac{n_{AB}}{n}}{\frac{n_B}{n}} = \frac{P(AB)}{P(B)}.$$

由此,引出條件概率的定義.

定義 1.7 設 A 與 B 是兩個隨機事件,若 $P(B) > 0$,則稱

$$P(A|B) = \frac{P(AB)}{P(B)}$$

為事件 B 已經發生的條件下,事件 A 發生的條件概率.

定義 1.7 適用於任何類型的隨機試驗(並非只適用於古典概型),它提供了將條件概率轉化為無條件概率進行計算的方法.

可以驗證,條件概率也滿足概率公理化定義中的三條公理:

設 (Ω, F, P) 為隨機試驗 E 下的概率空間,$A, B \in F$,若 $P(B) > 0$,則
(1) $P(A|B) \geq 0$;
(2) $P(\Omega|B) = 1$;
(3) 對 F 中兩兩互斥的一列事件 $A_1, A_2, \cdots, A_n, \cdots$,有

$$P\left(\left(\bigcup_{i=1}^{\infty} A_i\right) \middle| B\right) = \sum_{i=1}^{\infty} P(A_i | B).$$

下面我們來回答一開始提出的問題,當然這其實是一個概率計算問題.

引入符號:A_i = 「第 i 個賭徒未射中自己」,$i = 1, 2$.

(1) 如果第二個賭徒接過槍後先隨機地轉動輪盤再朝自己開槍,則他未射中自己的概率為:

$$P(A_2) = P(A_1) = \frac{4}{6} = \frac{2}{3}.$$

(2) 如果第二個賭徒接過槍後直接朝自己射擊,則他未射中自己的概率為:

$$P(A_2 | A_1) = \frac{3}{4}.$$

因此,應選擇接過槍直接朝自己開槍.

例 2 一批產品 100 件,有正品 90 件,次品 10 件. 其中甲車間生產的為 70

件,有66件正品;乙車間生產的為30件. 現從該批產品中任取一件,並設 A 表示「取到甲車間的產品」,B 表示「取到正品」. 求 $P(B|A),P(B|\bar{A}),P(A|B)$,$P(A|\bar{B})$ 以及 $P(AB)$.

解
$$P(B|A) = \frac{66}{70}, \qquad P(B|\bar{A}) = \frac{24}{30}$$
$$P(A|B) = \frac{66}{90}, \qquad P(A|\bar{B}) = \frac{4}{10}$$
$$P(AB) = \frac{66}{100}.$$

此例雖然非常簡單,但卻可以幫助我們理解條件概率的概念. 初學者往往容易把 $P(A|B)$ 與 $P(AB)$ 混淆起來,兩者的區別在於所討論的樣本空間不一樣,讀者可通過本例進一步體會二者的不同.

例3 設甲、乙兩個車間的產品分別占全廠總產品的45%和25%. 現從工廠全部產品中任意抽取一件,結果發現它不是甲車間生產的,求其為乙車間生產的概率.

解 設 A 表示「抽到甲車間的產品」,B 表示「抽到乙車間的產品」. 由題設,有
$$P(A) = 0.45, P(B) = 0.25$$
故
$$P(B|\bar{A}) = \frac{P(\bar{A}B)}{P(\bar{A})}.$$
又因 $B \subset \bar{A}$,所以 $\bar{A}B = B$,於是
$$P(B|\bar{A}) = \frac{P(B)}{P(\bar{A})} = \frac{0.25}{1-0.45} = \frac{5}{11}.$$

二、乘法公式

(1) $P(B) > 0 \Rightarrow P(AB) = P(B)P(A|B)$;

(2) 當 $P(A_1 \cdots A_{n-1}) > 0$ 時,有
$$P(A_1 A_2 \cdots A_{n-1} A_n) = P(A_1)P(A_2|A_1)P(A_3|A_1 A_2) \cdots P(A_n|A_1 \cdots A_{n-1})$$

證 由定義1.7,可直接得到(1). 下證(2)

因為 $P(A_1) \geq P(A_1 A_2) \geq \cdots \geq P(A_1 \cdots A_{n-1}) > 0$

所以 右 $= P(A_1)P(A_2|A_1)P(A_3|A_1 A_2) \cdots P(A_n|A_1 \cdots A_{n-1})$

$\qquad = P(A_1) \dfrac{P(A_1 A_2)}{P(A_1)} \dfrac{P(A_1 A_2 A_3)}{P(A_1 A_2)} \cdots \dfrac{P(A_1 \cdots A_{n-1} A_n)}{P(A_1 \cdots A_{n-1})}$

$$= P(A_1 \cdots A_{n-1} A_n) = 左$$

乘法公式主要用於求幾個事件同時發生的概率.

例4 (抽籤公平性) 盒中有 n 只籤,其中有 1 只長籤,其餘為短籤. 現在有 n 個人依次各取一籤,證明每個人抽得長籤的概率都是 $\frac{1}{n}$.

證 引入符號:A_i =「第 i 個人抽到長籤」,$i(1 \leq i \leq n)$ 表示抽籤的次序,則

$$P(A_1) = \frac{1}{n}$$

$$P(A_2) = P(\bar{A}_1 A_2) = P(\bar{A}_1) P(A_2 \mid \bar{A}_1) = \frac{n-1}{n} \cdot \frac{1}{n-1} = \frac{1}{n}$$

$$P(A_3) = P(\bar{A}_1 \bar{A}_2 A_3) = P(\bar{A}_1) P(\bar{A}_2 \mid \bar{A}_1) P(A_3 \mid \bar{A}_1 \bar{A}_2)$$
$$= \frac{n-1}{n} \cdot \frac{n-2}{n-1} \cdot \frac{1}{n-2} = \frac{1}{n}$$

……

$$P(A_n) = P(\bar{A}_1 \cdots \bar{A}_{n-1} A_n) = P(\bar{A}_1) P(\bar{A}_2 \mid \bar{A}_1) \cdots P(A_n \mid \bar{A}_1 \cdots \bar{A}_{n-1})$$
$$= \frac{n-1}{n} \cdot \frac{n-2}{n-1} \cdot \frac{1}{n-2} \cdots \frac{1}{2} \cdot 1 = \frac{1}{n}$$

所以,抽籤次序與結果無關.

例5 (傳染病模型) 袋中有 a 只白球和 b 只黑球,從中任取一球,隨即放回,並同時放進與取出球顏色相同的球 c 只,如此重複 3 次. 問取出的 3 只球中前 2 只是黑球而後 1 只是白球的概率?

解 設 A_i 表示「第 i 次取到黑球」,$i = 1,2,3$. 則

$$P(A_1) = \frac{b}{a+b}, P(A_2 \mid A_1) = \frac{b+c}{a+b+c}, P(\bar{A}_3 \mid A_1 A_2) = \frac{a}{a+b+2c}$$

於是所求概率為

$$P(A_1 A_2 \bar{A}_3) = P(A_1) P(A_2 \mid A_1) P(\bar{A}_3 \mid A_1 A_2)$$
$$= \frac{ab(b+c)}{(a+b)(a+b+c)(a+b+2c)}.$$

三、全概率公式、貝葉斯(Bayes) 公式

問題: (責任分擔) 市場上某產品是由三個廠家提供的,根據以往的記錄,這三個廠家的次品率分別為 0.02,0.01,0.03. 三個廠家生產的產品所占的市場份額分別為 0.15,0.8,0.05. 產品出廠後運到同一個倉庫,檢驗後再進入市場,設

這三個廠家的產品在倉庫是均勻混合的.

(1)在倉庫中隨機地取一個產品,求它是次品的概率.

(2)在倉庫中隨機地取一個產品,發現為次品,如果你是管理者,該如何追究三個廠家的責任?

分析:(1)設 $A=$「取到的產品是次品」;$B_i=$「取到的產品是由第 i 個廠家生產的」,$i=1,2,3$,則 $P(B_1)=0.15, P(B_2)=0.8, P(B_3)=0.05$. 把事件 A 看作結果,把 B_1, B_2, B_3 看作原因,為求 $P(A)$,考慮分解思想,即用三個原因去分解結果.

$$P(A) = P(A\Omega) = P(A(\bigcup_{i=1}^{3} B_i)) = \sum_{i=1}^{3} P(AB_i)$$
$$= \sum_{i=1}^{3} P(B_i)P(A|B_i)$$
$$= 0.15 \times 0.02 + 0.8 \times 0.01 + 0.05 \times 0.03$$
$$= 0.0125$$

(2)需要分析此次品出自三個廠家的可能性大小,以此作為三個廠家責任的分擔比例的依據. 因此需要計算下面三個條件概率

$$P(B_1|A) = \frac{P(AB_1)}{P(A)} = \frac{P(B_1)P(A|B_1)}{P(A)} = \frac{0.15 \times 0.02}{0.0125} = 0.24$$

$$P(B_1|A) = \frac{P(AB_2)}{P(A)} = \frac{P(B_2)P(A|B_2)}{P(A)} = \frac{0.8 \times 0.01}{0.0125} = 0.64$$

$$P(B_1|A) = \frac{P(AB_3)}{P(A)} = \frac{P(B_3)P(A|B_3)}{P(A)} = \frac{0.05 \times 0.03}{0.0125} = 0.12.$$

以上結果表明,這只產品來自第 2 家工廠的可能性最大,三個廠家的責任分擔比例為

$$0.24 : 0.64 : 0.12 = 6 : 16 : 3.$$

從此問題(1)的分析中,我們得到一種計算複雜事件概率的重要方法,為了求複雜事件的概率,往往可以把它分解成若干個互不相容的簡單事件之並,然後利用條件概率和乘法公式,求出這些簡單事件的概率,最後利用概率可加性,得到最終結果,這一方法的一般化就是所謂的全概率公式.

定義 1.8　設 $A_1, A_2, \cdots, A_n$ 為某試驗的樣本空間 Ω 中的一組事件,且滿足 $A_i A_j = \emptyset, (i \neq j, i, j = 1, 2, \cdots, n)$ 及 $\bigcup_{i=1}^{n} A_i = \Omega$,則稱事件組 $A_1, A_2, \cdots, A_n$ 為 Ω 的一個分割.

定理 1.1　(全概率公式)設 $A_1, A_2, \cdots, A_n$ 為 Ω 的一個分割,且有 $P(A_i) >$

$0, i = 1, 2, \cdots, n$，則對任意事件 B，有

$$P(B) = \sum_{i=1}^{n} P(A_i) P(B|A_i)$$

證明 由定理假設，有

$$B = B\Omega = B(\bigcup_{i=1}^{n} A_i) = \bigcup_{i=1}^{n} BA_i$$

因 $A_1, A_2, \cdots, A_n$ 兩兩互斥，故 $BA_1, BA_2, \cdots, BA_n$ 也兩兩互斥，於是

$$P(B) = P(\bigcup_{i=1}^{n} BA_i) = \sum_{i=1}^{n} P(BA_i) = \sum_{i=1}^{n} P(A_i) P(B|A_i).$$

全概率公式是分解思想的又一體現，把一個複雜的事件分解為一組互不相容的事件之和．一般地，若事件 B 受多個事件 $A_1, A_2, \cdots, A_n$ 的影響，而 B 只能與其中之一同時發生，則當 $P(A_i)$ 和 $P(B|A_i)$ 都易於計算時，利用全概率公式即可算得 $P(B)$．

根據這種分解的思想易得，若可列個事件 $A_1, A_2, \cdots, A_n, \cdots$ 是 Ω 的一個分割，則對任意事件 B，亦有

$$P(B) = \sum_{i=1}^{\infty} P(A_i) P(B|A_i).$$

如果把由原因預測結果的概率問題稱為「正向概率」問題，那麼全概率公式提供了一種解決「正向概率」問題的好方法；如果把由結果預測原因的概率問題稱為「逆向概率」問題，那麼將責任分擔問題(2)的解法推廣後，我們同樣得到一種解決「逆向概率」問題的好方法，這就是著名的貝葉斯(Bayes)公式．

定理 1.2 （Bayes 定理）設 $A_1, A_2, \cdots, A_n$ 為 Ω 的一個分割，且有 $P(A_i) > 0$，$i = 1, 2, \cdots, n$，則對任意滿足 $P(B) > 0$ 的事件 B，有

$$P(A_k|B) = \frac{P(A_k) P(B|A_k)}{\sum_{i=1}^{n} P(A_i) P(B|A_i)}, k = 1, 2, \cdots, n$$

例 6 某保險公司把被保險人分成三類：「謹慎的」「一般的」和「冒失的」．統計資料表明，上述三種人在一年內發生事故的概率依次為 $0.05, 0.15$ 和 0.30．如果「謹慎的」被保險人占 20%，「一般的」被保險人占 50%，「冒失的」被保險人占 30%．求任意一個被保險人在一年內出事故的概率．

解 設 A_1, A_2, A_3 分別表示「被保險人是謹慎的」，「被保險人是一般的」及「被保險人是冒失的」；又設 B 表示事件「任意一個被保險人在一年內出事故」．由題設

$$P(A_1) = 0.2, P(A_2) = 0.5, P(A_3) = 0.3$$

且　　　$P(B|A_1) = 0.05, P(B|A_2) = 0.15, P(B|A_3) = 0.3$

於是　　$P(B) = \sum_{i=1}^{3} P(A_i)P(B|A_i)$

$$= 0.2 \times 0.05 + 0.5 \times 0.15 + 0.3 \times 0.3 = 0.175.$$

使用全概率公式的關鍵,是找出與事件 B 的發生相聯繫的 Ω 的分割 $A_1, A_2, \cdots, A_n$.

例7 有兩箱同種零件.第一箱內裝 50 件,其中 10 件一等品;第二箱內裝 30 件,其中 18 件一等品.現從兩箱中隨意挑出一箱,然後從該箱中先後不放回地取出兩個零件.試求:

(1) 先取出的零件是一等品的概率;

(2) 在先取出的零件是一等品的條件下,第二次取出的零件仍然是一等品的條件概率.

解　設 A_i 表示「被挑出的是第 i 箱」($i = 1, 2$),B_j 表示「第 j 次取出的零件是一等品」($j = 1, 2$),由題設,有

$$P(A_1) = P(A_2) = \frac{1}{2}, P(B_1|A_1) = \frac{1}{5}, P(B_1|A_2) = \frac{3}{5}$$

(1) 由全概率公式,有

$$P(B_1) = \sum_{i=1}^{2} P(A_i)P(B_1|A_i) = \frac{2}{5}$$

(2) 由條件概率的定義和全概率公式,所求概率

$$P(B_2|B_1) = \frac{P(B_1 B_2)}{P(B_1)}$$

$$= \frac{1}{P(B_1)} \cdot [P(A_1)P(B_1 B_2|A_1) + P(A_2)P(B_1 B_2|A_2)]$$

$$= \frac{5}{2} \left[\frac{1}{2} \times \frac{10}{50} \times \frac{9}{49} + \frac{1}{2} \times \frac{18}{30} \times \frac{17}{29} \right] = 0.4856$$

例8　(復查的重要性)一種傳染病在某市的發病率為 0.0004. 為查出這種傳染病,醫院採用一種檢驗法,該方法能使 99% 的患有此病的患者被檢出陽性,但亦會有 0.1% 的未患此病的人被檢出陽性. 現某人被用此法檢出陽性,(1) 求此人確實患這種傳染病的概率;(2) 復查後仍然呈陽性,求此人確實患這種傳染病的概率.

解　(1) 設 A 表示「某人患有此病」,B 表示「某人被檢查為陽性」. 由題設

$$P(A) = 0.0004, P(B|A) = 0.99, P(B|\bar{A}) = 0.001$$

由貝葉斯公式,所求概率為

$$P(A|B) = \frac{P(A)P(B|A)}{P(A)P(B|A) + P(\overline{A})P(B|\overline{A})}$$

$$= \frac{0.0004 \times 0.99}{0.0004 \times 0.99 + 0.9996 \times 0.001} = 0.284.$$

（2）復查時，用 $P(A|B)$ 代替 $P(A)$（對 $P(A)$ 進行修正）作為傳染病的發病率，即此時 $P(A) = 0.284$，再用貝葉斯公式計算，可得

$$P(A|B) = \frac{0.284 \times 0.99}{0.284 \times 0.99 + 0.716 \times 0.001} = 0.997.$$

計算結果表明，如果僅憑一次檢出陽性，就斷定此人真患有此病，那麼誤診率將高達 71.6%．因此，在實際中，為減少誤診率，醫生常採用復查的方法，即先初查，再對被懷疑的對象進行檢查，這將大大提高檢驗法的準確率（復查後的誤診率僅為 0.3%）．

例9 （選擇題能考察學生的真實水平嗎?）一學生參加某一考試選擇題的測驗．每一個題目有四個備選答案，其中有一個正確．若該學生知道答案，則他選正確的答案，否則他隨機地從 4 個答案中選一個．已知該學生知道所有試題的 80% 的正確答案．若該學生對一問題已選得正確答案，求他真正知道此題正確答案的概率．

解 設 A 表示「該學生知道正確答案」，B 表示「該學生選得正確答案」，則由題設

$$P(A) = 0.8, P(\overline{A}) = 0.2, P(B|A) = 1, P(B|\overline{A}) = \frac{1}{4}$$

於是由貝葉斯公式，所求概率為

$$P(A|B) = \frac{P(A)P(B|A)}{P(A)P(B|A) + P(\overline{A})P(B|\overline{A})}$$

$$= \frac{0.8 \times 1}{0.8 \times 1 + 0.2 \times \frac{1}{4}} = \frac{80}{85} = 0.9411.$$

我們計算了不同情況下的 $P(A|B)$ 值，見表 1.2．從表中我們發現，當學生掌握知識越好，那麼用選擇題考查結果的可信度就越高；而如果學生掌握知識很差，則不宜採用選擇題的形式對其進行考核．

表 1.2

$P(A)$	0.9	0.8	0.7	0.6	0.5	0.4	0.3	0.2	0.1
$P(A|B)$	0.9730	0.9411	0.9032	0.8571	0.8000	0.7273	0.6316	0.5000	0.3077

在全概率公式中,事件 $A_1,A_2,\cdots,A_n$ 是導致事件 B 發生的原因,概率 $P(A_i)$ 常是根據以往經驗(或條件)來假定或計算的,稱為**先驗概率**. 而通過貝葉斯公式求出的是在事件 B 已經發生的條件下事件 A_i 的概率 $P(A_i|B)$,稱之為**後驗概率**. 實際中,常用後驗概率來對 A_i 的概率進行修正,因此貝葉斯公式為利用搜集到的信息對原有判斷進行修正提供了有效手段.

隨著社會的飛速發展,市場競爭日趨激烈,決策者必須綜合考察已往的信息及現狀從而作出綜合判斷,貝葉斯方法已經成為一種重要的決策方法,這種方法在市場預測、風險決策、機器學習、拍賣定價、會計決策、網絡、醫學等方面得到廣泛應用.

習題1.4

1. 一盒子中裝有 4 只產品,其中有 3 只是一等品,1 只是二等品. 從中取產品兩次,每次任取一只,作不放回抽樣,設事件 A 為「第二次取到的是一等品」,事件 B 為「第一次取到的是一等品」,試求條件概率 $P(A|B)$.

2. 一個家庭中有兩個小孩,已知其中有一個是女孩,問這時另一個小孩也是女孩的概率?(假定一個小孩是女孩還是男孩是等可能的)

3. 設某光學儀器廠製造的透鏡,第一次落下時打破的概率為 $1/2$,若第一次落下時未打破,第二次落下時打破的概率為 $7/10$,若前兩次時未打破,第三次落下時打破的概率為 $9/10$,試求透鏡落下三次而未打破的概率.

4. 一批產品共 100 件,對其進行抽樣調查,整批產品看作不合格的規定是:在被檢查的 5 件產品中至少有一件是廢品. 如果在該批產品中有 5% 是廢品,試問該批產品被拒絕接收的概率是多少?

5. 1 號箱中有 2 個白球和 4 個紅球,2 號箱中有 5 個白球和 3 個紅球,現隨機地從 1 號箱中取出一球放入 2 號箱,然後從 2 號箱隨機取出一球,問從 2 號箱取出的紅球的概率是多少?

6. 甲、乙、丙三人向同一飛機射擊. 設甲、乙、丙射中的概率分別為 $0.4, 0.5, 0.7$. 又設若只有一人射中,飛機墜落的概率為 0.2,若有二人射中,飛機墜落的概率為 0.6,若有三人射中,飛機必墜落. 求飛機墜落的概率.

7. 播種用的小麥種子混有 2% 的二等種子,1.5% 的三等種子,1% 的四等種子,用一等、二等、三等、四等種子長出的麥穗含有 50 顆麥粒以上的概率為 $0.5, 0.15, 0.1, 0.05$,求(1) 這批所結出的麥穗含有 50 顆麥粒以上的概率;(2) 由這批所結出的含有 50 顆麥粒以上麥穗中是一等、二等種子長出的概率.

8. 目前愛滋病在世界上比較嚴重,粗略估計大概每 1000 人中就有一人得愛

滋病. 醫院採用一種新的檢測法用於檢測身體中是否含有愛滋病病毒, 這種方法相當精確, 但也可能帶來兩種誤診. 首先, 他可能會讓某些真有愛滋病的人得到陰性結果, 稱為假陰性, 不過只有 0.05 的概率發生; 其次, 它還可能讓某些沒有愛滋病的人得到陽性結果, 稱為假陽性, 不過只有 0.01 的概率會發生. 一人的愛滋病檢測結果呈陽性, 問他得愛滋病的概率有多大?

9. 已知某工廠生產的產品的合格率為 0.96, 而合格品中的一級品率為 0.75. 求該廠產品的一級品率.

10. 一批零件共有 100 個, 其中 10 個不合格品. 從中一個一個不返回取出, 求第三次才取出不合格品的概率.

11. 一座別墅在過去的 20 年裡一共發生過 2 次被盜, 別墅的主人有一條狗, 狗平均每週晚上叫 3 次, 在盜賊入侵時狗叫的概率被估計為 0.9, 問題是: 在狗叫的時候發生入侵的概率是多少?

12. 有朋自遠方來, 他坐火車、坐船、坐汽車、坐飛機的概率分別是 0.3, 0.2, 0.1, 0.4, 而他坐火車、坐船、坐汽車、坐飛機遲到的概率分別是 0.25, 0.3, 0.1, 0, 實際上他是遲到了, 推測他坐哪種交通工具來的可能性大.

§1.5 事件的獨立性

一、兩個事件的獨立性

對於事件 A 與 B, A 的無條件概率 $P(A)$ 與其在給定 B 發生條件下的條件概率 $P(A|B)$, 一般是有差異的, 這表明 B 的發生對 A 發生的概率是有影響的. 例如, 若 $P(A|B) > P(A)$, 則說明 B 的發生使 A 發生的可能性增大了. 但有時候, 有 $P(A|B) = P(A)$, 此時 B 的發生對 A 發生的概率沒有影響, 我們稱事件 A 獨立於事件 B.

當 A 獨立於 B 時, $P(A|B) = P(A)$ (此時 $P(B) > 0$), 概率的乘法公式可寫成 $P(AB) = P(A)P(B)$. 反之, 當 $P(B) > 0$ 時, 亦可由 $P(AB) = P(A)P(B)$ 推得 $P(A|B) = P(A)$, 即 A 與 B 獨立, 這啟發我們對獨立給出如下定義.

定義 1.9 對事件 A 與 B, 若有
$$P(AB) = P(A)P(B),$$
則稱 A 與 B 相互獨立.

註:

(1) 概率為 0 的事件與任意一個事件相互獨立;

(2) 在實際問題中, 我們並不總根據事件獨立的定義去判斷兩事件 A 與 B

是否獨立,而往往是從經驗或者事件的實際背景出發去分析、判斷它們是否無關聯而相互獨立,例如返回抽樣、甲乙兩人分別工作、重複試驗等.

二、多個事件的獨立性

多個事件獨立性的定義,是兩個事件情形的直接推廣.

定義 1.10 若 n 個事件 $A_1, A_2, \cdots, A_n$ 滿足以下 $2^n - n - 1$ 個等式

$$P(A_i A_j) = P(A_i) \cdot P(A_j) (1 \leq i < j \leq n)$$

$$P(A_i A_j A_k) = P(A_i) P(A_j) P(A_k) (1 \leq i < j < k \leq n)$$

……

$$P(A_1 A_2 \cdots A_n) = P(A_1) P(A_2) \cdots P(A_n)$$

則稱 n 個事件 $A_1, A_2, \cdots, A_n$ 相互獨立.

特別地,當 $n = 3$ 時,上述等式為

$$P(A_1 A_2) = P(A_1) P(A_2)$$

$$P(A_1 A_3) = P(A_1) P(A_3)$$

$$P(A_2 A_3) = P(A_2) P(A_3)$$

$$P(A_1 A_2 A_3) = P(A_1) P(A_2) P(A_3)$$

顯然,若 n 個事件相互獨立,則它們中的任意 $m (1 < m < n)$ 個事件也相互獨立.

三、相互獨立事件的性質

性質 1 若事件 A, B, C 相互獨立,則 A 與 $\bar{B}$(或 $\bar{A}$ 與 B, $\bar{A}$ 與 $\bar{B}$), $A \cup B$ 與 C, AB 與 C, $A - B$ 與 C 均相互獨立.

證 由 A 與 B 相互獨立,有

$$P(AB) = P(A) P(B)$$

則

$$P(A\bar{B}) = P(A - B) = P(A) - P(AB)$$
$$= P(A) - P(A) P(B)$$
$$= P(A)[1 - P(B)] = P(A) P(\bar{B})$$

故 A 與 $\bar{B}$ 相互獨立. 由 A 與 B 的對稱性立即可推得 $\bar{A}$ 與 B 相互獨立. 將所證結果用於 $\bar{B}$ 與 A,可得 $\bar{A}$ 與 $\bar{B}$ 也相互獨立. 剩餘結論的證明由讀者自己完成.

實際上,性質 1 可以推廣到 n 個相互獨立事件的情況:

推廣:若 n 個事件 $A_1, A_2, \cdots, A_n$ 相互獨立,將這 n 個事件任意分成 k 組,同

一個事件不能同時屬於兩個不同的組．則對每組的事件進行求並、交、差、對立運算後所得到的 k 個事件也相互獨立．

性質2 若 $A_1, A_2, \cdots, A_n$ 相互獨立，則

$$P(\bigcup_{i=1}^{n} A_i) = 1 - \prod_{i=1}^{n}[1 - P(A_i)]$$

證 由獨立的定義得：

$$P(\bigcup_{i=1}^{n} A_i) = P(A_1 \cup A_2 \cup \cdots \cup A_n)$$
$$= 1 - P(\overline{A_1 \cup A_2 \cup \cdots \cup A_n})$$
$$= 1 - P(\overline{A_1}\,\overline{A_2}\cdots\overline{A_n}) = 1 - \prod_{i=1}^{n} P(\overline{A_i})$$
$$= 1 - \prod_{i=1}^{n}(1 - P(A_i))$$

性質2表明獨立性假設大大簡化了並事件概率的計算．

例1 （兩兩獨立與相互獨立）一個袋中裝有4個球，其中全黑、全白和全紅的球各一個，另一個是塗有黑、白、紅三色的彩球．現從中任取一個，設事件 A, B, C 分別表示取到的球上塗有黑色、白色、紅色．(1) 判斷 A 與 B, B 與 C, A 與 C 的獨立性；(2) 判斷 A, B, C 三個事件是否相互獨立．

解 （1）用古典概型的概率計算公式，可計算得

$$P(A) = P(B) = P(C) = \frac{1}{2}$$
$$P(AB) = \frac{1}{4}, P(AC) = \frac{1}{4}, P(BC) = \frac{1}{4}$$

因為

$$P(AB) = P(A)P(B)$$
$$P(AC) = P(A)P(C)$$
$$P(BC) = P(B)P(C)$$

所以 A 與 B, B 與 C, A 與 C 均是相互獨立的．但顯然

$$P(ABC) = \frac{1}{4} \neq P(A)P(B)P(C) = \frac{1}{8}$$

故 A, B, C 三個事件不相互獨立．這表明兩兩獨立的事件不一定相互獨立．

例2 （有志者事竟成）某人做一次實驗成功的概率為0.2，求做20次實驗至少成功一次的概率．

解 令 $A_i =$「第 i 次實驗成功」，$B =$「至少成功一次」，假設各次實驗相互獨立．

則由性質 2 知

$$P(B) = P(\bigcup_{i=1}^{250} A_i) = 1 - \prod_{i=1}^{250}(1 - P(A_i)) = 1 - (1 - 0.2)^{20} \approx 98.85\%.$$

事實上,當實驗次數 $n \to +\infty$ 時,$P(B) = 1 - (1 - 0.2)^n \to 100\%$,因此只要堅持下去,不放棄,每個人幾乎都會是「成功人士」.

例 3 設有一架長機兩架僚機飛往某目的地進行轟炸,由於只有長機裝有導航設備,因此僚機不能單獨到達目的地,在飛行途中要經過敵方高射炮陣地,每機被擊落的概率為 0.2,到達目的地後,各機獨立轟炸,每機炸中目標的概率為 0.3,求目標被炸中的概率.

解 目標被炸中是與飛機到達目的地為前提條件,與到達目的地的飛機數量有關.設 A_i =「有 i 架飛機到達目的地」,$i = 1, 2, 3$;B =「目標被炸中」,則

$$P(A_1) = 0.8 \times 0.2 \times 0.2$$
$$P(A_2) = 0.8 \times 0.8 \times 0.2 + 0.8 \times 0.2 \times 0.8$$
$$P(A_3) = 0.8 \times 0.8 \times 0.8$$

故

$$\begin{aligned}P(B) &= \sum_{i=1}^{3} P(A_i) P(B|A_i) \\ &= P(A_1) \times 0.3 + P(A_2) \times (1 - 0.7^2) + P(A_3) \times (1 - 0.7^3) \\ &= 0.4765.\end{aligned}$$

四、伯努利(Bernoulli)試驗概型

在許多隨機試驗裡,人們只關心互逆的兩個結果 A 和 $\bar{A}$.例如,擲硬幣試驗,出正面或反面;擲一顆骰子,出一點或未出一點;抽樣檢查,抽到合格品或不合格品;買彩票,中獎與不中獎等等.

定義 1.12 稱只有兩個可能結果的隨機試驗為伯努利試驗.

定義 1.13 稱獨立重複進行的 n 次伯努利試驗為 n 重伯努利試驗.

如,一人向一目標射擊,以 A 表示擊中(發生),$\bar{A}$ 表示未擊中(不發生).現獨立射擊 3 次,則構成一個 3 重伯努利試驗,其樣本空間為

$$\Omega = \{AAA, \bar{A}AA, A\bar{A}A, AA\bar{A}, \bar{A}\bar{A}A, \bar{A}A\bar{A}, A\bar{A}\bar{A}, \bar{A}\bar{A}\bar{A}\}$$

n 重伯努利試驗是一種非常重要的概率模型,在討論某事件出現的頻率時特別有用.在 n 重伯努利試驗中,事件發生的次數可以是 $0, 1, 2, \cdots, n$ 中的任意一個.人們經常對 n 重伯努利試驗中事件恰好發生 $k(0 \leq k \leq n)$ 次的概率 $P_n(k)$ 感興趣.對此,我們有下面的結論:

定理1.3　設在伯努利試驗中事件A發生的概率為p ($0 < p < 1$),則在n重伯努利試驗中,事件A恰好出現k次的概率為

$$P_n(k) = C_n^k p^k (1-p)^{n-k} \quad (k = 0, 1, \cdots, n)$$

證　記B_k =「在n重伯努利試驗中,A恰好出現k次」,則由於出現的k個A可以在n次試驗的任意k次中,因此B_k共包含C_n^k種情形,每種情形都是k個事件A,$n-k$個事件$\bar{A}$的交,且由於試驗的獨立性,其概率為$p^k(1-p)^{n-k}$,故

$$P_n(k) = P(B_k) = C_n^k p^k (1-p)^{n-k} \quad (k = 0, 1, \cdots, n).$$

例4　某種電子元件的使用壽命在2000小時以上的概率為0.8,求4個這樣的電子元件在使用了2000小時之後至多只有1個壞了的概率.

解　這是一個4重伯努利試驗,其中$p = 0.2$,設B表示「4個元件中至多只有一個壞了」,則所求概率為

$$P(B) = P_4(0) + P_4(1) = C_4^0 \times 0.2^0 \times 0.8^4 + C_4^1 \times 0.2^1 \times 0.8^3 = 0.8192.$$

例5　(「路遙知馬力,日久現實力」) 在比賽中,甲對乙的單場勝率為0.6,假設各場比賽相互獨立. 則甲在「5局3勝」與「3局2勝」兩種賽制中如何選擇?

解

方法1:

對於「5局3勝」制

若三局定出勝負,則甲勝的概率為$P_1 = 0.6^3$;

若四局定出勝負,則甲勝的概率為$P_2 = C_3^2 0.6^2 \times 0.4 \times 0.6$;

若五局定出勝負,則甲勝的概率為$P_3 = C_4^2 0.6^2 \times 0.4^2 \times 0.6$;

故甲勝的概率為$P(甲勝) = P_1 + P_2 + P_3 = 0.6826.$

對於「3局2勝」制

若兩局定出勝負,則甲勝的概率為$P_1 = 0.6^2$;

若三局定出勝負,則甲勝的概率為$P_2 = 0.6 \times C_2^1 0.6 \times 0.4$;

故甲勝的概率為$P(甲勝) = P_1 + P_2 = 0.648.$

故甲選擇「5局3勝」制更有利.

方法2:假設比賽都打滿所有局(「5局3勝」制下打滿5局;「3局2勝」制下打滿3局)

對於「5局3勝」制

$$P(甲勝) = P(甲至少勝3局)$$
$$= P_5(3) + P_5(4) + P_5(5)$$
$$= C_5^3 0.6^3 \times 0.4^2 + C_5^4 0.6^4 \times 0.4 + C_5^5 0.6^5$$

$$= 0.6826.$$

對於「3 局 2 勝」制

$$P(甲勝) = P(甲至少勝 2 局)$$
$$= P_3(2) + P_3(3) = C_3^2 0.6^2 \times 0.4 + C_3^3 0.6^3 = 0.648$$

故甲選擇「5 局 3 勝」制更有利.

註:方法1與方法2的結論完全一致. 事實上,我們可以證明更一般的結論:在「$2n+1$ 局 $n+1$ 勝」的賽制中,甲對乙的單局勝率為 $p(0 < p < 1)$,則甲勝的概率(不一定打滿 $2n+1$ 局)與打滿 $2n+1$ 局情況下甲獲勝的概率相等.

此例揭示了深刻的內涵:實力起著最終的決定性的作用,在比賽中實力較弱的一方往往希望速戰速決. 同時也表明了「不能以一兩次的成敗論英雄」,詮釋了「是金子總會發光」的道理.

習題 1.5

1. 兩射手獨立地向同一目標射擊一次,其命中率分別為 0.9 和 0.8,求目標被擊中的概率.

2. 甲、乙兩人獨立地對同一目標射擊一次,其命中率分別為 0.6 和 0.7,現已知目標被擊中,求它是甲擊中的概率.

3. 某型號火炮的命中率為 0.8,現有一架敵機即將入侵,如果欲以 99.9% 的概率擊中它,則需配備此型號火炮多少門?

4. 設 $0 < P(A), P(B) < 1$,證明: A, B 相互獨立 $\Leftrightarrow P(A|B) + P(\overline{A}|\overline{B}) = 1$.

5. 甲、乙、丙三臺機床獨立工作,由一個工人照管. 在同一時間內,工人只能照看一臺機床. 某段時間內它們不需要工人照管的概率分別為 0.9, 0.8, 0.85. 求(1) 在這段時間內有機床需要照管的概率;(2) 在這段時間內機床因為無人照管而停工的概率.

6. 某市進行藝術體操賽,需設立兩個裁判組,甲組3名,乙組1名. 但組委會只召集到 3 名裁判,由於臨近比賽,便決定調一名不懂行的人參加甲組工作,其中兩裁判獨立地以概率 p 作出正確裁定,而第三人以擲硬幣決定,最後根據多數人的意見決定. 乙組由 1 個人組成,他以概率 p 做出正確裁定. 問哪一組作出正確裁定的概率大?

7. 有甲、乙兩批種子,出苗率分別為 0.8 和 0.9,現從兩批種子中各任意取一粒,求(1) 兩粒種子都出苗的概率;(2) 恰好有一粒種子出苗的概率;(3) 至少一粒種子出苗的概率.

8. 八門炮同時獨立地向一目標各射擊一發炮彈,若有不少於2發炮彈命中目標時,目標就被擊毀.如果每門炮命中目標的概率為0.6,求目標被擊毀的概率.

9. 要驗收一批樂器(100件,其中恰有4件不合格),隨機取出3件進行獨立測試,如果3件中至少有一件被認為不合格,就拒收這批樂器.設一件不合格樂器被檢測為不合格的概率為0.95;而一件合格的樂器被檢測為不合格的概率為0.01.求這批樂器被接受的概率為多少?

復習題一

一、單項選擇題

1. 設 A 與 B 互為對立事件,且 $P(A)>0,P(B)>0$,則下列各式中錯誤的是( ).

(a) $P(A)=1-P(B)$ (b) $P(AB)=P(A)P(B)$
(c) $P(\overline{AB})=1$ (d) $P(A\cup B)=1$

2. 設 A,B 為兩個隨機事件,且 $P(A)>0$,則 $P(A\cup B\mid A)=($).

(a) $P(AB)$ (b) $P(A)$
(c) $P(B)$ (d) 1

3. 從標號為 $1,2,\cdots,101$ 的 101 個燈泡中任取一個,則取得標號為偶數的燈泡的概率為( ).

(a) $\dfrac{50}{101}$ (b) $\dfrac{51}{101}$
(c) $\dfrac{50}{100}$ (d) $\dfrac{51}{100}$

4. 設事件 A、B 滿足 $P(A\overline{B})=0.2,P(A)=0.6$,則 $P(AB)=($).

(a) 0.12 (b) 0.4
(c) 0.6 (d) 0.8

5. 設 A 與 B 互為對立事件,且 $P(A)>0,P(B)>0$,則下列各式中錯誤的是( ).

(a) $P(\overline{A}\mid B)=0$ (b) $P(B\mid A)=0$
(c) $P(AB)=0$ (d) $P(A\cup B)=1$

6. 設 A 與 B 為兩個隨機事件,且 $P(AB)>0$,則 $P(A\mid AB)=($).

(a) $P(A)$ (b) $P(AB)$
(c) $P(A\mid B)$ (d) 1

7. 設事件 A 與 B 相互獨立，且 $1 > P(A) > 0, 1 > P(B) > 0$，則下列等式成立的是（　　）．

(a) $AB = \varnothing$ (b) $P(\bar{A}B) = P(\bar{A})P(B)$

(c) $P(B) = 1 - P(A)$ (d) $P(B \mid \bar{A}) = 0$

8. 設事件 A, B 互不相容，已知 $P(A) = 0.4, P(B) = 0.5$，則 $P(\overline{AB}) =$（　　）．

(a) 0.1   (b) 0.4

(c) 0.9   (d) 1

9. 某人射擊三次，其命中率為 0.8，則三次中至多命中一次的概率為（　　）．

(a) 0.002   (b) 0.04

(c) 0.08   (d) 0.104

10. 一批產品中有 5% 不合格品，而合格品中一等品占 60%，從這批產品中任取一件，則該件產品是一等品的概率為（　　）．

(a) 0.20   (b) 0.30

(c) 0.38   (d) 0.57

二、填空題

1. 設 $P(A) = 0.3, P(B) = P(C) = 0.2$，且事件 A, B, C 兩兩互不相容，則 $P(\overline{A \cup B \cup C}) = $（　　）．

2. 設 A 與 B 是兩個隨機事件，已知 $P(A) = 0.4, P(B) = 0.6, P(A \cup B) = 0.7$，則 $P(\bar{A}B) = $（　　）．

3. 已知事件 A、B 滿足：$P(\overline{AB}) = P(AB)$，且 $P(A) = p$，則 $P(B) = $（　　）．

4. 袋中有紅、黃、藍球各一個，從中任取三次，每次取一個，取後放回，則紅球出現的概率為（　　）．

5. 設 $P(A) = 0.5, P(A\bar{B}) = 0.4$，則 $P(B \mid A) = $（　　）．

6. 設 $P(B \mid A) = \dfrac{1}{6}, P(\bar{B}) = \dfrac{1}{2}, P(A \mid B) = \dfrac{1}{9}, P(A) = $（　　）．

7. 設隨機事件 A, B, C 中 A 與 C 互不相容，$P(AB) = \dfrac{1}{2}, P(C) = \dfrac{1}{3}$，則 $P(AB \mid \bar{C}) = $（　　）．

8. 設袋中裝有 6 只紅球、4 只白球，每次從袋中取一球觀其顏色後放回，並再放入 1 只同顏色的球，若連取兩次，則第一次取得紅球且第二次取得白球的概

率等於( ).

9. 同時扔 3 枚均勻硬幣,則至多有一枚硬幣正面向上的概率為( ).

10. 一批產品,由甲廠生產的占 $\frac{1}{3}$,其次品率為 5%,由乙廠生產的占 $\frac{2}{3}$,其次品率為 10%,從這批產品中隨機取一件,恰好取到次品的概率為( ).

三、計算題

1. (1) 從 7 副同型號的手套中任意取出 4 只,求恰有一雙配套的概率;(2) 若是 7 副不同型號的手套,上述事件的概率為何?

2. 17 世紀中葉,法國宮廷貴族裡盛行著擲骰子游戲:連續擲 4 次骰子,如果至少出現一次 6 點,則莊家贏,否則玩家贏.按照這一游戲規則,從長期來看,莊家扮演贏家的角色,而玩家大部分時間是輸家,因為莊家總是要靠此為生的,因此當時人們也就接受了這種現象.後來為了使游戲更刺激,游戲規則發生了些許變化,玩家這回用 2 個骰子連續擲 24 次,不同時出現 2 個 6 點,玩家贏,否則莊家贏.求莊家在兩種規則下贏的概率.

3. 在 [0,1] 區間內任取兩個數,求兩數乘積小於 $\frac{1}{4}$ 的概率.

4. 設 $P(A) = 0.4, P(B) = 0.5$,且 $P(\bar{A} \mid \bar{B}) = 0.3$,求 $P(AB)$.

5. 某用戶從兩廠家進了一批同類型的產品,其中甲廠生產的占 60%,若甲、乙兩廠產品的次品率分別為 5%、10%,今從這批產品中任取一個,求其為次品的概率.

6. 設有兩種報警系統 Ⅰ 與 Ⅱ,它們單獨使用時,有效的概率分別為 0.92 與 0.93,且已知在系統 Ⅰ 失效的條件下,系統 Ⅱ 有效的概率為 0.85,試求:(1) 系統 Ⅰ 與 Ⅱ 同時有效的概率;(2) 至少有一個系統有效的概率.

7. 某商店有 100 臺相同型號的冰箱待售,其中 60 臺是甲廠生產的,25 臺是乙廠生產的,15 臺是丙廠生產的,已知這三個廠生產的冰箱質量不同,它們的不合格率依次為 0.1、0.4、0.2,現有一位顧客從這批冰箱中隨機地取了一臺,試求:(1) 該顧客取到一臺合格冰箱的概率;(2) 顧客開箱測試後發現冰箱不合格,試問這臺冰箱來自甲廠的概率是多大?

8. 甲、乙兩人輪流投籃,甲先開始,假定他們的命中率分別為 0.4 及 0.5,問誰先投中的概率較大,為多少?

9. 已知某種疾病患者的痊愈率為 10%.為試驗一種新藥對該病是否有效,把它給 10 個病人服用,且規定若 10 個病人中至少有 4 個病人服藥後痊愈則認為這種藥有效,反之則認為無效.試求:(1) 雖然新藥把痊愈率提高到 60%,但通過試驗被否定的概率;(2) 雖然新藥對痊愈率沒有影響,但通過試驗被認為對該病有效的概率.

第 2 章

隨機變量的分佈

　　隨機變量的引入在概率論發展史上是繼概率的公理化定義之後的第二個里程碑,意義十分重大. 這一概念的引入使得隨機試驗的結果數量化,從而為利用數學方法解決概率問題鋪平了道路,同時也使得對隨機試驗結果的概率研究轉化為隨機變量的概率分佈的研究. 因此,可以說隨機變量是對隨機試驗的整體刻畫,其討論是對隨機事件研究的進一步深入和推廣.

　　本章在引入隨機變量及其分佈函數的概念以後,進一步分類研究離散型和連續型隨機變量的分佈,並介紹一些常用的分佈.

§2.1 隨機變量及其分佈函數

一、隨機變量

根據第一章的知識,我們發現:有些隨機試驗的結果是直接表現為數量性質的,如擲一顆骰子所出現的點數;抽樣檢驗產品時合格品的個數;在某段時間內,同時工作的電腦數目;某種消耗性產品的使用壽命等.也有一些試驗的結果雖然本身是非數量性質的,如產品的檢驗結果(合格和不合格);擲硬幣出現的結果(正面或反面)等,但如果給予適當定義仍可以作出數量描述.如硬幣出現「正面」記為1,出現「反面」記為0;抽查產品,抽到合格產品記為0,抽到不合格產品記為1等.

可見,不論隨機試驗的樣本空間Ω中的樣本點w是數量性質的,還是非數量性質的,我們都可以使其與某個實數$X(w)$相對應,樣本點w不同,$X(w)$的取值就有可能不同,即$X(w)$是隨著w變化的一個變量.

定義2.1 設Ω為某試驗的樣本空間,若對於Ω中任意一個樣本點w都有唯一確定的實數$X(w)$與之對應,即存在一個定義於Ω的單值實函數$X = X(w)$,則稱X為 隨機變量.

本書中,一般用大寫的英文字母X、Y、Z等表示隨機變量,其取值用小寫字母x、y、z等表示.

隨機變量X作為樣本點w的一個函數,它的取值隨試驗結果而定,而試驗各結果的出現伴隨一定的概率,故隨機變量取值也伴隨一定的概率.這顯示了隨機變量與普通函數之間差異的本質.

例1 一只箱子中有黃球6個,白球4個.現從中任取4個球,若用X表示「取到的黃球數」,則X是隨機變量,它可能的取值為0、1、2、3、4.

利用隨機變量,可以表示出我們感興趣的任何事件.例如,例1中,「$X = 0$」表示「取到4個白球」;「$X \leq 3$」表示「至少取到1個白球」;「$X < 0$」表示「取到的黃球數小於0」,這顯然是一個不可能事件;「$X < 7$」表示「取到的黃球數小於7」,它顯然是一個必然事件.

例2 在相同條件下,重複進行某項試驗,直到首次成功為止,則試驗的次數是一個隨機變量,記為X,它可以取一切正整數值.如接連不斷地射擊同一目標,直到命中為止,X表示射擊的次數;一件一件地檢測自動生產線上的產品,直到發現不合格品為止,X表示所檢查的產品件數.

例3　某工廠生產某種機器零部件,做抽樣檢測某零件的使用壽命(單位:小時),用 X 表示「將檢測的零件的壽命」,則 X 是一個隨機變量,從理論上說它可能取到 $(0,+\infty)$ 內的任何數值.「$X \le 1000$」表示「零件的壽命不超過 1000 小時」;而「$X < 100$」則表示「零件的壽命小於 100 小時」.

例4　設某路公共汽車在某站每隔 5 分鐘通過一次,則某乘客到達汽車站後的等車時間 X 是一個隨機變量,其取值範圍是 $[0,5]$.

由以上例子可看到,隨機變量的取值有各種不同的情況,最常見最重要的是下面的兩種情形:

(1) 隨機變量 X 的取值能夠一一列出(有限個或無限可列個),如例 1、例 2,這類隨機變量稱為離散型隨機變量;

(2) 隨機變量 X 的取值不能一一列出,這類隨機變量稱為非離散型隨機變量. 在這類隨機變量中,對於實際應用特別重要的是連續型隨機變量,它的取值可能充滿一個或幾個實數區間,如例 3 和例 4.

本書將主要研究離散型和連續型兩種隨機變量.

二、分佈函數

為了研究隨機變量 X 的統計規律,我們常需要計算 X 所對應的各類隨機事件的概率. 而在 X 對應的各類隨機事件中,事件「$X \le x$」是最具代表性的. 這是因為對任意 x_1、$x_2(x_1 < x_2) \in R$ 有

$$\lceil x_1 < X \le x_2 \rfloor = \lceil X \le x_2 \rfloor - \lceil X \le x_1 \rfloor$$

$$\lceil X > x_1 \rfloor = \lceil X \in R \rfloor - \lceil X \le x_1 \rfloor$$

等等. 為此,我們引入分佈函數的概念.

定義2.2　設 X 為隨機變量,x 是任意實數. 稱函數

$$F(x) = P\{X \le x\}$$

為隨機變量 X 的分佈函數.

在有多個隨機變量的場合,為了區分,X 的分佈函數亦可記為 $F_X(x)$.

如果將隨機變量 X 看作數軸上的「隨機點」的坐標,那麼,分佈函數 $F(x)$ 的函數值就表示隨機點 X 落在以 x 為右端點的區間 $(-\infty, x]$ 內的概率. 於是,對於任意的 x_1、$x_2 \in R(x_1 < x_2)$,有

$$P\{x_1 < X \le x_2\} = F(x_2) - F(x_1) \tag{2.1}$$

由定義 2.2 可見:一方面,分佈函數 $F(x)$ 是定義於 $(-\infty, +\infty)$ 且以區間 $[0,1]$ 為其值域的普通函數;另一方面,分佈函數 $F(x)$ 也是事件「$X \le x$」的概率. 分佈函數這種既是普通函數又是概率的雙重屬性使我們得以方便地用數學

分析的理論和方法研究概率問題.

例5 設隨機變量 X 只取一個值 c, 即 $P\{X=c\}=1$, 求 X 的分佈函數 $F(x)$.

解 當 $x<c$ 時, "$X \leq x$" 為不可能事件, 則 $F(x)=P\{X \leq x\}=0$.

當 $x \geq c$ 時, $F(x)=P\{X \leq x\}=P\{X=c\}=1$.

故

$$F(x)=\begin{cases}0, & x<c \\ 1, & x \geq c\end{cases}$$

由分佈函數的定義和概率的性質可以證明, 分佈函數具有以下基本性質:

(1) $F(x)$ 是 x 的不減函數, 即若 $x_1<x_2$, 則 $F(x_1) \leq F(x_2)$.

事實上, 對於任意實數 $x_1, x_2(x_1<x_2)$, 由 (2.1) 式, 有

$$F(x_2)-F(x_1)=P\{x_1<X \leq x_2\} \geq 0$$

(2) 對任意的 $x \in R$, 有 $0 \leq F(x) \leq 1$, 且

$$F(-\infty)=\lim_{x \to -\infty} F(x)=0$$

$$F(+\infty)=\lim_{x \to +\infty} F(x)=1$$

上述兩個式子我們可以從幾何上給以解釋: 當區間端點 x 沿數軸無限向左移動 ($x \to -\infty$) 時, 隨機變量「X 落在 x 的左邊」這一事件趨於不可能事件, 所以, 此時的概率 $P\{X \leq x\}=F(x)$ 趨於零, 即 $F(-\infty)=\lim_{x \to -\infty} F(x)=0$; 而當區間端點 x 沿數軸無限向右移動 ($x \to +\infty$) 時, 隨機變量「X 落在 x 的左邊」這一事件趨於必然事件, 從而, 其概率 $P\{X \leq x\}=F(x)$ 趨於 1, 即 $F(+\infty)=\lim_{x \to +\infty} F(x)=1$.

(3) $F(x)$ 右連續, 即對任意實數 x_0, 有

$$\lim_{x \to x_0^+} F(x)=F(x_0)$$

即

$$F(x_0+0)=F(x_0).$$

以上三個基本性質是分佈函數必須具有的性質, 反之, 具備了以上三條基本性質的函數就可以作為某個隨機變量的分佈函數. 因此這三個基本性質成為判別某個函數是否能成為分佈函數的充要條件.

有了分佈函數這個工具, 由隨機變量 X 所產生的一切隨機事件的概率, 都可利用它來計算.

例如, 對於任意的 $x_0 \in R$, 有

$$P\{X>x_0\}=1-F(x_0)$$

$$P\{X = x_0\} = F(x_0) - F(x_0 - 0) \qquad (2.2)$$
$$P\{X < x_0\} = F(x_0 - 0)$$
$F(x_0 - 0) = \lim\limits_{x \to x_0^-} F(x)$ 為函數 $F(x)$ 在 x_0 處的左極限.

例 6 設隨機變量 X 的分佈函數為
$$F(x) = \begin{cases} A + Be^{-\frac{x^2}{2}}, & x > 0 \\ 0, & x \leq 0 \end{cases}$$

(1) 求系數 A、B;

(2) 計算 $P\{X \leq 2\}$, $P\{\frac{1}{2} < X \leq 1\}$, $P\{X = \frac{1}{3}\}$.

解 (1) 由分佈函數的性質 $F(+\infty) = 1$ 及 $F(0+0) = F(0) = 0$,有
$$\begin{cases} A = 1 \\ A + B = 0 \end{cases}$$
可得
$$\begin{cases} A = 1 \\ B = -1 \end{cases}$$
故
$$F(x) = \begin{cases} 1 - e^{-\frac{x^2}{2}}, & x > 0 \\ 0, & x \leq 0 \end{cases}$$

(2) $P\{X \leq 2\} = F(2) = 1 - e^{-\frac{2^2}{2}} = 1 - e^{-2} \approx 0.8647$

$P\{\frac{1}{2} < X \leq 1\} = F(1) - F(\frac{1}{2}) = e^{-\frac{1}{8}} - e^{-\frac{1}{2}} \approx 0.2760$

$P\{X = \frac{1}{3}\} = F(\frac{1}{3}) - F(\frac{1}{3} - 0) = (1 - e^{-\frac{1}{18}}) - (1 - e^{-\frac{1}{18}}) = 0$

習題 2.1

1. 試分別給出隨機變量的可能取值為可列、有限的實例.

2. 試給出隨機變量的可能取值至少充滿一個實數區間的實例.

3. 向半徑為 r 的圓內任意投擲一點,求此點到圓心的距離 X 的分佈函數 $F(x)$.

4. 設隨機變量 X 的分佈函數 $F(x)$ 為

$$F(x) = \begin{cases} 1 - \dfrac{A}{x^2}, & x > 2 \\ 0, & x \leqslant 2 \end{cases}$$

確定常數 A 的值,計算 $P\{0 \leqslant X \leqslant 4\}$.

5. 試討論:A、B 取何值時函數,$F(x) = A + B\arctan\dfrac{x}{3}$ 是分佈函數.

§2.2 離散型隨機變量及其分佈

一、離散型隨機變量的概率分佈

定義2.3　若隨機變量 X 的所有可能取值只有有限個或者可列個,則稱 X 為離散型隨機變量.

對於離散型隨機變量,人們不僅要知道它的全部可能取值是什麼,還要知道它取每個值的概率是多少,對這兩點的全面描述被稱作離散型隨機變量的概率分佈.

定義2.4　設離散型隨機變量 X 的全部可能取值為 $x_k(k = 1, 2, \cdots)$,X 取 x_k 的概率為

$$P\{X = x_k\} = p_k \quad (k = 1, 2, \cdots) \tag{2.3}$$

稱(2.3)式為隨機變量 X 的概率分佈或分佈列,簡稱分佈.

為了直觀,也常把概率分佈寫成表格形式:

X	x_1	x_2	$\cdots$	x_k	$\cdots$
P	p_1	p_2	$\cdots$	p_k	$\cdots$

借助於矩陣工具,上述概率分佈又可寫成

$$X \sim \begin{pmatrix} x_1 & x_2 & \cdots & x_k & \cdots \\ p_1 & p_2 & \cdots & p_k & \cdots \end{pmatrix}$$

顯然,事件「$X = x_1$」,「$X = x_2$」,$\cdots$,「$X = x_k$」$\cdots$ 構成了 Ω 的一個分割,因此,由概率的基本性質,離散型隨機變量的概率分佈應滿足以下兩個條件:

(1) $p_k \geqslant 0 \quad (k = 1, 2, \cdots)$;

(2) $\sum\limits_k p_k = 1$.

例1　袋內有5張卡片,其中標有數字1的卡片有1張,標有數字2及數字3

的卡片各有 2 張,從袋中一次隨機地抽取 3 張,用 X 表示取到的 3 張卡片上的最大數字,求隨機變量 X 的分佈律.

解 X 只可能取 2 和 3 兩個值,概率分佈為

$$P\{X = 2\} = \frac{1}{C_5^3} = \frac{1}{10}$$

$$P\{X = 3\} = \frac{C_2^1 \cdot C_3^2 + C_2^2 \cdot C_3^1}{C_5^3} = \frac{9}{10}$$

例2 為了給電子儀器更換一只元件,某修理工從裝有 6 只元件的盒中逐一取出元件進行測試.

假若盒中只有 3 只合格品,求此修理工首次取到合格元件所需次數 X 的概率分佈.

解 由題意,修理工的取件方式應是不放回的,故所需取件次數 X 的全部可能取值為 1、2、3、4. 若用 $A_k(k=1,2,3,4)$ 表示事件「第 k 次取到合格品」,則 X 的分佈為

$$P\{X = 1\} = P(A_1) = \frac{3}{6} = \frac{1}{2}$$

$$P\{X = 2\} = P(\bar{A}_1 A_2) = P(\bar{A}_1)P(A_2|\bar{A}_1) = \frac{3}{6} \times \frac{3}{5} = \frac{3}{10}$$

$$P\{X = 3\} = P(\bar{A}_1 \bar{A}_2 A_3) = P(\bar{A}_1)P(\bar{A}_2|\bar{A}_1)P(A_3|\bar{A}_1\bar{A}_2)$$

$$= \frac{3}{6} \times \frac{2}{5} \times \frac{3}{4} = \frac{3}{20}$$

$$P\{X = 4\} = 1 - \sum_{k=1}^{3} P\{X = k\} = 1 - \left(\frac{1}{2} + \frac{3}{10} + \frac{3}{20}\right) = \frac{1}{20}$$

例3 設 X 的概率分佈為

X	-1	1	2
P	0.2	0.5	0.3

求 X 的分佈函數.

解 由分佈函數的定義,可得

$$F(x) = P\{X \leq x\} = \begin{cases} 0, & x < -1 \\ 0.2, & -1 \leq x < 1 \\ 0.7, & 1 \leq x < 2 \\ 1, & x \geq 2 \end{cases}$$

其圖像如圖 2.1 所示,它是一條階梯形的曲線,在 X 的可能取值點 -1、1、2 處有

跳躍點,其跳躍度分別為 0.2、0.5 和 0.3.

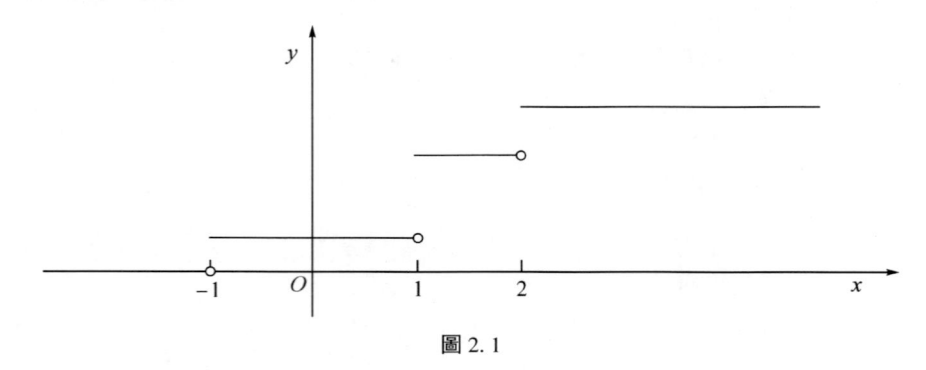

圖 2.1

一般地,由離散型隨機變量的分佈列容易寫出其分佈函數：
$$F(x) = P\{X \leq x\} = \sum_{x_k \leq x} p_k \quad (-\infty < x < +\infty)$$
其中和式是對一切滿足不等式 $x_k \leq x$ 的 x_k 所對應的概率 p_k 求和.

離散型隨機變量 X 的分佈函數的圖像正如例 3 的圖形所顯示的,是一條分段連續的階梯形曲線. 它在 X 的每一個可能的取值 x_k 處發生一次「跳躍」,其跳躍的高度恰為 X 取值 x_k 的概率 p_k.

顯然,離散型隨機變量 X 的分佈函數由其概率分佈唯一確定. 反之,若已知離散型隨機變量 X 的分佈函數,則其概率分佈亦被唯一地確定下來,分佈函數的圖像發生跳躍的點 x_k,也就是 X 的可能取值點,且其概率 p_k 恰等於分佈函數的圖像在該點處的「跳躍度」,即
$$p_k = F(x_k) - F(x_k - 0) \quad (k = 1, 2, \cdots) \tag{2.4}$$

例 4 設 X 的分佈函數為
$$F(x) = \begin{cases} 0, & x < 0 \\ \dfrac{1}{2}, & 0 \leq x < 2 \\ \dfrac{3}{4}, & 2 \leq x < 3 \\ 1, & x \geq 3 \end{cases}$$

(1) 求 X 的分佈概率分佈；
(2) 計算 $P\{0 < X \leq 2\}, P\{2 \leq X \leq 4\}, P\{X > 2.5\}$.

解 (1) X 的可能取值為 0、2、3,由 (2.4) 式,可得

X	0	2	3
P	$\frac{1}{2}$	$\frac{1}{4}$	$\frac{1}{4}$

(2) $P\{0 < X \leq 2\} = P\{X = 2\} = \frac{1}{4}$

$P\{2 \leq X \leq 4\} = P\{X = 2\} + P\{X = 3\} = \frac{1}{4} + \frac{1}{4} = \frac{1}{2}$

$P\{X > 2.5\} = 1 - F(2.5) = 1 - \frac{3}{4} = \frac{1}{4}$

二、幾種重要的離散型分佈

1. 伯努利分佈(0—1 分佈)

定義 2.5　若隨機變量 X 的概率分佈為

$P\{X = 1\} = p, P\{X = 0\} = 1 - p \quad (0 < p < 1)$

則稱隨機變量 X 服從參數為 p 的兩點分佈或 0—1 分佈.

兩點分佈的產生背景是伯努利試驗. 在一次伯努利試驗中,某事件 A 發生的次數 X 即服從兩點分佈:

X	0	1
P	$1 - P(A)$	$P(A)$

例如,若一批產品的次品率為 1%,則從中任取一件,取到的次品數 X 服從參數為 $p = 0.01$ 的兩點分佈.

2. 二項分佈

定義 2.6　若隨機變量 X 的概率分佈為

$$P\{X = k\} = C_n^k p^k q^{n-k} \quad (0 < p < 1, p + q = 1)$$

則稱 X 服從以 n、p 為參數的二項分佈,記作 $X \sim B(n, p)$.

二項分佈的產生背景是 n 重伯努利試驗. 我們知道,在 n 重伯努利試驗中,某事件 A 發生 k 次的概率即為 $P\{X = k\} = C_n^k p^k q^{n-k} (k = 0, 1, 2, \cdots, n)$. 由於 $C_n^k p^k q^{n-k}$ 恰好是 $(p + q)^n$ 這個二項展開式的一般項,故稱其為二項分佈.

顯然,兩點分佈是二項分佈在 $n = 1$ 時的特殊情形.

例5　某單位有 4 輛汽車,假設每輛車在一年內至多只發生一次損失,且各自相互獨立,具有相同的損失概率 $p = 0.1$,試建立該單位一年內汽車損失次數

的概率分佈.

解 設 X 為該單位一年內汽車發生損失的次數，則由題意，顯然 X 是一個隨機變量，且 $X \sim B(4, 0.1)$，於是有

$P\{X = 0\} = (0.9)^4 = 0.6561$

$P\{X = 1\} = C_4^1 (0.1)(0.9)^3 = 0.2916$

$P\{X = 2\} = C_4^2 (0.1)^2 (0.9)^2 = 0.0486$

$P\{X = 3\} = C_4^3 (0.1)^3 (0.9)^1 = 0.0036$

$P\{X = 4\} = C_4^4 (0.1)^4 = 0.0001$

即

X	0	1	2	3	4
P	0.6561	0.2916	0.0486	0.0036	0.0001

例6 某射手進行射擊，每次命中目標的概率為 0.02，若連續獨立射擊 400 次，求至少命中 2 次的概率.

解 將每次射擊看成一次伯努利試驗，射擊 400 次相當於 400 重伯努利試驗，設 400 次射擊中，擊中目標的次數為 X，顯然 X 是一個隨機變量，且 $X \sim B(400, 0.02)$，於是有

$P\{X \geq 2\} = 1 - P\{X < 2\} = 1 - P\{X = 0\} - P\{X = 1\}$

$\qquad = 1 - [(0.98)^{400} + C_{400}^1 \times 0.02 \times (0.98)^{399}]$

$\qquad = 0.9970$

這個概率接近 1，這說明：一個事件儘管它在一次試驗中發生的概率極小（這裡 0.02），但只要試驗次數足夠多（這裡 400 次），而且試驗是獨立進行的，那麼這一事件的發生幾乎是肯定的，因此，人們不能輕視小概率事件.

例7 據統計某地區一年中 60 歲以下的成年人死亡的概率為 0.005. 現有 2000 個這類人群參加人壽保險. 試求未來一年中這些被保險人群中有 15 人死亡的概率和死亡人數不超過 20 人的概率.

解 每一個被保險人一年中死亡與否是一個伯努利試驗. 設未來一年中 2000 個被保險人中有 X 人死亡，則 $X \sim B(2000, 0.005)$，故所求概率為

$P\{X = 15\} = C_{2000}^{15} (0.005)^{15} (0.995)^{1985}$

$P\{X \leq 20\} = P\{X \leq 20\} = \sum_{k=0}^{20} C_{2000}^k (0.005)^k (0.995)^{2000-k}$

在上述二項分佈的幾個例子中，可以看出，若 n 很大時，實際計算就很困難，

在這種情況下,我們將借助於後面的泊松分佈解決該問題.

3. 泊松(Poisson)分佈

定義 2.7　若隨機變量 X 的概率分佈為

$$P\{X = k\} = \frac{\lambda^k}{k!}e^{-\lambda} \quad (k = 0, 1, 2, \cdots)$$

其中,$\lambda > 0$ 為常數,則稱隨機變量 X 服從參數為 λ 的泊松分佈,記作 $X \sim P(\lambda)$.

泊松分佈是一種常見的離散型分佈,它常與單位時間(或單位長度、單位面積等)上的記數過程相聯繫,例如:

(1) 單位時間內來到某公用設施前(比如車站的候車處,超市的收銀臺,醫院的掛號處等)要求提供服務的人數;

(2) 某交通路口,單位時間內(一週、一月或一年等)發生事故的次數;

(3) 商店裡每天賣出的某貴重商品的件數;

(4) 一段時間內,某操作系統發生故障的次數;

(5) 單位時間內,一電路受到外界電磁波的衝擊次數,等等,都可假定是服從泊松分佈的.

因此,在管理科學中泊松分佈佔有十分突出的地位.

例 8　假設某城市每年因交通事故死亡的人數服從泊松分佈. 據統計,在一年中因交通事故死亡一人的概率是死亡兩人的概率的 $\frac{1}{2}$,計算一年中因交通事故至少死亡 4 人的概率.

解　設一年中因交通事故死亡的人數為 X,由題設,$X \sim P(\lambda)$. 先求參數 l,依題意

$$P\{X = 1\} = \frac{1}{2}P\{X = 2\}$$

$$\lambda e^{-\lambda} = \frac{1}{2} \cdot \frac{\lambda^2}{2}e^{-\lambda} \Rightarrow \lambda = 4$$

$$P\{X \geq 4\} = 1 - P\{X \leq 3\}$$

查附表 1,可得 $P\{X \leq 3\} = \sum_{k=0}^{3} \frac{4^k}{k!}e^{-4} = 0.4335$,於是

$$P\{X \geq 4\} = 1 - 0.4335 = 0.5665$$

歷史上,泊松分佈是作為二項分佈的近似而引入的. 對此,有下面的定理.

定理 2.1　(泊松定理) 設隨機變量 $X_n \sim B(n, p_n)$,且其參數 n、p_n 滿足 $\lim_{n \to \infty} np_n = \lambda$,則對任意非負整數 k,有

$$\lim_{n \to \infty} C_n^k p_n^k (1 - p_n)^{n-k} = \frac{\lambda^k}{k!}e^{-\lambda} \quad (k = 0, 1, 2, \cdots)$$

(證略).

定理 2.1 告訴我們,在 n 比較大,p 又比較小(一般 $n \geq 10, p \leq 0.1$)時,可以用泊松分佈近似代替二項分佈的概率計算,即

$$P\{X = k\} = C_n^k p^k (1-p)^{n-k} \approx \frac{\lambda^k}{k!} e^{-\lambda}$$

其中,$\lambda = np, k = 1, 2, \cdots, n$

而泊松分佈的概率計算可利用編好的泊松分佈數值表直接查得(附表1).
如例3中

$$P\{X = 15\} = C_{2000}^{15} (0.005)^{15} (0.995)^{1985} \approx \frac{\lambda^{15}}{15!} \cdot e^{-\lambda}$$

$$P\{X \leq 20\} = \sum_{k=0}^{20} C_{2000}^{k} (0.005)^{k} (0.995)^{2000-k} \approx \sum_{k=0}^{20} \frac{\lambda^k}{k!} \cdot e^{-\lambda}$$

其中 $\lambda = np = 2000 \times 0.005 = 10$,查 $\lambda = 10$ 的泊松分佈(附表1),得

$$P\{X = 15\} \approx 0.9513 - 0.9165 = 0.0348$$
$$P\{X \leq 20\} \approx 0.9984$$

例9 保險公司售出某種壽險(一年期)保單2000份. 已知此種壽險每單需交保費100元,當被保人一年內死亡時,其家屬可以從保險公司獲得2萬元的賠償(即保額為2萬元). 假設已知此類被保人一年內死亡的概率均為0.002,試求:

(1) 保險公司開設此險種不虧本的概率(營業成本忽略不計,下同);
(2) 保險公司從此種壽險獲利不少於10萬元的概率;
(3) 保險公司從此種壽險獲利不少於18萬元的概率.

解 由題設,保險公司的保費收入為固定的20萬元,因此盈利與虧損的關鍵取決於被保人中的死亡人數,設其為 X,它是一個隨機變量,則保險公司實際支付的保額應是 $2X$. 顯然,這裡

$X \sim B(2000, 0.002)$. 由泊松定理,近似地有 $X \sim P(4)$,於是

(1) $P\{不虧本\} = P\{20 - 2X \geq 0\} = P\{X \leq 10\} \approx \sum_{k=0}^{10} \frac{4^k}{k!} e^{-4} = 0.9972$

(2) $P\{獲利不少於10萬元\} = P\{20 - 2X \geq 10\}$
$$= P\{X \leq 5\} \approx \sum_{k=0}^{5} \frac{4^k}{k!} e^{-4} = 0.7851$$

(3) $P\{獲利不少於18萬元\} = P\{20 - 2X \geq 18\}$
$$= P\{X \leq 1\} \approx \sum_{k=0}^{1} \frac{4^k}{k!} e^{-4} = 0.0916.$$

以上事例表明,保險公司在這項業務上幾乎是不會虧本;但是最終想從這項業務上獲利超過18萬元的可能性是微小的.

例10 某證券營業部開有1000個資金帳戶,每戶資金10萬元. 假設每日每個資金帳戶到營業部提取20 % 現金的概率為0.006. 問該營業部每日至少要準備多少現金才能以95 % 以上的概率滿足客戶提款的要求?

解 設每日提取現金的客戶數為X,則每日提取現金的總數為$2X$萬元. 又設營業部準備的現金數為x萬元(注意它不是隨機變量). 則由題設,應求最小的x,使

$$P\{2X \leq x\} \geq 0.95 \quad 即 \quad P\{X \leq \frac{x}{2}\} \geq 0.95$$

因這裡$X \sim B(1000,0.006)$,故由泊松定理,近似地有$X \sim P(6)$,於是,上面不等式成為

$$\sum_{k=0}^{\frac{x}{2}} \frac{6^k}{k!} e^{-6} \geq 0.95$$

查$\lambda = 6$的泊松分佈表,得$\frac{x}{2} \geq 10$,從而得$x \geq 20$. 即營業部每日至少應準備20萬元現金才行.

4. 超幾何分佈

定義2.8 若隨機變量X的概率分佈為

$$P\{X = k\} = \frac{C_M^k \cdot C_{N-M}^{n-k}}{C_N^n} \quad (k = 0,1,2,\cdots,l\ ;l = \min\{M,n\})$$

(其中N、M、n均為自然數,且$M < N, n < N$)則稱隨機變量X服從超幾何分佈,記為$X \sim H(n,M,N)$.

從下面的例子我們可看到,超幾何分佈的產生背景是不放回抽樣試驗.

例11 某批產品有N件,其中有M ($M < N$)件次品. 現從整批產品中不放回地隨機抽出n ($n \leq N$)件產品,則在這n件產品中出現的次品數X是一個隨機變量,它可能的取值為$0,1,2,\cdots,l\ ;l = \min\{M,n\}$,概率分佈為

$$P\{X = k\} = \frac{C_M^k \cdot C_{N-M}^{n-k}}{C_N^n} \quad (k = 0,1,2,\cdots,l\ ;l = \min\{M,n\})$$

可見X服從超幾何分佈.

注意,這裡在取n個產品時,採用的是不放回抽樣方式,因此每次抽取時,次品率都不一樣. 若採用的是放回抽樣方式,則每次抽取時,次品率都一樣,均為$\frac{M}{N}$,因此n個產品中的次品數X就服從以n、$\frac{M}{N}$為參數的二項分佈:

$$P\{X = k\} = C_n^k \left(\frac{M}{N}\right)^k \left(\frac{N-M}{N}\right)^{n-k}$$

可見,按兩種不同的抽取方式,所得概率不一樣. 但是我們可以證明:對於固定的 n, 當 $N \to \infty$, $\dfrac{M}{N} \to p$ 時,有

$$\frac{C_M^k \cdot C_{N-M}^{n-k}}{C_N^n} \to C_n^k p^k q^{n-k} \quad (\text{其中 } q = 1 - p)$$

因此,在實際應用中,當 N 很大,而 n 又相對較小時(一般只要 $\dfrac{n}{N} \leqslant 0.1$ 即可),可以用二項分佈近似代替超幾何分佈. 即

$$\frac{C_M^k \cdot C_{N-M}^{n-k}}{C_N^n} \approx C_n^k p^k q^{n-k} \quad (\text{其中 } p = \frac{M}{N}, q = 1 - p)$$

也就是說,此時可以把不放回抽樣當作有放回抽樣處理.

例 12　設有一大批發芽率為 90% 種子,現從中任取 10 粒,求播種後:
(1) 恰有 8 粒發芽的概率;
(2) 至少有 9 粒發芽的概率.

解　因 10 粒種子是從一大批種子中抽取出來的,這是一個 N 很大,而 n 相對於 N 來說又很小的超幾何分佈問題,可以用二項分佈公式作近似計算. 設 X 表示抽到的 10 粒種子中的發芽種子數,則近似地有 $X \sim B(10, 0.9)$, 故

(1) $P\{X = 8\} \approx C_{10}^8 \times 0.9^8 \times 0.1^2 = 0.1937$

(2) $P\{X \geqslant 9\} \approx \sum\limits_{k=9}^{10} C_{10}^k \times 0.9^k \times 0.1^{10-k} = 0.3874 + 0.3487 = 0.7361$

5. 幾何分佈

定義 2.9　在伯努力試驗序列中,以 p 表示一次試驗成功的概率,如果 X 為首次成功出現時的試驗次數,則 X 的可能取值為 $1, 2, \cdots$, 稱 X 服從參數為 p 的幾何分佈,記為 $X \sim Ge(p)$, 其分佈列為

$$P\{X = k\} = (1 - p)^{k-1} p, \quad k = 1, 2, \cdots$$

服從幾何分佈的例子有

(1) 連續地拋擲一枚均勻硬幣,首次出現正面時的拋擲次數 $X \sim Ge(\dfrac{1}{2})$;

(2) 若一批產品的不合格率為 1%, 則有放回連續抽樣中首次抽到不合格品的抽查次數 $X \sim Ge(0.01)$;

(3) 若某射手的命中率為 0.9, 則首次命中目標的射擊次數 $X \sim Ge(0.9)$;

可以證明,幾何分佈具有「無記憶性」,即對任意非負整數 m 與 n, 有

$$P\{X > m + n \mid X > m\} = P\{X > n\}$$

事實上

$$P\{X > n\} = \sum_{k=n+1}^{+\infty} (1-p)^{k-1} p = \frac{p(1-p)^n}{1-(1-p)} = (1-p)^n$$

所以

$$P\{X > m+n \mid X > m\} = \frac{P\{X > m+n\}}{P\{X > m\}}$$

$$= \frac{(1-p)^{m+n}}{(1-p)^m} = (1-p)^n = P\{X > n\}$$

此結論表明：對伯努力試驗序列而言，在前 m 次試驗未成功的條件下，在接下去的 n 次試驗中仍未成功的概率只與 n 有關，而與以前的 m 次試驗無關，似乎忘記了前 m 次試驗的結果，即幾何分佈的無記憶性。

習題 2.2

1. 一箱產品 20 件，其中 5 件優質品，不放回地抽取，每次一件，共抽取兩次．求取到的優質品件數 X 的分佈律與分佈函數．

2. 設 10 個零件中有 3 個不合格．現任取一個使用，若取到不合格品，則丟棄重新抽取一個，試求取到合格品之前取出的不合格品數 X 的概率分佈與分佈函數．

3. 從分別標有號碼 $1, 2, \cdots, 7$ 的七張卡片中任意取兩張，求餘下的卡片中最大號碼的概率分佈．

4. 某人有 n 把外形相似的鑰匙，其中只有 1 把能打開房門，但他不知道是哪一把，只好逐把試開．求此人直至將門打開所需的試開次數的概率分佈．

5. 一汽車沿街道行駛時須通過三個均設有紅綠燈的路口．設各信號燈相互獨立且紅綠兩種信號顯示的時間相同，求汽車首次遇到紅燈前通過的路口數的概率分佈．

6. 將一顆骰子連擲若干次，直至擲出的點數之和超過 3 為止．求擲骰子次數的概率分佈．

7. 設 X 的概率分佈為

X	0	1	2	3
P	0.2	0.3	0.1	0.4

試求：

(1) X 的分佈函數並作出其圖形；

(2) 計算 $P\{-1 \leqslant X \leqslant 1\}, P\{0 \leqslant X \leqslant 1.5\}, P\{X \leqslant 2\}$.

8. 設隨機變量 X 的分佈函數為

$$F(x) = \begin{cases} 0, & x < -1 \\ 0.2, & -1 \leqslant x < 0 \\ 0.7, & 0 \leqslant x < 2 \\ 1, & x \geqslant 2 \end{cases}$$

試求：

(1) 求 X 的概率分佈；

(2) 計算 $P\{-\frac{1}{2} < X \leqslant \frac{3}{2}\}, P\{X \leqslant -1\}, P\{0 \leqslant X < 3\}, P\{X \leqslant 1 | X \geqslant 0\}$.

9. 已知 $P\{X = n\} = p^n, (n = 1, 2, 3, \cdots)$，求 p 的值。

10. 商店裡有5名售貨員獨立地售貨。已知每名售貨員每小時中累計有15分鐘要用臺秤。(1) 求在同一時刻需用臺秤的人數的概率分佈；(2) 若商店裡只有兩臺臺秤，求因臺秤太少而令顧客等候的概率。

11. 保險行業在全國舉行羽毛球對抗賽，該行業形成一個羽毛球總隊，該隊是由各地區的部分隊員形成。根據以往的比賽知，總隊羽毛球隊實力較甲地區羽毛球隊強，但同一隊中隊員之間實力相同，當一個總隊運動員與一個甲地區運動員比賽時，總隊運動員獲勝的概率為0.6，現在總隊、甲隊雙方商量對抗賽的方式，提出三種方案：(1) 雙方各出3人；(2) 雙方各出5人；(3) 雙方各出7人。

三種方案中得勝人數多的一方為勝利。問：對甲隊來說，哪種方案有利？

12. 有某商店過去的銷售記錄知道，某種商品每月的銷售數可以用參數 $\lambda = 5$ 的泊松分佈來描述。為了以95%以上的把握保證不脫銷，問商店在月底至少應進某種商品多少件？

13. 一本300頁的書中共有240個印刷錯誤。若每個印刷錯誤等可能地出現在任意一頁中，求此書首頁有印刷錯誤的概率。

14. 設某高速公路上每天發生交通事故的次數服從參數為 $\lambda = 2$ 的泊松分佈。已知今天上午該公路上發生了一起交通事故，求今天該公路上至少發生三起交通事故的概率。

15. 設一批產品的次品率為1%，若每次從中任取兩件檢查，直到取到兩件均為次品為止。求要進行3次抽取的概率。

§2.3　連續型隨機變量及其分佈

前面我們提到,連續型隨機變量的一切可能取值是充滿一個或若干個有限或無限區間的,但並未給出連續型隨機變量的嚴格定義,本節中將給出連續型隨機變量及其概率密度函數的定義,並討論幾種重要的連續型分佈.

一、連續型隨機變量的概念

定義 2.10　設 $F(x)$ 為隨機變量 X 的分佈函數.若存在非負可積函數 $p(x)$,使得對於任意實數 x,有

$$F(x) = \int_{-\infty}^{x} p(t)\,dt$$

則稱 X 為連續型隨機變量,稱 $p(x)$ 為 X 的概率密度函數,簡稱密度函數,並記為 $X \sim p(x)$.

由定義 2.10 及分佈函數的性質可知,連續型隨機變量的密度函數具有如下基本性質:

(1) $p(x) \geqslant 0$.

(2) $\int_{-\infty}^{+\infty} p(x)\,dx = 1$.

以上兩條基本性質是密度函數必須具有的性質,也是確定或判別某個函數是否成為密度函數的充要條件.

由定義 2.10 還可得,在 $F(x)$ 的可導點 x 處,有

$$F'(x) = p(x) \qquad (2.5)$$

(2.5) 式為我們揭示了密度函數的概率涵義.

事實上,當 $F(x)$ 在 x 處可導時,由導數定義,有

$$p(x) = F'(x) = \lim_{\Delta x \to 0} \frac{F(x + \Delta x) - F(x)}{\Delta x} = \lim_{\Delta x \to 0} \frac{P\{x < X \leqslant x + \Delta x\}}{\Delta x}$$

於是,當 $\Delta x (\Delta x > 0)$ 充分小時

$$P\{x < X \leqslant x + \Delta x\} \approx p(x) \cdot \Delta x$$

可見,雖然 $p(x)$ 並非 X 取值 x 的概率,但它的大小卻決定了 X 落入區間 $(x, x + \Delta x)$ 內的概率的大小,它反應了隨機變量 X 在點 x 附近所分佈的概率的「疏密」程度.因此,對於連續型隨機變量,用概率密度函數描述它的分佈比分佈函數更為直觀且「細緻」.

由於連續型隨機變量的分佈函數可寫為一個積分上限函數,則由數學分析的知識我們知道,連續型隨機變量 X 的分佈函數 $F(x)$ 必是連續函數. 因此,對任意 $x_0 \in R$,都有

$$P\{X = x_0\} = F(x_0) - F(x_0 - 0) = 0$$

即連續型隨機變量取任何值的概率均為 0,這是連續型隨機變量的重要特徵. 也因為如此,對任意的 $x_1、x_2 \in R$ $(x_1 < x_2)$,有

$$P\{x_1 < X \leqslant x_2\} = P\{x_1 \leqslant X < x_2\} = P\{x_1 < X < x_2\} = P\{x_1 \leqslant X \leqslant x_2\}$$

且 $\quad P\{x_1 < X \leqslant x_2\} = F(x_2) - F(x_1) = \int_{x_1}^{x_2} p(x) \mathrm{d}x \qquad (2.6)$

(2.6) 式表明,計算連續型隨機變量落在某區間上的概率時,可不必區分該區間端點的情況. 這給計算帶來很大的方便. 而這個性質在離散隨機變量情形是不存在的,因為離散型隨機變量計算概率要「點點不漏」.

(2.6) 式的幾何意義為:X 落入區間 (x_1, x_2) 內的概率等於圖 2.2 中曲邊梯形的面積.

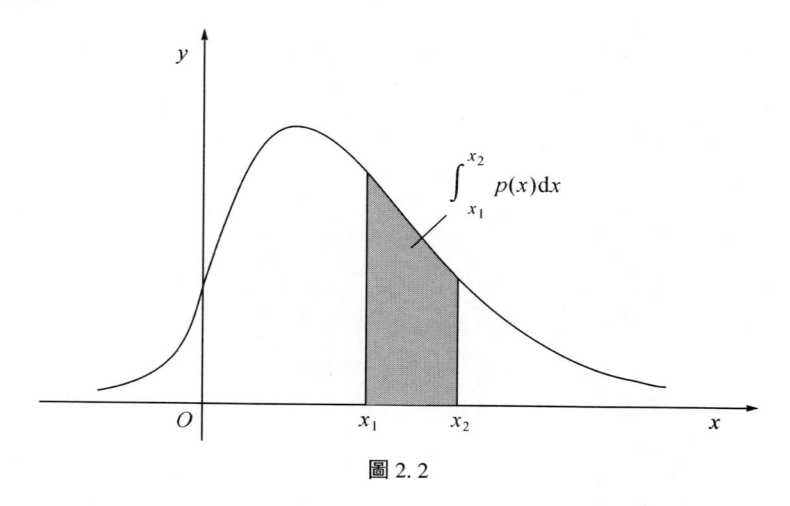

圖 2.2

此外,由於在若干點上改變 X 的密度函數 $p(x)$ 的值並不影響其積分的值,因此也就不會影響 X 的分佈函數 $F(x)$ 的值,這意味著連續型隨機變量 X 的密度函數是不唯一的. 例如

$$p_1(x) = \begin{cases} \dfrac{1}{2} & -1 < x < 1 \\ 0 & \text{其他} \end{cases} \quad 與 \quad p_2(x) = \begin{cases} \dfrac{1}{2} & -1 \leqslant x \leqslant 1 \\ 0 & \text{其他} \end{cases}$$

可作為同一隨機變量 X 的密度函數. 雖然,$p_1(x) \neq p_2(x)$,但二者在概率意義

上是無差別的.

例1 設隨機變量 X 的密度函數為

$$p(x) = \begin{cases} cx, & 0 \leq x < 3 \\ 2 - \dfrac{x}{2}, & 3 \leq x \leq 4 \\ 0, & 其他 \end{cases}$$

(1) 求系數 c；
(2) 求 X 的分佈函數；
(3) 求 $P\{2 < X \leq 3.5\}$.

解 (1) 由密度函數的性質(2)，有

$$\int_0^3 cx\,\mathrm{d}x + \int_3^4 \left(2 - \dfrac{x}{2}\right)\mathrm{d}x = 1$$

解得 $c = \dfrac{1}{6}$，故 X 的密度函數

$$p(x) = \begin{cases} \dfrac{x}{6}, & 0 \leq x < 3 \\ 2 - \dfrac{x}{2}, & 3 \leq x \leq 4 \\ 0, & 其他 \end{cases}$$

(2) 當 $x < 0$ 時，$F(x) = \displaystyle\int_{-\infty}^x p(t)\,\mathrm{d}t = 0$

當 $0 \leq x < 3$ 時，$F(x) = \displaystyle\int_{-\infty}^x p(t)\,\mathrm{d}t = \int_{-\infty}^0 p(t)\,\mathrm{d}t + \int_0^x p(t)\,\mathrm{d}t$

$$= \int_0^x \dfrac{t}{6}\,\mathrm{d}t = \dfrac{x^2}{12};$$

當 $3 \leq x < 4$ 時，$F(x) = \displaystyle\int_{-\infty}^x p(t)\,\mathrm{d}t = \int_{-\infty}^0 p(t)\,\mathrm{d}t + \int_0^3 p(t)\,\mathrm{d}t + \int_3^x p(t)\,\mathrm{d}t$

$$= \int_0^3 \dfrac{t}{6}\,\mathrm{d}t + \int_3^x \left(2 - \dfrac{t}{2}\right)\mathrm{d}t$$

$$= -\dfrac{x^2}{4} + 2x - 3;$$

當 $x \geq 4$ 時，$F(x) = \displaystyle\int_{-\infty}^x p(t)\,\mathrm{d}t$

$$= \int_{-\infty}^0 p(t)\,\mathrm{d}t + \int_0^3 p(t)\,\mathrm{d}t + \int_3^4 p(t)\,\mathrm{d}t + \int_4^x p(t)\,\mathrm{d}t$$

$$= \int_0^3 \dfrac{t}{6}\,\mathrm{d}t + \int_3^4 \left(2 - \dfrac{t}{2}\right)\mathrm{d}t = 1$$

即

$$F(x) = \int_{-\infty}^{x} p(t)\,dt = \begin{cases} 0, & x < 0. \\ \dfrac{x^2}{12}, & 0 \leqslant x < 3. \\ -\dfrac{x^2}{4} + 2x - 3, & 3 \leqslant x < 4. \\ 1, & x \geqslant 4. \end{cases}$$

（3）所求概率為

$$P\{2 < x \leqslant 3.5\} = F(3.5) - F(2) = \dfrac{29}{48}.$$

例2 設連續型隨機變量 X 的分佈函數為

$$F(x) = \begin{cases} ae^x, & x < 0 \\ b, & 0 \leqslant x < 1 \\ 1 - ae^{-(x-1)}, & x \geqslant 1 \end{cases}$$

求：（1）a,b 的值；（2）X 的密度函數；（3）$P(X > \dfrac{1}{3})$.

解 （1）由於連續型隨機變量的分佈函數為連續函數，因此有

$$\lim_{x \to 0^-} F(x) = \lim_{x \to 0^-} ae^x = a = F(0) = b$$

可得 $a = b$

又 $\lim_{x \to 1^-} F(x) = \lim_{x \to 1^-} b = b = F(1) = 1 - a$

得 $b = 1 - a$，從而 $a = b = \dfrac{1}{2}$.

（2）$p(x) = \begin{cases} \dfrac{1}{2} e^x, & x < 0 \\ 0, & 0 \leqslant x < 1 \\ \dfrac{1}{2} e^{-(x-1)}, & x \geqslant 1 \end{cases}$

（3）$P\{X > \dfrac{1}{3}\} = 1 - P\{X \leqslant \dfrac{1}{3}\} = 1 - F(\dfrac{1}{3}) = 1 - \dfrac{1}{2} = \dfrac{1}{2}.$

二、幾種重要的連續型分佈

1. 均勻分佈

定義2.11 若隨機變量 X 的密度函數為

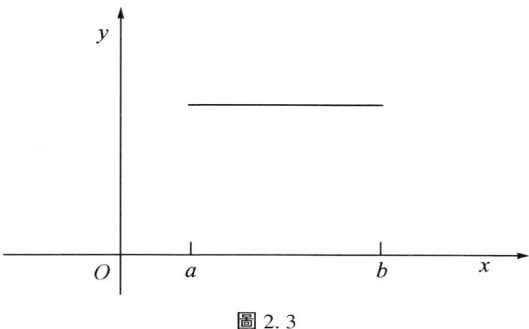

$$p(x) = \begin{cases} \dfrac{1}{b-a}, & a \leqslant x \leqslant b \\ 0, & 其他 \end{cases}$$

圖 2.3

則稱 X 服從區間 $[a,b]$ 上的均勻分佈. 記作 $X \sim U[a,b]$.

易得,均勻分佈隨機變量 X 的分佈函數為

$$F(x) = \begin{cases} 0, & x < a \\ \dfrac{x-a}{b-a}, & a \leqslant x \leqslant b \\ 1, & x > b \end{cases}$$

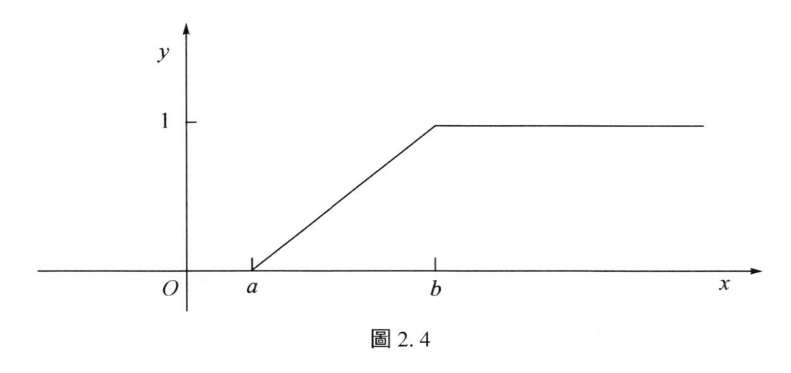

圖 2.4

$p(x)$ 與 $F(x)$ 的圖形如圖 2.3 和圖 2.4 所示.

對於任意的 $x_1, x_2 \in [a,b] (x_1 < x_2)$,有

$$P\{x_1 < X < x_2\} = F(x_2) - F(x_1) = \dfrac{x_2 - x_1}{b - a}.$$

這表明,均勻分佈隨機變量 X 落入 $[a,b]$ 的任意子區間內的概率與該子區間的長度成正比,而與子區間的位置無關.

均勻分佈是連續型隨機變量的分佈中最簡單的一種分佈，也是常用的重要連續型分佈之一．例如，數值計算中的舍入誤差，在一段時間內銷售市場上對某種商品的需求量等常被認為服從均勻分佈；另外，在人壽保險中，團體人身險、團體人身意外傷害險和養老保險等險種，是由其所在單位向保險公司集體辦理投保手續，被保險人就是投保單位的全體人員，因此，選擇機會和投機因素都很小，於是，可以認為每個險種內部的人均風險是均等的，即可認為人均風險是服從均勻分佈的．

例3 某市每天有兩班開往某旅遊景點的旅遊列車，發車時間分別為早上7點30分和8點．設一遊客到達車站的時刻均勻分佈於7點至8點之間，求此遊客候車時間不超過20分鐘的概率．

解 設遊客到達車站的時間為7點過X分，則由題設，有$X \sim U[0,60]$．故X的密度函數為

$$p(x) = \begin{cases} \dfrac{1}{60}, & 0 \leqslant x \leqslant 60 \\ 0, & \text{其他} \end{cases}$$

依題意，遊客必須在7:10～7:30間或7:40～8:00間到達車站其候車時間才不超過20分鐘，故所求概率為

$$P\{\lceil 10 \leqslant X \leqslant 30 \rfloor \cup \lceil 40 \leqslant X \leqslant 60 \rfloor\}$$
$$= P\{10 \leqslant X \leqslant 30\} + P\{40 \leqslant X \leqslant 60\}$$
$$= \frac{30-10}{60} + \frac{60-40}{60} = \frac{2}{3}$$

2. 指數分佈

定義2.12 若隨機變量X的密度函數為

$$p(x) = \begin{cases} \lambda e^{-\lambda x}, & x > 0 \\ 0, & x \leqslant 0 \end{cases}$$

(其中$\lambda > 0$為常數)，則稱X服從參數為λ的指數分佈．記作$X \sim e(\lambda)$．

容易得到X的分佈函數為

$$F(x) = \begin{cases} 1 - e^{-\lambda x}, & x > 0 \\ 0, & x \leqslant 0 \end{cases}$$

指數分佈的密度曲線如圖2.5所示．

圖 2.5

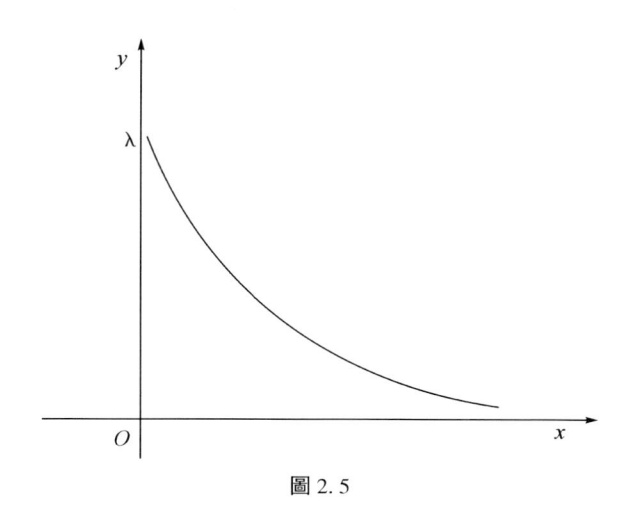

指數分佈是關於壽命和隨機服務系統中的等候時間一類隨機變量的概率模型．它也具有「無記憶性」，即 $P\{X > s+t \mid X > s\} = P\{X > t\}$，其中 $s > 0$，$t > 0$．指數分佈的無記憶性與幾何分佈的無記憶性是類似的．

例4 設自動取款機對每位顧客的服務時間（單位：分鐘）服從 $\lambda = \dfrac{1}{3}$ 的指數分佈，如果有一顧客恰好在你面前走到空閒的取款機，求：(1) 你至少等候 3 分鐘的概率；(2) 你等候時間在 3 分鐘至 6 分鐘之間的概率．如果你到達取款機時，正有一名顧客使用著取款機，上述概率又是多少？

解 以 X 表示你前面這位顧客所需服務的時間，則 X 也為你所需等待的時間，$F(x)$ 為 X 的分佈函數，則所求概率

$$P\{X > 3\} = 1 - F(3) = e^{-1}$$
$$P\{3 < X < 6\} = F(6) - F(3) = e^{-1} - e^{-2}$$

如果你到達時取款機正在為一名顧客服務，同時沒有其他顧客正在排隊等候，那麼由指數分佈的無記憶性，取款機還需花在你前面顧客身上的服務時間與他剛到取款機所需花的時間相同，從而問題的答案不變．

下面的例子告訴我們泊松分佈與指數分佈的關係．

例5 如果在任何長為 t 的時間間隔內到達某服務系統的顧客數 $N(t)$ 服從參數為 λt 的泊松分佈，試求任意兩個顧客相繼到達系統的時間間隔 T 的分佈函數 $F_T(t)$．

解 由題設 $N(t) \sim P(\lambda t)$，即

$$P\{N(t)=k\} = \frac{(\lambda t)^k}{k!}e^{-\lambda t} \quad (k=0,1,2,\cdots)$$

注意到任意兩個顧客相繼到達系統的時間間隔 T 是非負變量,且事件「$T > t$」表示在長度為 t 的時間間隔內沒有顧客到達該服務系統,即「$T > t$」=「$N(t) = 0$」,於是有

當 $t \leqslant 0$ 時,$F_T(t) = P\{T \leqslant t\} = 0$

當 $t > 0$ 時,
$$F_T(t) = P\{T \leqslant t\} = 1 - P\{T > t\}$$
$$= 1 - P\{N(t) = 0\} = 1 - e^{-\lambda t}$$

可見 T 服從參數為 λ 的指數分佈.

3. 正態分佈

定義 2.13 若隨機變量 X 的密度函數為

$$p(x) = \frac{1}{\sqrt{2\pi}\sigma}e^{-\frac{(x-\mu)^2}{2\sigma^2}}, (-\infty < x < +\infty)$$

(其中 μ、σ 均為常數,且 $s > 0$),則稱 X 服從以 μ, σ^2 為參數的正態分佈. 記作 $X \sim N(\mu, \sigma^2)$.

正態分佈的分佈函數為

$$F(x) = \int_{-\infty}^{x} \frac{1}{\sqrt{2\pi}\sigma} e^{-\frac{(t-\mu)^2}{2\sigma^2}} dt, (-\infty < x < +\infty)$$

特別地,參數為 $\mu = 0, \sigma^2 = 1$ 的正態分佈稱作標準正態分佈,其密度函數通常用 $\varphi(x)$ 表示,分佈函數表示為 $\Phi(x)$,即有

$$\varphi(x) = \frac{1}{\sqrt{2\pi}} e^{-\frac{x^2}{2}} \quad (-\infty < x < +\infty)$$

$$\Phi(x) = \frac{1}{\sqrt{2\pi}} \int_{-\infty}^{x} e^{-\frac{t^2}{2}} dt \quad (-\infty < x < +\infty)$$

正態分佈的密度曲線為圖 2.6 所示的單峰曲線.

利用數學分析知識容易得出正態分佈密度的如下性質:

(1) 曲線關於直線 $x = \mu$ 對稱,且當 $x = \mu$ 時,密度函數 $p(x)$ 達到最大值

$$\max p(x) = \frac{1}{\sqrt{2\pi}\sigma};$$

(2) 曲線在 $x = \mu \pm \sigma$ 處對應有拐點;

(3) 曲線以 x 軸為漸近線.

從圖 2.7 可以看出,正態分佈 $N(\mu, \sigma^2)$ 中的參數 μ 確定了分佈密度曲線的

圖 2.6

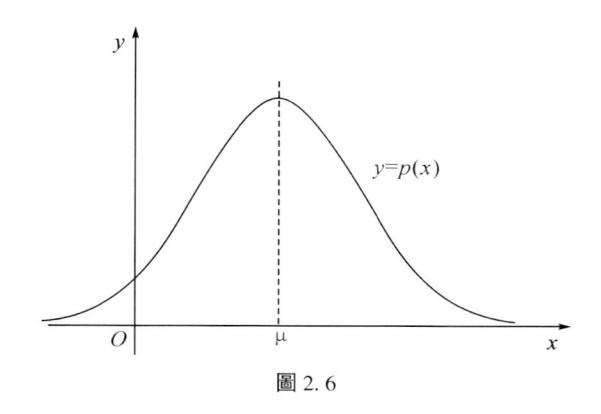

對稱軸,而參數 σ 的大小則決定了曲線的形態即「峰」的陡峭程度:若固定 μ,當 σ 值越小時圖形的「峰」越尖陡,因而 X 落在 μ 附近的概率越大;若固定 σ,μ 值改變,則圖形沿 x 軸平移,而不改變其形狀,故稱 σ 為形狀參數,μ 為位置參數. 圖 2.7 顯示了 $\mu = 0$ 時,σ 取不同值的正態曲線的不同形態.

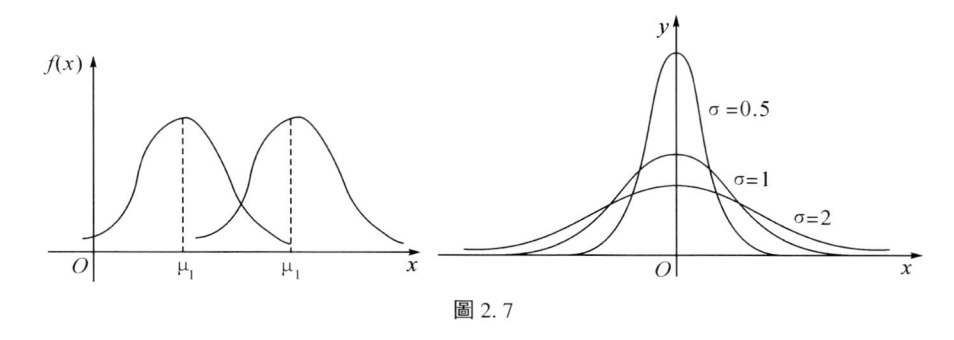

圖 2.7

正態分佈是概率論與數理統計中最重要的分佈. 在實踐中,時常會遇到很多的隨機變量,諸如某個工業產品的某項質量指標(如長度、重量、強度等)的測量結果;人的身高、體重;某地區某段時間的降雨量;某班級學生的學習成績等,都服從或近似地服從正態分佈(這一點我們將在第四章中心極限定理中給出理論證明).

標準正態分佈的分佈函數 $\Phi(x)$ 有以下性質:
$$\Phi(0) = 0.5$$
$$\Phi(-x) = 1 - \Phi(x)$$

可以證明,一般正態分佈 $N(\mu,\sigma^2)$ 的分佈函數 $F(x)$ 和標準正態分佈 $N(0,1)$ 的分佈函數 $\Phi(x)$ 有如下關係:

$$F(x) = \Phi(\frac{x-\mu}{\sigma}) \tag{2.7}$$

事實上,令 $y = \frac{t-\mu}{\sigma}$,則有

$$F(x) = \frac{1}{\sqrt{2\pi}\sigma} \int_{-\infty}^{x} e^{-\frac{(t-\mu)^2}{2\sigma^2}} dt$$

$$= \frac{1}{\sqrt{2\pi}} \int_{-\infty}^{\frac{x-\mu}{\sigma}} e^{-\frac{y^2}{2}} dy = \Phi(\frac{x-\mu}{\sigma})$$

人們將標準正態分佈函數 $\Phi(x)$ 的值制成標準正態分佈函數表(附表2),這樣利用(2.7)式,便可以得到各種參數下正態分佈函數的值.又據性質(2),只需對正數 x 列出相應的數值表.

例6 設 $X \sim N(0,1)$,求 $P\{|X| < 1.25\}$.

解 由附表2可查得 $F(1.25) = 0.8944$,於是

$$P\{|X| < 1.25\} = P\{-1.25 < X < 1.25\} = \Phi(1.25) - \Phi(-1.25)$$
$$= 2\Phi(1.25) - 1 = 2 \times 0.8944 - 1 = 0.7888$$

例7 設 $X \sim N(\mu,\sigma^2)$,對 $k = 1,2,3$,分別求 $P\{|X - \mu| < k\sigma\}$.

解

$$P\{|X - \mu| < \sigma\} = F(\mu + \sigma) - F(\mu - \sigma)$$
$$= \Phi(1) - \Phi(-1) = 2\Phi(1) - 1 = 2 \times 0.8413 - 1$$
$$= 0.6826$$

同理可得

$$P\{|X - \mu| < 2\sigma\} = 2\Phi(2) - 1 = 2 \times 0.9772 - 1 = 0.9544$$
$$P\{|X - \mu| < 3\sigma\} = 2\Phi(3) - 1 = 2 \times 0.9987 - 1 = 0.9974$$

可以看出,儘管正態變量的取值範圍是 $(-\infty, +\infty)$,但它的值落在 $(\mu - 3\sigma, \mu + 3\sigma)$ 內幾乎是肯定的事,因此在實際問題中,基本上可以認為 X 只取 $(\mu - 3\sigma, \mu + 3\sigma)$ 中的值,這就是人們所說的「3σ」原則.使用這一性質所產生的誤差概率還不到千分之三.

例8 抽樣表明,某市新生兒體重 X(單位:千克)近似地服從正態分佈 $N(3.4, \sigma^2)$.已知該市新生兒體重不足2千克的占3.1%,試求該市新生兒體重超過4千克的百分比.

解 由題設 $X \sim N(3.4, \sigma^2)$,且有 $P\{X < 2\} = 0.031$,於是

$$\Phi(\frac{2 - 3.4}{\sigma}) = 0.031 \Rightarrow \Phi(\frac{1.4}{\sigma}) = 0.969$$

查表可得 $\frac{1.4}{\sigma} = 1.87$,故 $\sigma = \frac{1.4}{1.87} \approx 0.7487$,從而

$$P\{X > 4\} = 1 - F(4) = 1 - \Phi(\frac{4 - 3.4}{0.7487}) = 0.2119$$

即可認為該市新生兒體重超過 4 千克的約占 21%.

例 9 某城市公共汽車車門的高度是按成年男子與車門頂碰頭的機會 1% 以下來設計的. 設該城市成年男子的身高 $X \sim N(170, 6^2)$ (單位:cm),問

(1) 應如何設計公共汽車門的高度？

(2) 若車門高為 182cm,則 100 個成年男子與車門頂碰頭的人數不多於 2 個的概率.

解 (1) 設公共汽車門的高度為 h(cm),由題設知,h 應滿足

$$P\{X > h\} < 0.01$$

因 $X \sim N(170, 6^2)$,則有

$$P\{X > h\} = 1 - P\{X \leq h\}$$
$$= 1 - F(h) = 1 - \Phi(\frac{h - 170}{6}) < 0.01$$

故

$$\Phi(\frac{h - 170}{6}) > 0.99$$

查表得 $\frac{h - 170}{6} > 2.33 \Rightarrow h > 183.98$

可見,該城市車門設計高度為 184(cm) 時,可使成年男子與車門頂碰頭的機會不超過 1%.

(2) 該問題是 100 重貝努利試驗中的概率計算問題. 記 $p = P\{X > 182\}$,則

$$p = 1 - P\{X \leq 182\} = 1 - \Phi(\frac{182 - 170}{6}) = 1 - \Phi(2) = 0.0228.$$

設 Y 為 100 個男子中身高超過 182cm 的人數,有 $Y \sim B(100, p)$ 則

$$P\{Y = k\} = C_{100}^k p^k (1 - p)^{100-k}, k = 0, 1, 2, \cdots, 100.$$

所求概率為

$$P\{Y \leq 2\} = P\{Y = 0\} + P\{Y = 1\} + P\{Y = 2\}$$

由於 $n = 100$ 較大,$p = 0.0228$ 較小,從而可利用泊松分佈作近似計算

$$P\{Y \leq 2\} \approx \frac{2.28^0 e^{-2.28}}{0!} + \frac{2.28 e^{-2.28}}{1!} + \frac{2.28^2 e^{-2.28}}{2!} = 0.6013$$

習題 2.3

1. 設 X 是連續型隨機變量，其分佈函數為

$$F(x) = \begin{cases} 0, & x < 0 \\ a\sin x, & 0 \leq x < \dfrac{\pi}{2} \\ 1, & x \geq \dfrac{\pi}{2} \end{cases}$$

試求常數 A 與 $P\{|X| < \dfrac{\pi}{6}\}$.

2. 連續型隨機變量 X 的分佈函數

$$F(x) = \begin{cases} a + be^{-\frac{x^2}{2}}, & x > 0 \\ 0, & x \leq 0 \end{cases}$$

試求：(1) 系數 a, b；(2) 密度函數 $p(x)$.

3. 設隨機變量 X 的密度為

$$p(x) = \begin{cases} a(1-x), & 0 < x < 1 \\ 0, & 其他 \end{cases}$$

試求 (1) 常數 a；(2) X 的分佈函數.

4. 已知連續隨機變量 X 的密度為

$$p(x) = \begin{cases} \dfrac{1}{4}(x+2), & -2 < x \leq 0 \\ \dfrac{1}{2}\cos x, & 0 < x < \dfrac{\pi}{2} \\ 0, & 其他 \end{cases}$$

(1) 求 X 的分佈函數；

(2) 計算 $P\{-1 < X < 1\}$，$P\{X \geq \dfrac{\pi}{4}\}$.

5. 設連續型隨機變量 X 的分佈函數為

$$F(x) = \begin{cases} 0, & x < -1 \\ a + b\arcsin x, & -1 \leq x \leq 1 \\ 1, & x > 1 \end{cases}$$

試確定 a、b 並求 $P\{-1 < X < \dfrac{1}{2}\}$.

6. 設連續型隨機變量 X 的分佈函數為
$$F(x) = A + B \arctan x \quad (-\infty < x < +\infty)$$
（1）求系數 A、B；
（2）求 X 的概率密度函數；
（3）計算 $P\{-1 < X < 1\}$.

7. 設隨機變量 X 在 $[2,5]$ 上服從均勻分佈. 現對 X 進行 3 次獨立觀測，求至少有兩次的觀測值大於 3 的概率.

8. 設隨機變量 Y 服從 $[0,5]$ 上的均勻分佈，求關於 x 的二次方程 $4x^2 + 4xY + Y + 2 = 0$ 有實數根的概率.

9. 某種電腦顯示器的使用壽命（單位：千小時）X 服從參數為 $\lambda = \dfrac{1}{50}$ 的指數分佈. 生產廠家承諾：購買者使用 1 年內顯示器損壞將免費予以更換.
（1）假設用戶一般每年使用電腦 2000 小時，求廠家須免費為其更換顯示器的概率；
（2）顯示器至少可以使用 10,000 小時的概率為何？
（3）已知某臺顯示器已經使用 10,000 小時，求其至少還能再用 10,000 小時的概率.

10. 設顧客在某銀行的窗口等候服務的時間 X（以分鐘計）服從參數 $\dfrac{1}{5}$ 的指數分佈. 某顧客在窗口等候服務，若超過 10 分鐘，他就離開. 他一月內要到銀行 5 次. 以 Y 表示一個月內他未等到服務而離開的次數. 試求 Y 的分佈律，並計算 $P(Y \geq 1)$.

11. 已知隨機變量 X 的密度函數為
$$p(x) = ce^{-x^2+x}, \quad -\infty < x < +\infty$$
試確定常數 c 的值.

12. 設 $X \sim N(0.5, 4)$，求：
（1）$P\{-0.5 < X < 1.5\}$，$P\{|X + 0.5| < 2\}$，$P\{X \geq 0\}$；
（2）常數 a，使 $P\{X > a\} = 0.8944$.

13. 某種電池的使用壽命 X（單位：小時）是一個隨機變量，$X \sim N(300, 35^2)$.
（1）求其壽命在 250 小時以上的概率；
（2）求一允許限 x，使 X 落入區間 $(300-x, 300+x)$ 內的概率不小於 0.9.

14. 某高校一年級學生的數學成績 X 近似地服從正態分佈 $N(72, \sigma^2)$，其中 90 分以上的占學生總數的 4%．求：

（1）數學不及格的學生的百分比；

（2）數學成績在 65～80 分之間的學生的百分比．

§2.4　隨機變量函數的分佈

設 X 是一個隨機變量，$f(x)$ 是定義在實數集合 D 上的函數，而 X 的一切可能取值 $x \in D$．一般來說，隨機變量 X 的函數 $Y = f(X)$ 仍是一個隨機變量．例如，$Y = X^2$、$Y = \ln X$、$Y = \sin X$ 等都是隨機變量．本節將討論如何由隨機變量 X 的分佈求 $Y = f(X)$ 的分佈．

一、離散型隨機變量函數的分佈

顯然，如果隨機變量 X 是離散型隨機變量，那麼其任意函數 $f(X)$ 也必是離散型的隨機變量，我們可直接由 X 的概率分佈給出 $Y = f(X)$ 的概率分佈．

例 1　設 X 的分佈律為

X	-2	0	1	2
P	0.2	0.1	0.4	0.3

求 $Y = 3X - 1$ 及 $Z = X^2$ 的概率分佈．

解　$Y = 3X - 1$ 的全部可能取值為 -7、-1、2、5，且 Y 的概率分佈為
$P\{Y = -7\} = P\{X = -2\} = 0.2, P\{Y = -1\} = P\{X = 0\} = 0.1$
$P\{Y = 2\} = P\{X = 1\} = 0.4, P\{Y = 5\} = P\{X = 2\} = 0.3$
而隨機變量 $Z = X^2$ 的全部可能取值為 0、1、4，且 Z 的概率分佈為
$P\{Z = 0\} = P\{X = 0\} = 0.1, P\{Z = 1\} = P\{X = 1\} = 0.4$
$P\{Z = 4\} = P\{\lceil X = -2 \rceil \cup \lceil X = 2 \rceil\} = P\{X = -2\} + P\{X = 2\}$
$\qquad\qquad = 0.2 + 0.3 = 0.5$

一般地，若離散型隨機變量 X 的概率分佈為
$$P\{X = x_k\} = p_k \quad (k = 1, 2, \cdots)$$
則 $Y = f(X)$ 的全部可能取值為 $\{y_k = f(x_k) \quad (k = 1, 2, \cdots)\}$．由於其中可能有重複的，所以在求 Y 的概率分佈即計算 $P\{Y = y_i\}$ 時，應將使 $f(x_k) = y_i$ 的所有 x_k 所對應的概率 $P\{X = x_k\}$ 累加起來，即有

$$P\{Y = y_i\} = \sum_{f(x_k) = y_i} P\{X = x_k\} \quad (i = 1,2,\cdots)$$

例2 假設一部機器在一天內發生故障的概率為0.2,機器發生故障時全天停止工作,若一週5個工作日無故障,可獲利潤10萬元;發生一次故障仍可獲利5萬元,發生兩次故障可獲利0萬元;發生三次或三次以上故障就要虧損2萬元,求一週利潤的分佈律.

解 若以 X 表示一週5個工作日內機器發生故障的天數,則 $X \sim B(5,0.2)$. 故

$P\{X = 0\} = 0.8^5 = 0.3277, P\{X = 1\} = C_5^1 \times 0.2 \times 0.8^4 = 0.4096,$
$P\{X = 2\} = C_5^2 \times 0.2^2 \times 0.8^3 = 0.2048,$
$P\{X \geq 3\} = 1 - P\{X = 0\} - P\{X = 1\} - P\{X = 2\} = 0.0579.$

以 Y 表示一週內所獲利潤,則根據題設,有

$$Y = \begin{cases} 10, & 若 X = 0 \\ 5, & 若 X = 1 \\ 0, & 若 X = 2 \\ -2, & 若 X \geq 3 \end{cases}$$

即 Y 的分佈律為

Y	10	5	0	−2
P	$P\{X=0\}$	$P\{X=1\}$	$P\{X=2\}$	$P\{X \geq 3\}$

也就是

Y	10	5	0	−2
P	0.3277	0.4096	0.2048	0.0579

二、連續型隨機變量函數的分佈

已知隨機變量 X 的密度函數 $p_X(x)$,如何求得 X 的函數 $Y = f(X)$ 的密度函數 $p_Y(y)$?下面我們通過實例說明解決這類問題的一般思路.

例3 設 $X \sim N(\mu, \sigma^2)$,求 $Y = e^X$ 的密度函數.

解 (1) 先求 Y 的分佈函數 $F_Y(y)$.

由題設知,X 的取值範圍為全體實數,故 $Y = e^X$ 的全部可能取值在 $(0, +\infty)$ 內,於是,當 $y \leq 0$ 時顯然有

$$F_Y(y) = P\{Y \leq y\} = 0$$

而當 $y > 0$ 時,有
$$F_Y(y) = P\{Y \leq y\} = P\{e^X \leq y\} = P\{X \leq \ln y\} = F_X(\ln y)$$

於是
$$F_Y(y) = \begin{cases} 0, & y \leq 0 \\ F_X(\ln y), & y > 0 \end{cases}$$

(2) 通過對 $F_Y(y)$ 求導,求得 Y 的密度函數 $p_Y(y)$.

注意到 $p_X(x) = \dfrac{1}{\sqrt{2\pi}\sigma} e^{-\frac{(x-\mu)^2}{2\sigma^2}}$,得 Y 的密度函數為

$$p_Y(y) = \begin{cases} 0, & y \leq 0 \\ \dfrac{1}{\sqrt{2\pi}\sigma y} e^{-\frac{(\ln y - \mu)^2}{2\sigma^2}}, & y > 0 \end{cases}$$

這一密度函數稱為對數正態分佈的密度函數. 對數正態分佈在生物學、醫學、經濟學、金融學、保險學等領域都有重要應用,比如,在金融學中,人們常用對數正態分佈來描述股票的收益,而在保險經營與風險管理中,對數正態分佈常用來描述個別受損單位的損失狀況.

在例 3 中,為了求得 $Y = e^X$ 的密度函數 $p_Y(y)$,我們先根據分佈函數定義求其分佈函數 $F_Y(y)$,進而通過對分佈函數求導即可得 $p_Y(y)$. 依照這一思路,不難證得下面的定理.

定理 2.2　設連續型隨機變量 X 的取值範圍為 (a,b)(a 可為 $-\infty$,b 可為 $+\infty$),其密度函數為 $p_X(x)$. 若函數 $y = f(x)$ 在 (a,b) 內嚴格單調,且其反函數 $x = g(y)$ 有連續導數,則 $Y = f(X)$ 的密度函數為

$$p_Y(y) = \begin{cases} p_X[g(y)] \cdot |g'(y)|, & \alpha < y < \beta \\ 0, & \text{其他} \end{cases}$$

其中 $\alpha = \min\{f(a), f(b)\}$,$\beta = \max\{f(a), f(b)\}$.

證明　設 $y = f(x)$ 為嚴格單調增函數,則它的反函數 $x = g(y)$ 也是嚴格單調增函數. 事件「$Y \leq y$」當且僅當「$X \leq g(y)$」發生時發生,故

$$F_Y(y) = P(Y \leq y) = P(X \leq g(y)) = F_X(g(y)) \quad (f(a) < y < f(b))$$

上式兩邊對 y 求導,得 Y 的密度函數

$$p_Y(y) = \begin{cases} p_X[g(y)] \cdot g'(y), & f(a) < y < f(b) \\ 0, & \text{其他} \end{cases}$$

設 $f(x)$ 為嚴格單調減函數,則它的反函數 $x = g(y)$ 也是嚴格單調減函數. 事件「$Y \leq y$」當且僅當「$X \geq g(y)$」發生時發生,故

$$F_Y(y) = P(Y \leqslant y) = P(X \geqslant g(y)) = 1 - F_X(g(y)), (f(b) < y < f(a))$$

上式兩邊對 y 求導,得 Y 的密度函數

$$p_Y(y) = \begin{cases} -p_X[g(y)] \cdot g'(y), & (f(b) < y < f(a)) \\ 0, & 其他 \end{cases}$$

綜合以上兩式,即得

$$p_Y(y) = \begin{cases} p_X(g(y)) \cdot |g'(y)|, & \alpha < y < \beta \\ 0, & 其他 \end{cases}$$

其中 $\alpha = \min\{f(a), f(b)\}, \beta = \max\{f(a), f(b)\}$.

例 4 設 $X \sim e(\lambda)$,求 $Y = 2 - 3X$ 的密度函數.

解 知 X 的密度函數為

$$p_X(x) = \begin{cases} \lambda e^{-\lambda x}, & x > 0 \\ 0, & x \leqslant 0 \end{cases}$$

由 $y = 2 - 3x$ 的反函數為

$$x = g(y) = \frac{2-y}{3}$$

得

$$g'(y) = -\frac{1}{3}.$$

由定理 2.2 得,$Y = 2 - 3X$ 的密度函數為

$$p_Y(y) = \frac{1}{3} p_X\left(\frac{2-y}{3}\right)$$

即

$$p_Y(y) = \begin{cases} \frac{1}{3}\lambda e^{-\frac{2-y}{3}\lambda}, & y < 2 \\ 0, & y \geqslant 2 \end{cases}$$

例 5 設隨機變量 $X \sim N(\mu, \sigma^2)$,求 $Y = aX + b \ (a \neq 0)$ 的密度函數.

解 由題設知,X 的取值範圍為 $(-\infty, +\infty)$,函數 $y = ax + b$ 在 $(-\infty, +\infty)$ 內嚴格單調,且其反函數 $x = g(y) = \frac{1}{a}(y - b)$ 有連續導數 $g'(y) = \frac{1}{a}$. 則由定理 2.2,得

$$p_Y(y) = \frac{1}{|a|} p_X\left(\frac{y-b}{a}\right) = \frac{1}{\sqrt{2\pi}|a|\sigma} e^{-\frac{[y-(a\mu+b)]^2}{2(a\sigma)^2}}$$

可見,$Y = aX + b \sim N(a\mu + b, a^2\sigma^2)$,即正態隨機變量的線性函數仍為正態

隨機變量．

例6 設 X 的密度函數為 $p_X(x)$ $(-\infty < x < +\infty)$，求 $Y = X^2$ 的密度函數 $p_Y(y)$．

解 由題設，X 的取值範圍為 $(-\infty, +\infty)$，從而 Y 的取值範圍為 $[0, +\infty)$．由於 $y = x^2$ 不是單調函數，所以不能直接用定理2.2，下面先求其分佈函數 $F_Y(y)$．

當 $y \leq 0$ 時，
$$F_Y(y) = 0;$$

當 $y > 0$ 時，
$$F_Y(y) = P\{X^2 \leq y\} = P\{-\sqrt{y} \leq X \leq \sqrt{y}\} = F_X(\sqrt{y}) - F_X(-\sqrt{y}).$$

兩邊對 y 求導，得
$$p_Y(y) = p_X(\sqrt{y}) \frac{1}{2\sqrt{y}} + p_X(-\sqrt{y}) \frac{1}{2\sqrt{y}}$$

故 $Y = X^2$ 的密度函數為
$$p_Y(y) = \begin{cases} 0, & y \leq 0 \\ \frac{1}{2\sqrt{y}}[p_X(\sqrt{y}) + p_X(-\sqrt{y})], & y > 0 \end{cases}$$

特別地，若 $X \sim N(0,1)$，即 $p_X(x) = \frac{1}{\sqrt{2\pi}} e^{-\frac{x^2}{2}}$，則 $Y = X^2$ 的密度函數為
$$p_Y(y) = \begin{cases} 0, & y \leq 0 \\ \frac{1}{\sqrt{2\pi}} y^{-\frac{1}{2}} e^{-\frac{y}{2}}, & y > 0 \end{cases}$$

例7 若隨機變量 X 的分佈函數 $F_X(x)$ 為嚴格單調增加的連續函數，其反函數 $F_X^{-1}(y)$ 存在．令 $Y = F_X(X)$，求隨機變量 Y 的分佈函數 $F_Y(y)$．

解 因為 $Y = F_X(X)$ 僅在區間 $[0,1]$ 上取值，所以

當 $y < 0$ 時，事件 $\{F_X(X) \leq y\}$ 是不可能事件，有
$$F_Y(y) = P\{Y \leq y\} = P\{F_X(X) \leq y\} = 0;$$

當 $y \geq 1$ 時，事件 $\{F_X(X) \leq y\}$ 是必然事件，有
$$F_Y(y) = P\{Y \leq y\} = P\{F_X(X) \leq y\} = 1;$$

當 $0 \leq y < 1$，有
$$F_Y(y) = P\{Y \leq y\} = P\{F_X(X) \leq y\} = P\{X \leq F_X^{-1}(y)\}$$
$$= F_X(F_X^{-1}(y)) = y.$$

即有，$Y = F_X(X)$ 的分佈函數為

$$F_Y(y) = \begin{cases} 0, & y < 0 \\ y, & 0 \leq y < 1 \\ 1, & y \geq 1 \end{cases}$$

這正是區間$(0,1)$上均勻分佈的分佈函數,即有 $Y \sim U(0,1)$.

習題2.4

1. 設 X 的分佈列為

X	-2	-1	0	1
P	$\frac{1}{6}$	$\frac{1}{3}$	$\frac{1}{6}$	$\frac{1}{3}$

求 $Y = 2X - 3$ 及 $Z = X^2 + 1$ 的概率分佈.

2. 設 $Z \sim N(\mu, \sigma^2)$,求 $Y = e^X$ 的概率密度.

3. 設 $X \sim p(x) = \begin{cases} \dfrac{2}{\pi(1+x^2)}, & x > 0 \\ 0, & x \leq 0 \end{cases}$,求 $Y = \ln X$ 的密度函數.

4. 設 X 服從 $\lambda = 2$ 的指數分佈,證明 $Y = 1 - e^{-2X}$ 在區間 $[0,1]$ 上服從均勻分佈.

5. 已知隨機變量 X 服從 $[0, \dfrac{\pi}{2}]$ 上的均勻分佈,設 $Y = \cos X$,求 Y 的密度函數 $p_Y(y)$.

6. 設隨機變量 X 的密度函數為

$$p(x) = \begin{cases} e^{-x}, & x > 0 \\ 0, & x \leq 0 \end{cases}$$

求 $Y = |X - 3|$ 的密度函數.

7. 設隨機變量 X 的密度函數為

$$p_X(x) = \begin{cases} 1 - |x|, & -1 < x < 1 \\ 0, & 其他 \end{cases}$$

求隨機變量 $Y = X^2$ 的分佈函數和密度函數.

復習題二

一、單項選擇題

1. 設離散型隨機變量 X 的分佈律為 $P\{X = k\} = ab^k, (k = 1, 2, 3, \cdots)$ 且 $a > 0$,則 b 為( ).

   (a) 大於 0 的任意實數　　　　　　(b) $a + 1$

   (c) $\dfrac{1}{1+a}$　　　　　　　　　(d) $\dfrac{1}{a-1}$

2. 下列函數為某隨機變量密度函數的是( ).

   (a) $p(x) = \begin{cases} \sin x, & 0 < x < \dfrac{\pi}{2} \\ 0, & \text{其他} \end{cases}$　　(b) $p(x) = \begin{cases} \sin x, & 0 < x < \dfrac{3\pi}{2} \\ 0, & \text{其他} \end{cases}$

   (c) $p(x) = \begin{cases} \sin x, & 0 < x < \pi \\ 0, & \text{其他} \end{cases}$　　(d) $p(x) = \begin{cases} \sin x, & 0 < x < 2\pi \\ 0, & \text{其他} \end{cases}$

3. 設隨機變量 X 的密度函數為 $p(x)$ 且 $p(-x) = p(x)$,$F(x)$ 是 X 的分佈函數,則對任意實數 a,有( ).

   (a) $F(-a) = 1 - \int_0^a p(x)\mathrm{d}x$　　(b) $F(-a) = \dfrac{1}{2} - \int_0^a p(x)\mathrm{d}x$

   (c) $F(-a) = F(a)$　　　　　　　(d) $F(-a) = 2F(a) - 1$

4. 設 $F_1(x)$ 與 $F_2(x)$ 分別為隨機變量 X_1 與 X_2 的分佈函數,為使 $aF_1(x) - bF_2(x)$ 是某一隨機變量的分佈函數,在下列給定的各組數值中應取( ).

   (a) $a = \dfrac{3}{5}, b = -\dfrac{2}{5}$　　　　(b) $a = \dfrac{2}{3}, b = \dfrac{2}{3}$

   (c) $a = -\dfrac{1}{2}, b = \dfrac{3}{2}$　　　　(d) $a = \dfrac{1}{2}, b = -\dfrac{3}{2}$.

5. 設隨機變量 X 的概率密度函數為 $p(x) = \begin{cases} 2x, & 0 < x < 1 \\ 0, & \text{其他} \end{cases}$,則 X 的分佈函數為( ).

   (a) $F(x) = \begin{cases} 2, & 0 < x < 1 \\ 0, & \text{其他} \end{cases}$　　(b) $F(x) = \begin{cases} x^2 & 0 < x < 1 \\ 0 & \text{其他} \end{cases}$

(c) $F(x) = \begin{cases} 0, & x \leq 0 \\ x^2, & 0 < x < 1 \\ 1, & x \geq 1 \end{cases}$ (d) $F(x) = \begin{cases} x^2, & 0 < x < 1 \\ 1, & 其他 \end{cases}$

6. 設一個零件的使用壽命 X 的密度函數為 $p(x) = \begin{cases} \dfrac{1}{1000}e^{-\frac{x}{1000}} & x > 0 \\ 0 & x \leq 0 \end{cases}$,則三個這樣的零件中恰好有一個的使用壽命超過 1000 的概率為( ).

(a) e^{-1} (b) $3e^{-1}(1-e^{-1})^2$
(c) $3e^{-1}$ (d) $(e^{-1})^3$

7. 設 $X \sim N(\mu_1, \sigma_1^2)$,$Y \sim N(\mu_2, \sigma_2^2)$,且 $P\{|X-\mu_1|<1\} < P\{|Y-\mu_2|<1\}$ 則( ).

(a) $\sigma_1 < \sigma_2$ (b) $\sigma_1 > \sigma_2$
(c) $\mu_1 < \mu_2$ (d) $\mu_1 > \mu_2$

8. 設隨機變量 X 的密度函數為 $\varphi(x)$,則 $Y = -X$ 的密度函數為( ).

(a) $p(y) = -\varphi(y)$ (b) $p(y) = 1 - \varphi(y)$
(c) $p(y) = \varphi(-y)$ (d) $p(y) = 1 - \varphi(-y)$

9. 設連續型隨機變量 X 的分佈函數為 $F(x)$,且知 X 與 $-X$ 有相同的分佈函數,又若 $p(x)$ 是 X 的密度函數,則( ).

(a) $F(x) = F(-x)$ (b) $F(x) = -F(-x)$
(c) $p(x) = p(-x)$ (d) $p(x) = -p(-x)$

10. 若隨機變量 X 服從均勻分佈 $U(0,1)$,則 $Y = X+1$ 的密度函數為( ).

(a) $p(y) = \begin{cases} 1, & 0 < y < 1 \\ 0, & 其他 \end{cases}$ (b) $p(y) = \begin{cases} y, & 0 < y < 1 \\ 0, & 其他 \end{cases}$
(c) $p(y) = \begin{cases} 2, & 0 < y < 1 \\ 0, & 其他 \end{cases}$ (d) $p(y) = \begin{cases} 1, & 1 < y < 2 \\ 0, & 其他 \end{cases}$

二、填空題

1. 設 X 的分佈律 $P(X=n) = p^n$,$n = 1, 2, \cdots$,則 p 之值為( ).

2. 從次品率為 0.01 的一批產品中連續取樣,則首次取到合格品的取件次數 X 的概率分佈為( ).

3. 設隨機變量 $X \sim B(2,p)$,$Y \sim B(3,p)$,若 $P\{X \geq 1\} = \dfrac{5}{9}$,則 $P\{Y \geq 1\} = ($).

4. 設 $X \sim P(\lambda)$，且 $P\{X = 1\} = P\{X = 2\}$，則 $P\{X = 3\} = (\quad)$。

5. X 的分佈函數為 $F(x) = \begin{cases} 0, & x < 0 \\ \dfrac{1}{2}, & 0 \leq x < 1 \\ 1 - e^{-x}, & x \geq 1 \end{cases}$，則 $P\{X = 1\} = (\quad)$。

6. 已知隨機變量 X 的密度函數為 $p(x) = ae^{-|x|}, (-\infty < x < +\infty)$，則 $a = (\quad)$。

7. 設 $p_1(x)$ 為區間 $(-4, 0)$ 上均勻分佈的密度函數，$p_2(x)$ 為標準正態密度函數，若 $p(x) = \begin{cases} ap_1(x), & x \leq 0 \\ bp_2(x), & x > 0 \end{cases} (a > 0, b > 0)$ 為隨機變量 X 的密度函數，則 a, b 應滿足 $(\quad)$。

8. 設隨機變量 X 的密度函數為 $p(x) = \begin{cases} \dfrac{1}{3}, & 0 \leq x \leq 1 \\ \dfrac{2}{9}, & 3 \leq x \leq 6 \\ 0, & 其他 \end{cases}$，若 $P\{X \geq k\} = \dfrac{2}{3}$，則 k 的取值範圍是 $(\quad)$。

9. 設 $X \sim N(3, 9)$，則 $P\{3X - 5 > 4\} = (\quad)$。

10. 設連續隨機變量 X 的密度函數為 $p(x)$，則 $Y = e^X$ 的密度函數為 $p_Y(y) = (\quad)$。

三、解答題

1. 如果 $p_n = cn^{-2}, n = 1, 2, \cdots$，問它是否能成為一個離散型概率分佈，為什麼？

2. 一條公共汽車路線的兩個站之間，有四個路口處設有信號燈，假定汽車經過每個路口時遇到綠燈可順利通過，其概率為 0.6，遇到紅燈或黃燈則停止前進，其概率為 0.4，求汽車開出站後，在第一次停車之前已通過的路口信號燈數目 X 的概率分佈（不計其他因素停車）。

3. 假設隨機變量 X 的絕對值不大於 1，$P\{X = -1\} = \dfrac{1}{8}, P\{X = 1\} = \dfrac{1}{4}$。在隨機事件「$|X| < 1$」出現的條件下，$X$ 在 $(-1, 1)$ 內任一子區間上取值的條件概率與該子區間的長度成正比。求 X 的分佈函數 $F(x)$。

4. 設 $F_1(x)$ 和 $F_2(x)$ 分別是兩個隨機變量的分佈函數,試判斷下列各函數能否作為某隨機變量的分佈函數:
$$G(x) = F_1(x) + F_2(x);$$
$\psi(x) = k_1 F_1(x) + k_2 F_2(x)$,其中 $k_1 \geq 0, k_2 \geq 0, k_1 + k_2 = 1$.

5. 據調查有同齡段的學生,他們完成一道作業的時間 X 是一個隨機變量,單位為小時. 它的密度函數為
$$p(x) = \begin{cases} cx^2 + x, & 0 \leq x \leq 0.5 \\ 0, & \text{其他} \end{cases}$$
(1) 確定常數 c;(2) 寫出 X 的分佈函數;(3) 試求出在20分鐘內完成一道作業的概率;(4) 試求10分鐘以上完成一道作業的概率.

6. 某汽車站為職工上班方便每日特地安排了兩趟定員均為30人的早班車,分別於7:20和7:30準時開車. 已知汽車站周邊每日有50名職工要趕這兩班車上班,每名職工都獨自趕往車站,且每人到達車站的時刻均勻分佈於7:15 ~ 7:30之間. 試求:(1) 任何1名職工在7:15 ~ 7:20之間到達車站的概率;(2) 有職工在7:15 ~ 7:20之間到達車站但卻須乘第二班車上班的概率(只給出表達式,不必計算).

7. 某單位招聘員工,共有10,000人報考. 假設考試成績服從正態分佈,且已知90分以上有359人,60分以下有1151人. 現按考試成績從高分到低分依次錄用2500人,試問被錄用者中最低分為多少?

8. 設 X 的密度函數為
$$p(x) = \begin{cases} \dfrac{2}{\pi(1+x^2)}, & x > 0 \\ 0, & x \leq 0 \end{cases}$$
求 $Y = \ln X$ 的密度函數.

9. 設隨機變量 X 在區間 $(-1, 2)$ 上服從均勻分佈,求 $Y = e^{2X}$ 的密度函數.

10. 設隨機變量 $X \sim N(0, 1)$,求 $Y = 2(1 - |X|)$ 的密度函數.

11. 設 $X \sim U(0, \pi)$,求 $Y = \sin X$ 的密度函數.

12. 設隨機變量 X 的密度函數為 $p_X(x) = \begin{cases} \dfrac{1}{2}, & -1 < x < 0 \\ \dfrac{1}{4}, & 0 \leq x < 2 \\ 0, & \text{其他} \end{cases}$,求隨機變量 $Y = X^2$ 的密度函數.

第3章

多維隨機變量的分佈

  在第二章討論的問題中,我們總是用一個隨機變量來表示試驗的結果.而在經濟現象和生產實踐中,某些隨機試驗的結果需要同時用兩個或兩個以上的隨機變量來描述.例如,調查某地區新生兒的生長發育狀況,至少同時要用到身高和體重兩個指標,這就是兩個隨機變量的問題;研究某城市每個家庭的支出情況時,我們感興趣於每個家庭的衣食住行四個方面,這個隨機試驗就需要多個隨機變量來描述.而且,這些隨機變量並非彼此孤立地存在著,它們共處於同一個隨機試驗中,它們之間往往存在著統計相依關係,因此有必要把它們視作一個整體來研究,這就需要多維隨機變量的概念.

§3.1 多維隨機變量及其分佈函數

定義3.1 設 $X_1, X_2, \cdots, X_n$ 是定義在同一樣本空間上的 n 個隨機變量,稱 n 維向量 $(X_1, X_2, \cdots, X_n)$ 為 n 維隨機變量(或 n 維隨機向量),並稱 n 元函數
$$F(x_1, x_2, \cdots, x_n) = P\{X_1 \leq x_1, X_2 \leq x_2, \cdots, X_n \leq x_n\} \quad (x_1, x_2, \cdots, x_n \in R)$$
為 n 維隨機變量 $(X_1, X_2, \cdots, X_n)$ 的聯合分佈函數.

據此定義,第二章中討論的隨機變量亦稱一維隨機變量. 本章將著重討論二維隨機變量,二維以上的情況可類似進行討論.

在二維隨機變量 (X,Y) 情況下,其分佈函數為
$$F(x,y) = P\{X \leq x, Y \leq y\}$$

它表示事件「$X \leq x$」與事件「$Y \leq y$」同時發生的概率. 其幾何解釋就是,如果將 (X,Y) 視作一個平面上隨機點的坐標,那麼 $F(x,y)$ 在點 (x,y) 的函數值,描述的就是隨機點 (X,Y) 落在二維平面 xy 上點 (x,y) 左下方的無窮矩形內的概率(如圖3.1).

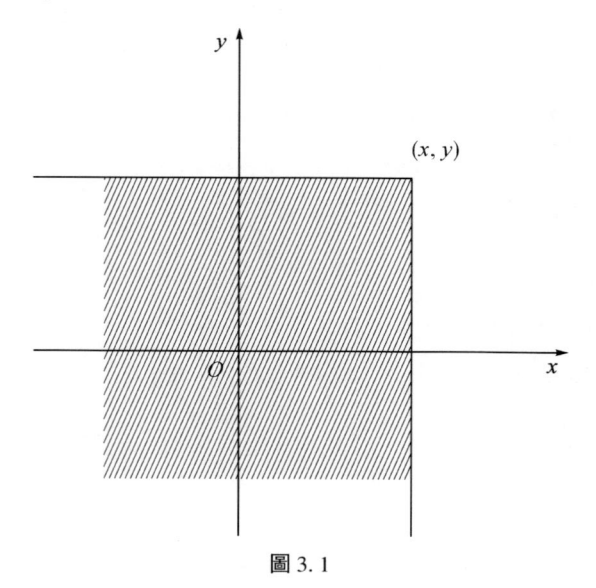

圖 3.1

由分佈函數 $F(x,y)$ 的定義及概率的性質可以證明 $F(x,y)$ 具有以下基本性質:

(1) $F(x,y)$ 對 x 或 y 都是不減函數,即若 $x_1 < x_2$,則 $F(x_1,y) \leq F(x_2,y)$; 若 $y_1 < y_2$,則 $F(x,y_1) \leq F(x,y_2)$;

(2) $F(-\infty,y) = 0, F(x,-\infty) = 0, F(+\infty,+\infty) = 1$;

(3) $F(x,y)$ 分別對 x、y 右連續,即有
$$F(x+0,y) = F(x,y) \text{ 及 } F(x,y+0) = F(x,y);$$

(4) 對於任意的 $x_1, x_2(x_1 < x_2)$ 及 $y_1, y_2(y_1 < y_2)$,有
$$F(x_2,y_2) - F(x_2,y_1) - F(x_1,y_2) + F(x_1,y_1) \geq 0.$$

事實上,由二維隨機變量分佈函數的幾何意義容易看出,二維隨機變量 (X,Y) 落入矩形區域 $D = \{(x,y) | x_1 < x \leq x_2, y_1 < y \leq y_2\}$ 的概率恰好為
$$P\{x_1 < X \leq x_2, y_1 < Y \leq y_2\}$$
$$= F(x_2,y_2) - F(x_2,y_1) - F(x_1,y_2) + F(x_1,y_1)$$

因此,性質(4)是由概率 $P\{x_1 < X \leq x_2, y_1 < Y \leq y_2\}$ 的非負性所得.

作為二維隨機變量的分佈函數必具有以上四條基本性質;反之,任意一個二元函數如果同時滿足以上四條性質,就可以視作某個二維隨機變量的分佈函數.

二維隨機變量 (X,Y) 作為一個整體,它具有聯合分佈函數 $F(x,y)$,而 X 和 Y 也都是隨機變量,它們各自也具有分佈函數,將它們分別記為 $F_X(x)$ 和 $F_Y(y)$.

定義3.2 稱二維隨機變量 (X,Y) 中 X、Y 各自的分佈函數 $F_X(x)$ 和 $F_Y(y)$ 為 (X,Y) 關於 X 和 Y 的邊緣分佈函數.

關於 $F_X(x)$ 和 $F_Y(y)$,我們有
$$F_X(x) = P\{X \leq x\} = P\{X \leq x, Y < +\infty\} = F(x,+\infty)$$
同理有
$$F_Y(y) = F(+\infty, y).$$

與一維隨機變量一樣,我們主要討論二維隨機變量的兩種類型:離散型與連續型.

例1 已知二維隨機變量 (X,Y) 的聯合分佈函數為
$$F(x,y) = \begin{cases} \dfrac{1}{8}(2-\dfrac{1}{x})(4-\dfrac{1}{y^2}), & x \geq \dfrac{1}{2}, y \geq \dfrac{1}{2} \\ 0, & \text{其他} \end{cases}$$

求 (X,Y) 關於 X 和 Y 的邊緣分佈函數 $F_X(x)$ 和 $F_Y(y)$.

解

$$F_X(x) = F(x, +\infty) = \begin{cases} \dfrac{1}{2}(2 - \dfrac{1}{x}), & x \geq \dfrac{1}{2} \\ 0, & x < \dfrac{1}{2} \end{cases}$$

$$F_Y(y) = F(+\infty, y) = \begin{cases} \dfrac{1}{4}(4 - \dfrac{1}{y^2}), & y \geq \dfrac{1}{2} \\ 0, & y < \dfrac{1}{2} \end{cases}$$

習題 3.1

1. 試給出二維隨機變量的實例.
2. 已知二維隨機變量 (X,Y) 的聯合分佈函數為

$$F(x,y) = \begin{cases} 1 - 2^{-x} - 2^{-y} + 2^{-x-y}, & x \geq 0, y \geq 0 \\ 0, & \text{其他} \end{cases}$$

(1) 求 (X,Y) 關於 X 和 Y 的邊緣分佈函數 $F_X(x)$ 和 $F_Y(y)$.
(2) 求 $P\{1 < X \leq 2, 1 < Y \leq 2\}$.

3. 二元函數

$$G(x,y) = \begin{cases} 0, & x + y < 0. \\ 1, & x + y \geq 0. \end{cases}$$

是否是某個二維隨機變量 (X,Y) 的聯合分佈函數? 說明理由.

§3.2 二維離散型隨機變量的分佈

一、二維離散型隨機變量的聯合分佈

定義 3.3 若二維隨機變量 (X,Y) 的所有可能取值為有限個或者可列個數對, 則稱 (X,Y) 為二維離散型隨機變量.

顯然, 當且僅當 X、Y 均為離散型隨機變量時, 二維隨機變量 (X,Y) 為離散型隨機變量.

與一維的情形類似, 對於二維隨機變量 (X,Y), 我們首先關心的仍然是它的可能取值與對應的概率.

定義 3.4 設 (X,Y) 為二維離散型隨機變量, 其全部可能取值為 $(x_i,$

$y_j)$ $(i,j=1,2,\cdots)$,稱
$$P\{X=x_i, Y=y_j\} = p_{ij} \quad (i,j=1,2,\cdots)$$
為(X,Y)的聯合概率分佈,或聯合分佈律.

二維離散型隨機變量(X,Y)的聯合概率分佈也可列成表格的形式

表3.1

X \ Y	y_1	y_2	...	y_j	...
x_1	p_{11}	p_{12}	...	p_{1j}	...
x_2	p_{21}	p_{22}	...	p_{2j}	...
...	...	...	...	...	...
x_i	p_{i1}	p_{i2}	...	p_{ij}	...
...	...	...	...	...	...

由概率的性質,顯然有

(1) $0 \leq p_{ij} \leq 1$;

(2) $\sum_{j=1}^{\infty} \sum_{i=1}^{\infty} p_{ij} = 1$

(1)、(2)稱為(X,Y)的聯合概率分佈的基本性質.

例1 假設箱內有2只白球,3只紅球,分別按:(1)「有放回」、(2)「不放回」的方式抽取球兩次,每次1球. 以X記第一次抽到的白球數,Y記第二次抽到的白球數. 試給出(X,Y)的聯合分佈.

解 隨機變量X、Y均取0、1兩個值. 在(1)「有放回」和(2)「不放回」兩種抽球方式下,(X,Y)的聯合概率分佈由表3.2的(a)、(b)兩個表給出.

表3.2

(a) 有放回抽取

X \ Y	0	1
0	$\frac{3}{5} \cdot \frac{3}{5}$	$\frac{3}{5} \cdot \frac{2}{5}$
1	$\frac{2}{5} \cdot \frac{3}{5}$	$\frac{2}{5} \cdot \frac{2}{5}$

(b) 不放回抽取

X \ Y	0	1
0	$\frac{3}{5} \cdot \frac{2}{4}$	$\frac{3}{5} \cdot \frac{2}{4}$
1	$\frac{2}{5} \cdot \frac{3}{4}$	$\frac{2}{5} \cdot \frac{1}{4}$

例2 從四張分別標有1、2、3、4號的卡片中任取一張,以X記其號碼,放回之後,拿掉四張卡片中號碼大於X的卡片,從剩下的卡片中再任取一張,以Y記

085

其號碼. 求隨機變量(X,Y)的聯合概率分佈.

解 利用乘法公式容易求得(X,Y)的聯合概率分佈,易知事件$\{X=i,Y=j\}$的取值情況是: $i=1,2,3,4, j \leqslant i$,且

$$P\{X=i,Y=j\} = P\{X=i\} \cdot P\{Y=j \mid X=i\}$$
$$= \frac{1}{4} \cdot \frac{1}{i}, i=1,2,3,4, j \leqslant i.$$

$$P\{X=1,Y=1\} = P\{X=1\} \cdot P\{Y=1 \mid X=1\} = \frac{1}{4} \times 1 = \frac{1}{4}$$

類似地,有

$$P\{X=2,Y=1\} = P\{X=2,Y=2\} = \frac{1}{4} \times \frac{1}{2} = \frac{1}{8}$$

$$P\{X=3,Y=1\} = P\{X=3,Y=2\} = P\{X=3,Y=3\} = \frac{1}{4} \times \frac{1}{3} = \frac{1}{12}$$

$$P\{X=4,Y=1\} = P\{X=4,Y=2\} = P\{X=4,Y=3\}$$
$$= P\{X=4,Y=4\}$$
$$= \frac{1}{4} \times \frac{1}{4} = \frac{1}{16}.$$

其餘$i=1,2,3,4, j>i$時,有

$$P\{X=i,Y=j\} = 0$$

於是(X,Y)的聯合概率分佈如下表(3.3):

表3.3

X \ Y	1	2	3	4
1	$\frac{1}{4}$	0	0	0
2	$\frac{1}{8}$	$\frac{1}{8}$	0	0
3	$\frac{1}{12}$	$\frac{1}{12}$	$\frac{1}{12}$	0
4	$\frac{1}{16}$	$\frac{1}{16}$	$\frac{1}{16}$	$\frac{1}{16}$

二、二維離散型隨機變量的邊緣分佈

定義3.5 稱二維隨機變量(X,Y)中X(或Y)的概率分佈為(X,Y)關於X(或Y)的邊緣概率分佈.

由聯合分佈可得 X(或 Y) 的邊緣分佈為：
$$P\{X = x_i\} = P\{X = x_i, \bigcup_j (Y = y_j)\} = P\{\bigcup_j (X = x_i, Y = y_j)\}$$
$$= \sum_j P\{X = x_i, Y = y_j\} = \sum_j p_{ij} \quad (i = 1, 2, \cdots)$$

類似地，有
$$P\{Y = y_j\} = \sum_i p_{ij} \quad (j = 1, 2, \cdots)$$

通常記 $P\{X = x_i\} = p_{i\cdot}, P\{Y = y_j\} = p_{\cdot j}$，於是有
$$p_{i\cdot} = \sum_j p_{ij}, \quad (i = 1, 2, \cdots)$$
$$p_{\cdot j} = \sum_i p_{ij}, \quad (j = 1, 2, \cdots)$$

我們可以用一個表格同時列出二維離散型隨機變量 (X, Y) 的聯合概率分佈和邊緣分佈列（如表 3.4）：

表 3.4

X \ Y	y_1	y_2	$\cdots$	y_j	$\cdots$	$p_{i\cdot}$
x_1	p_{11}	p_{12}	$\cdots$	p_{1j}	$\cdots$	$p_{1\cdot}$
x_2	p_{21}	p_{22}	$\cdots$	p_{2j}	$\cdots$	$p_{2\cdot}$
$\cdots$	$\cdots$	$\cdots$	$\cdots$	$\cdots$	$\cdots$	$\cdots$
x_i	p_{i1}	p_{i2}	$\cdots$	p_{ij}	$\cdots$	$p_{i\cdot}$
$\cdots$	$\cdots$	$\cdots$	$\cdots$	$\cdots$	$\cdots$	
$p_{\cdot j}$	$p_{\cdot 1}$	$p_{\cdot 2}$	$\cdots$	$p_{\cdot j}$	$\cdots$	

表 3.4 中最後一列是 (X, Y) 關於 X 的邊緣分佈列，$p_{i\cdot}$ 是表中第 i 行前面各數之和；同樣最後一行是 (X, Y) 關於 Y 的邊緣分佈列，$p_{\cdot j}$ 是表中第 j 列上面各數之和．

例 3 求例 1 中二維隨機變量 (X, Y) 關於 X 和關於 Y 的邊緣概率分佈．

解 在例 1 所給出的聯合分佈律（a）中，對每一行求和得 $\frac{3}{5}$ 和 $\frac{2}{5}$，把它們寫在對應行的右側，這就是 X 的邊緣分佈列，再對每一列求和得 $\frac{3}{5}$ 和 $\frac{2}{5}$，把它們寫在對應列的下側，則得到 Y 的邊緣分佈列，見表 3.5(a)；同理也可得例 1 所給出的聯合概率分佈（b）中的 X 及 Y 的邊緣分佈列，見表 3.5(b)．

表 3.5

(a) 有放回抽取

X \ Y	0	1	$p_i.$
0	$\frac{3}{5} \cdot \frac{3}{5}$	$\frac{3}{5} \cdot \frac{2}{5}$	$\frac{3}{5}$
1	$\frac{2}{5} \cdot \frac{3}{5}$	$\frac{2}{5} \cdot \frac{2}{5}$	$\frac{2}{5}$
$p_{\cdot j}$	$\frac{15}{25}$	$\frac{10}{25}$	

(b) 不放回抽取

X \ Y	0	1	$p_i.$
0	$\frac{3}{5} \cdot \frac{2}{4}$	$\frac{3}{5} \cdot \frac{2}{4}$	$\frac{3}{5}$
1	$\frac{2}{5} \cdot \frac{3}{4}$	$\frac{2}{5} \cdot \frac{1}{4}$	$\frac{2}{5}$
$p_{\cdot j}$	$\frac{12}{20}$	$\frac{8}{20}$	

從表 3.5 我們可看到：兩種抽球方式下，(X,Y) 具有不同的聯合概率分佈，但它們的邊緣分佈列卻一樣．這說明，雖然可以由 (X,Y) 的聯合分佈確定出它的兩個邊緣分佈，但一般 (X,Y) 的兩個邊緣分佈卻不能完全確定出 (X,Y) 的聯合分佈．

例 4 設已知 X 和 Y 的分佈列分別為

X	0	1
P	$\frac{1}{4}$	$\frac{3}{4}$

Y	-1	0	1
P	$\frac{1}{2}$	$\frac{1}{4}$	$\frac{1}{4}$

且 $P\{X^2 = Y^2\} = 1$．求 (X,Y) 的聯合概率分佈．

解 設 (X,Y) 的聯合概率分佈為

X \ Y	-1	0	1	$p_i.$
0	p_{11}	p_{12}	p_{13}	$\frac{1}{4}$
1	p_{21}	p_{22}	p_{23}	$\frac{3}{4}$
$p_{\cdot j}$	$\frac{1}{2}$	$\frac{1}{4}$	$\frac{1}{4}$	

因為 $P\{X^2 = Y^2\} = 1$，所以 $P\{X^2 \neq Y^2\} = 0$ 於是可得

$$p_{11} = p_{13} = p_{22} = 0$$

從而

$$p_{21} = \frac{1}{2}, p_{12} = \frac{1}{4}, p_{23} = \frac{1}{4}$$

即得 (X,Y) 的聯合概率分佈為

X \ Y	-1	0	1	$p_{i\cdot}$
0	0	$\frac{1}{4}$	0	$\frac{1}{4}$
1	$\frac{1}{2}$	0	$\frac{1}{4}$	$\frac{3}{4}$
$p_{\cdot j}$	$\frac{1}{2}$	$\frac{1}{4}$	$\frac{1}{4}$	

習題3.2

1. 盒子裡裝有3只黑球,2只紅球,2只白球,在其中任取4只. 以 X 表示取到黑球的只數,以 Y 表示取到紅球的只數. 求(X,Y)的聯合概率分佈.

2. 將一顆骰子連擲兩次,令X為第一次擲出的點數,Y為兩次擲出的最大點數,求(X,Y)的聯合分佈和邊緣分佈.

3. 盒中有3個黑球、2個白球、2個紅球,從中任取4個球,以X和Y分別表示取到黑球與白球的個數,求$P\{X=Y\}$.

4. 設 $X \sim U[-1,2]$,令
$$Y_1 = \begin{cases} 0, & X<0 \\ 1, & 0\leq X<1 \\ 2, & X\geq 1 \end{cases}; \quad Y_2 = \begin{cases} -1, & X>0 \\ 1, & X\leq 0 \end{cases}$$
求(Y_1,Y_2)的聯合概率分佈和邊緣概率分佈.

5. 設 $X \sim \begin{pmatrix} -1 & 0 & 1 \\ \frac{1}{4} & \frac{1}{2} & \frac{1}{4} \end{pmatrix}, Y \sim \begin{pmatrix} 0 & 1 \\ \frac{1}{2} & \frac{1}{2} \end{pmatrix}$,且$P\{XY=0\}=1$. 求$(X,Y)$的聯合概率分佈.

6. 將一硬幣拋擲三次,以X表示三次中出現正面的次數,以Y表示三次中出現正面次數與反面次數之差的絕對值,試寫出X與Y的聯合概率分佈與邊緣概率分佈.

§3.3 二維連續型隨機變量的分佈

一、二維連續型隨機變量的聯合分佈

定義3.6 設$F(x,y)$為二維隨機變量(X,Y)的聯合分佈函數,若存在二元

非負函數 $p(x,y)$ 使得對於任意的 $x、y \in R$,有
$$F(x,y) = \int_{-\infty}^{x} \int_{-\infty}^{y} p(u,v) \mathrm{d}u\mathrm{d}v$$
則稱 (X,Y) 為二維連續型隨機變量,並稱 $p(x,y)$ 為 (X,Y) 的聯合概率密度函數,簡稱聯合密度函數,記作 $(X,Y) \sim p(x,y)$.

聯合密度函數具有以下基本性質:
(1) $p(x,y) \geq 0$;
(2) $\int_{-\infty}^{+\infty} \int_{-\infty}^{+\infty} p(x,y) \mathrm{d}x\mathrm{d}y = 1$.

若一個二元函數具有以上兩條性質,則此二元函數即可作為某二維隨機變量的聯合密度函數. 與一維的情形類似,二維連續型隨機變量 (X,Y) 的聯合密度函數 $p(x,y)$ 也不是唯一確定的.

另外,聯合密度函數還具有下列性質:
(3) 若 D 為 xy 平面上一個區域,則 (X,Y) 落入 D 的概率為
$$P\{(X,Y) \in D\} = \iint_D p(x,y)\mathrm{d}x\mathrm{d}y \tag{3.1}$$
(4) 在 $F(x,y)$ 的偏導數存在的點 (x,y) 處有
$$\frac{\partial^2 F(x,y)}{\partial x \partial y} = p(x,y)$$

例1 設二維隨機變量 (X,Y) 的聯合密度函數為
$$p(x,y) = \begin{cases} A\mathrm{e}^{-(x+2y)}, & x,y > 0 \\ 0, & 其他 \end{cases}$$

(1) 求系數 A ;
(2) 求 (X,Y) 的分佈函數;
(3) 計算 $P\{(X,Y) \in D\}$.

其中 D 是直線 $x + y = 1$ 與 x 軸及 y 軸圍成的區域(如圖 3.2).

解 (1) 由聯合密度函數的性質(2),有
$$\int_0^{+\infty} \int_0^{+\infty} A\mathrm{e}^{-(x+2y)} \mathrm{d}x\mathrm{d}y = 1$$
即
$$A \int_0^{+\infty} \mathrm{e}^{-x}\mathrm{d}x \int_0^{+\infty} \mathrm{e}^{-2y}\mathrm{d}y = 1$$
得
$$\frac{A}{2} = 1 \Rightarrow A = 2$$

圖 3.2

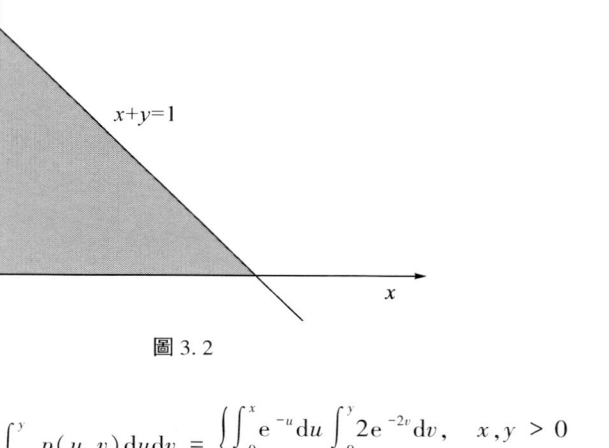

(2) $F(x,y) = \int_{-\infty}^{x}\int_{-\infty}^{y} p(u,v)\mathrm{d}u\mathrm{d}v = \begin{cases} \int_{0}^{x} e^{-u}\mathrm{d}u \int_{0}^{y} 2e^{-2v}\mathrm{d}v, & x,y > 0 \\ 0, & 其他 \end{cases}$

$= \begin{cases} (1 - e^{-x})(1 - e^{-2y}), & x,y > 0 \\ 0, & 其他 \end{cases}$

(3) 由公式(3.1) 有

$P\{(X,Y) \in D\} = \iint_{D} p(x,y)\mathrm{d}x\mathrm{d}y = \int_{0}^{1}\mathrm{d}x \int_{0}^{1-x} 2e^{-(x+2y)}\mathrm{d}y$

$= \int_{0}^{1} e^{-x}[1 - e^{-2(1-x)}]\mathrm{d}x = 1 - 2e^{-1} + e^{-2}$

例2 設二維隨機變量(X,Y)的聯合密度函數為

$$p(x,y) = \begin{cases} \dfrac{1}{4x^2y^3}, & x > \dfrac{1}{2}, y > \dfrac{1}{2} \\ 0, & 其他 \end{cases}$$

求 $P\{XY < 1\}$.

解 注意到事件$\{XY < 1\}$等價於事件$\{(X,Y) \in G\}$,其中 $G = \{(x,y) \mid xy < 1\}$(見圖3.3),由公式(3.1) 有

$P\{XY < 1\} = P\{(X,Y) \in G\} = \iint_{G} p(x,y)\mathrm{d}x\mathrm{d}y$

$= \iint_{xy<1} p(x,y)\mathrm{d}x\mathrm{d}y = \int_{\frac{1}{2}}^{2}\mathrm{d}x \int_{\frac{1}{2}}^{\frac{1}{x}} \dfrac{1}{4x^2y^3}\mathrm{d}y = \dfrac{9}{16}$

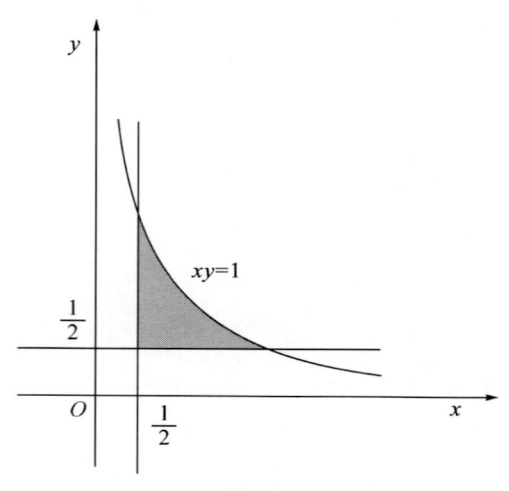

圖 3.3

二、二維連續型隨機變量的邊緣分佈

對於二維連續型隨機變量(X,Y),若已知其密度函數為$p(x,y)$,則其關於X的邊緣分佈函數為

$$F_X(x) = F(x, +\infty) = \int_{-\infty}^{x}\int_{-\infty}^{+\infty} p(u,v)\,\mathrm{d}u\mathrm{d}v = \int_{-\infty}^{x}\left[\int_{-\infty}^{+\infty} p(u,v)\,\mathrm{d}v\right]\mathrm{d}u$$

同理有

$$F_Y(y) = F(+\infty, y) = \int_{-\infty}^{y}\left[\int_{-\infty}^{+\infty} p(u,v)\,\mathrm{d}u\right]\mathrm{d}v$$

這表明,二維連續型隨機變量(X,Y)的兩個分量X與Y也必是連續型隨機變量,且X與Y的密度函數分別為

$$p_X(x) = \int_{-\infty}^{+\infty} p(x,y)\,\mathrm{d}y \tag{3.2}$$

及

$$p_Y(y) = \int_{-\infty}^{+\infty} p(x,y)\,\mathrm{d}x \tag{3.3}$$

分別稱之為二維隨機變量(X,Y)關於X及Y的邊緣概率密度函數,簡稱邊緣密度函數.

例3 設二維隨機變量(X,Y)的聯合概率密度為

$$p(x,y) = \begin{cases} 3x, & 0 < y < x < 1 \\ 0, & \text{其他} \end{cases}$$

求(X,Y)關於X與Y的邊緣密度函數.

解 因為$p(x,y)$僅在如圖3.4所示區域$D = \{(x,y) \mid 0 < x < 1, x < y < 1\}$不為零,

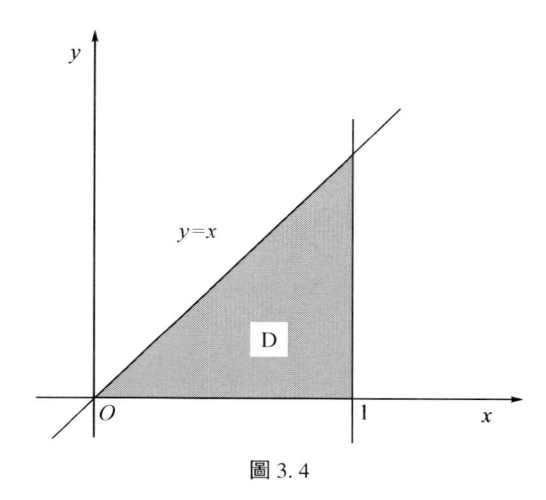

圖3.4

則當$x \leq 0$或$x \geq 1$時,$p(x,y) = 0$,故$p_X(x) = 0$;
而當$0 < x < 1$時,
$$p_X(x) = \int_0^x p(x,y)\mathrm{d}y = \int_0^x 3x\mathrm{d}y = 3x^2$$
綜上所述,關於X的邊緣密度函數為
$$p_X(x) = \begin{cases} 3x^2, & 0 < x < 1 \\ 0, & 其他 \end{cases}$$
同理可得
$$p_Y(y) = \begin{cases} \int_y^1 3x\mathrm{d}x, & 0 < y < 1 \\ 0, & 其他 \end{cases} = \begin{cases} \dfrac{3}{2}(1-y^2), & 0 < y < 1 \\ 0, & 其他 \end{cases}$$

三、兩個重要的二維連續型分佈

1. 二維均勻分佈

定義3.7 設D為xy平面上的有界區域,面積為S_D,若(X,Y)的聯合密度函數為
$$p(x,y) = \begin{cases} \dfrac{1}{S_D}, & (x,y) \in D \\ 0, & (x,y) \notin D \end{cases}$$

則稱二維隨機變量(X,Y)在區域D上服從二維均勻分佈.

若(X,Y)在區域D上服從二維均勻分佈,則對於任一平面區域G,有

$$P\{(X,Y) \in G\} = \iint_G p(x,y)\mathrm{d}x\mathrm{d}y = \iint_{G\cap D} \frac{1}{S_D}\mathrm{d}x\mathrm{d}y = \frac{1}{S_D}\iint_{G\cap D}\mathrm{d}x\mathrm{d}y = \frac{S_{G\cap D}}{S_D}$$

其中$S_{G\cap D}$為平面區域G與D之交集的面積(如圖3.5).

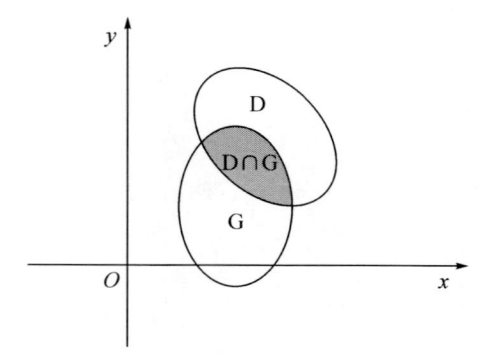

圖3.5

特別地,當$G \subset D$時,有$P\{(X,Y) \in G\} = \dfrac{S_G}{S_D}$.

這表明,二維均勻分佈所描述的隨機現象就是向平面區域D中隨機投點,該點坐標(X,Y)落在D的子區域G中的概率只與G的面積有關,而與G的位置無關.這正是第一章中的幾何概型的概率計算公式.

例4 設D為由曲線$y = x^2$與$y = \sqrt{x}$圍成的平面區域(如圖3.6),(X,Y)在D上服從均勻分佈,求:

(1) $P\{X > Y\}$;

(2) (X,Y)的兩個邊緣密度函數.

解 區域D的面積

$$S_D = \int_0^1 (\sqrt{x} - x^2)\mathrm{d}x = \frac{1}{3}$$

則(X,Y)的聯合密度函數為

$$p(x,y) = \begin{cases} 3, & (x,y) \in D \\ 0, & (x,y) \notin D \end{cases}$$

(1) 設$G = \{(x,y) \mid x > y\}$,則

圖 3.6

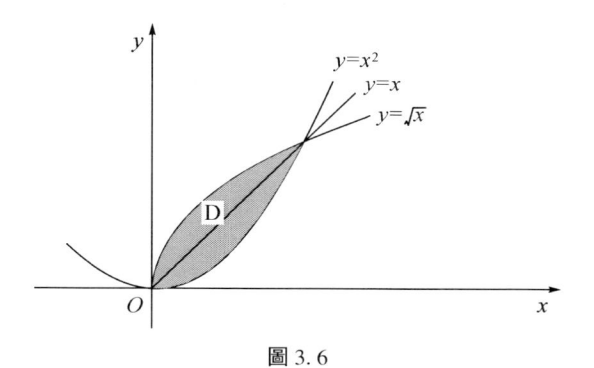

$$P\{X>Y\} = P\{(X,Y) \in G\} = \frac{S_{G \cap D}}{S_D} = \frac{\frac{1}{6}}{\frac{1}{3}} = \frac{1}{2}$$

（2）由公式(3.2)及(3.3)，有

$$p_X(x) = \int_{-\infty}^{+\infty} p(x,y)\,dy$$

$$= \begin{cases} \int_{x^2}^{\sqrt{x}} 3\,dy, & 0 \leq x \leq 1 \\ 0, & 其他 \end{cases} = \begin{cases} 3(\sqrt{x}-x^2), & 0 \leq x \leq 1 \\ 0, & 其他 \end{cases}$$

$$p_Y(y) = \int_{-\infty}^{+\infty} p(x,y)\,dx$$

$$= \begin{cases} \int_{y^2}^{\sqrt{y}} 3\,dx, & 0 \leq y \leq 1 \\ 0, & 其他 \end{cases} = \begin{cases} 3(\sqrt{y}-y^2), & 0 \leq y \leq 1 \\ 0, & 其他 \end{cases}$$

我們注意到，例 4 中 (X,Y) 的兩個邊緣分佈都不再是均勻分佈了．反之，兩個邊緣分佈都是均勻分佈的二維隨機變量也未必服從二維均勻分佈．

例如，若二維隨機變量 (X,Y) 的聯合密度函數為

$$p(x,y) = \begin{cases} 2(x+y-2xy), & 0 \leq x,y \leq 1 \\ 0, & 其他 \end{cases}$$

我們可得到邊緣密度函數分別為

$$p_X(x) = \begin{cases} 1, & 0 \leq x \leq 1 \\ 0, & 其他 \end{cases}; \qquad p_Y(y) = \begin{cases} 1, & 0 \leq y \leq 1 \\ 0, & 其他 \end{cases}$$

可見，一維隨機變量 X、Y 都服從均勻分佈，而二維隨機變量 (X,Y) 並非服從二維均勻分佈．

2. 二維正態分佈

定義 3.8　若 (X,Y) 的聯合密度函數為

$$p(x,y) = \frac{1}{2\pi\sigma_1\sigma_2\sqrt{1-\rho^2}} \cdot$$
$$\exp\left\{-\frac{1}{2(1-\rho^2)}\left[\frac{(x-\mu_1)^2}{\sigma_1^2} - \frac{2\rho(x-\mu_1)(y-\mu_2)}{\sigma_1\sigma_2} + \frac{(y-\mu_2)^2}{\sigma_2^2}\right]\right\}$$

則稱 (X,Y) 服從二維正態分佈（其中 $\mu_1,\mu_2,\sigma_1^2,\sigma_2^2,\rho$ 為常數，且有 $\sigma_1 > 0$, $\sigma_2 > 0, |\rho| < 1$），記作 $(X,Y) \sim N(\mu_1,\mu_2;\sigma_1^2,\sigma_2^2;\rho)$。

關於二維正態分佈的邊緣分佈，我們有下面的定理：

定理 3.1　若二維隨機變量 $(X,Y) \sim N(\mu_1,\mu_2;\sigma_1^2,\sigma_2^2;\rho)$，則 $X \sim N(\mu_1,\sigma_1^2), Y \sim N(\mu_2,\sigma_2^2)$。

證明　由公式 (3.2) 及 (3.3)，並利用積分的變量替換，可得

$$p_X(x) = \frac{1}{\sqrt{2\pi}\sigma_1}e^{-\frac{(x-\mu_1)^2}{2\sigma_1^2}} \quad (-\infty < x < +\infty)$$

$$p_Y(y) = \frac{1}{\sqrt{2\pi}\sigma_2}e^{-\frac{(y-\mu_2)^2}{2\sigma_2^2}} \quad (-\infty < y < +\infty)$$

即 $X \sim N(\mu_1,\sigma_1^2), Y \sim N(\mu_2,\sigma_2^2)$。

定理 3.1 表明，二維正態分佈的兩個邊緣分佈都是一維正態分佈。我們還注意到兩個邊緣密度都不依賴參數 ρ，這意味著對於給定的參數 $\mu_1,\mu_2,\sigma_1^2,\sigma_2^2$，而 ρ 值不同的二維正態分佈有著相同的邊緣分佈。這再一次表明，一般情況下，隨機變量的邊緣分佈不能確定聯合分佈。

習題 3.3

1. 設 (X,Y) 的聯合密度函數為

$$p(x,y) = \begin{cases} Ae^{-x-2y}, & x,y > 0 \\ 0, & \text{其他} \end{cases}$$

(1) 求常數 A；(2) 求 (X,Y) 的聯合分佈函數；

(3) 求 $P\{0 < X < 1, \frac{1}{2} < Y < 1\}$ 與 $P\{X + 2Y < 1\}$。

2. 設二維隨機變量 (X,Y) 的聯合分佈函數為

$$F(x,y) = \frac{1}{\pi^2}\left(\frac{\pi}{2} + \arctan\frac{x}{2}\right)\left(\frac{\pi}{2} + \arctan\frac{y}{3}\right)$$

試求：(1) (X,Y) 聯合密度函數及 (X,Y) 的邊緣密度函數；

（2）求概率 $P\{0 \leqslant X < 2, Y < 3\}$.

3. 設 (X,Y) 的聯合密度函數為

$$p(x,y) = \begin{cases} Ax^2 y, & 0 < x < y < 1 \\ 0, & 其他 \end{cases}$$

（1）求常數 A；（2）求邊緣密度函數；

（3）求 $P\{0 < X < \dfrac{1}{2}, 0 < Y < 1\}$ 與 $P\{1 < X + Y\}$.

4. 設 (X,Y) 的聯合密度函數為

$$p(x,y) = \begin{cases} 24y(1 - x - y), & x > 0, y > 0, x + y < 1 \\ 0, & 其他 \end{cases}$$

（1）求邊緣密度函數；（2）求 $P\{Y < X\}$.

5. 設二維隨機變量 (X,Y) 的聯合密度函數為

$$p(x,y) = \begin{cases} \mathrm{e}^{-y}, & 0 < x < y \\ 0, & 其他 \end{cases}$$

（1）求隨機變量 X 的密度函數 $p_X(x)$；（2）求概率 $P\{X + Y < 1\}$.

6. 設 (X,Y) 在 $D = \{(x,y) \mid a < x < b, c < y < d\}$ 上服從均勻分佈，試證明 X,Y 分別服從 (a,b) 和 (c,d) 上的均勻分佈.

7. 設 (X,Y) 在 $D = \{(x,y) \mid x^2 + y^2 \leqslant a^2, y \geqslant 0\}$ 上服從均勻分佈，求：

（1）(X,Y) 的邊緣密度函數；（2）$P\{X^2 + Y^2 \leqslant aX\}$.

8. 設 $(X,Y) \sim N(0,0;\sigma^2,\sigma^2;0)$，求 $P\{X < Y\}$.

§3.4 隨機變量的獨立性

獨立性的概念是概率論中的基本概念，在第一章中我們引進並研究了隨機事件的獨立性. 在多維隨機變量中，各分量的取值有時會相互影響，但有時又毫無影響. 比如一個人的身高 X 和體重 Y 就會相互影響，但與收入 Z 一般無影響，為研究隨機變量之間的相互關係，我們引入隨機變量獨立的概念.

定義 3.9 若在任意點 (x,y) 處，二維隨機變量 (X,Y) 的聯合分佈函數與邊緣分佈函數滿足

$$F(x,y) = F_X(x) \cdot F_Y(y)$$

即

$$P\{X \leqslant x, Y \leqslant y\} = P\{X \leqslant x\} \cdot P\{Y \leqslant y\}$$

則稱隨機變量 X 與 Y 相互獨立.

定義3.9表明,隨機變量的獨立性是以隨機事件的獨立性為基礎來定義的.

例1 若 (X,Y) 的聯合分佈函數為

$$F(x,y) = \begin{cases} (1-e^{-x})(1-e^{-2y}), & x,y \geq 0 \\ 0, & 其他 \end{cases}$$

試證明 X 與 Y 是相互獨立的.

證明 因為

$$F_X(x) = F(x,+\infty) = \begin{cases} 1-e^{-x}, & x>0 \\ 0, & x \leq 0 \end{cases}$$

$$F_Y(y) = F(+\infty,y) = \begin{cases} 1-e^{-2y}, & y>0 \\ 0, & y \leq 0 \end{cases}$$

易見

$$F(x,y) = F_X(x) \cdot F_Y(y)$$

故 X 與 Y 是相互獨立的.

定義3.9對離散型和連續型隨機變量都成立. 而在離散場合和連續場合,我們也可以分別得到隨機變量獨立性的如下等價敘述:

1. 若二維離散型隨機變量 (X,Y) 的聯合分佈律與邊緣分佈律分別為

$$P\{X=x_i, Y=y_j\} = p_{ij} \quad (i,j=1,2,\cdots)$$

$$P\{X=x_i\} = p_{i\cdot}, i=1,2\cdots$$

$$P\{Y=y_j\} = p_{\cdot j}, j=1,2\cdots$$

則隨機變量 X 與 Y 相互獨立的充分必要條件是

$$p_{ij} = p_{i\cdot} \cdot p_{\cdot j}, i,j=1,2\cdots \tag{3.4}$$

2. 若二維連續型隨機變量 (X,Y) 的聯合密度函數與邊緣密度函數分別為 $p(x,y), p_X(x)$ 和 $p_Y(y)$,則 X 與 Y 相互獨立的充分必要條件是,在任意連續點 (x,y) 處都成立

$$p(x,y) = p_X(x) \cdot p_Y(y) \tag{3.5}$$

例2 設隨機變量 X 在區間 $[0,3]$ 上服從均勻分佈,記

$$X_k = \begin{cases} 1, & X \leq k \\ 0, & X > k \end{cases} \quad (k=1,2)$$

(1) 求 (X_1, X_2) 的聯合概率分佈;

(2) 判斷 X_1 與 X_2 是否相互獨立.

解 由題設,隨機變量 X 的密度函數為

$$p(x) = \begin{cases} \dfrac{1}{3}, & x \in [0,3] \\ 0, & 其他 \end{cases}$$

（1）(X_1, X_2) 的全部可能取值為 $(0,0)$、$(0,1)$、$(1,0)$、$(1,1)$，且

$$P\{X_1 = 0, X_2 = 0\} = P\{X > 1, X > 2\} = P\{X > 2\} = \dfrac{1}{3}$$

$$P\{X_1 = 0, X_2 = 1\} = P\{X > 1, X \leq 2\} = P\{1 < X \leq 2\} = \dfrac{1}{3}$$

$$P\{X_1 = 1, X_2 = 0\} = P\{X \leq 1, X > 2\} = 0$$

$$P\{X_1 = 1, X_2 = 1\} = P\{X \leq 1, X \leq 2\} = P\{X \leq 1\} = \dfrac{1}{3}$$

即有

X_1＼X_2	0	1	$p_{i\cdot}$
0	$\dfrac{1}{3}$	$\dfrac{1}{3}$	$\dfrac{2}{3}$
1	0	$\dfrac{1}{3}$	$\dfrac{1}{3}$
$p_{\cdot j}$	$\dfrac{1}{3}$	$\dfrac{2}{3}$	

（2）因

$$P\{X_1 = 0\} = \dfrac{2}{3}, P\{X_2 = 0\} = \dfrac{1}{3}$$

而

$$P\{X_1 = 0, X_2 = 0\} = \dfrac{1}{3} \neq P\{X_1 = 0\} \cdot P\{X_2 = 0\} = \dfrac{2}{9}$$

故 X_1 與 X_2 不獨立．

如前所述，一般地，邊緣分佈不能確定二維隨機變量的聯合分佈，但當 X 與 Y 相互獨立時，由 (3.4) 式，顯然可以給出 (X,Y) 的聯合分佈．

例 3 設隨機變量 X 與 Y 相互獨立，其概率分佈分別為

X	0	1
P	$\dfrac{1}{2}$	$\dfrac{1}{2}$

Y	0	1
P	$\dfrac{1}{2}$	$\dfrac{1}{2}$

求:(1)$P\{X = Y\}$;(2)$P\{X > Y\}$.

解 (1) 因 X 與 Y 相互獨立,所以由(3.4) 式,有

$$P\{X = 0, Y = 0\} = P\{X = 0\} \cdot P\{Y = 0\} = \frac{1}{2} \times \frac{1}{2} = \frac{1}{4}$$

$$P\{X = 1, Y = 1\} = P\{X = 1\} \cdot P\{Y = 1\} = \frac{1}{2} \times \frac{1}{2} = \frac{1}{4}$$

於是

$$P\{X = Y\} = P\{X = 0, Y = 0\} + P\{X = 1, Y = 1\} = \frac{1}{4} + \frac{1}{4} = \frac{1}{2}$$

$$(2) P\{X > Y\} = P\{X = 1, Y = 0\}$$

$$= P\{X = 1\} \cdot P\{Y = 0\} = \frac{1}{2} \times \frac{1}{2} = \frac{1}{4}$$

例4 設二維隨機變量(X, Y) 的聯合密度函數為

$$p(x, y) = \begin{cases} \dfrac{24y(2 - x)}{5}, & 0 \leq x \leq 1, 0 \leq y \leq x \\ 0, & \text{其他} \end{cases}$$

試判斷 X 與 Y 是否獨立.

解

$$p_X(x) = \int_{-\infty}^{+\infty} p(x, y) \mathrm{d}y = \begin{cases} \int_0^x \dfrac{24(2 - x)y}{5} \mathrm{d}y, & 0 \leq x \leq 1 \\ 0, & \text{其他} \end{cases}$$

$$= \begin{cases} \dfrac{12x^2(2 - x)}{5}, & 0 \leq x \leq 1 \\ 0, & \text{其他} \end{cases}$$

$$p_Y(y) = \int_{-\infty}^{+\infty} p(x, y) \mathrm{d}x = \begin{cases} \int_y^1 \dfrac{24(2 - x)y}{5} \mathrm{d}x, & 0 \leq y \leq 1 \\ 0, & \text{其他} \end{cases}$$

$$= \begin{cases} \dfrac{12y(3 - 4y + y^2)}{5}, & 0 \leq y \leq 1 \\ 0, & \text{其他} \end{cases}$$

當 $0 \leq x \leq 1, 0 \leq y \leq x$ 時,有 $p(x, y) \neq p_X(x) \cdot p_Y(y)$,所以 X 與 Y 不相互獨立.

定理3.2 若二維隨機變量$(X, Y) \sim N(\mu_1, \mu_2; \sigma_1^2, \sigma_2^2; \rho)$,則 X 與 Y 相互獨立的充分必要條件是 $\rho = 0$.

證明 (X, Y) 的聯合密度函數為

$$p(x,y) = \frac{1}{2\pi\sigma_1\sigma_2\sqrt{1-\rho^2}} \cdot$$
$$\exp\left\{-\frac{1}{2(1-\rho^2)}\left[\frac{(x-\mu_1)^2}{\sigma_1^2} - \frac{2\rho(x-\mu_1)(y-\mu_2)}{\sigma_1\sigma_2} + \frac{(y-\mu_2)^2}{\sigma_2^2}\right]\right\}$$

而關於 X 和關於 Y 的邊緣密度函數的乘積為

$$p_X(x)p_Y(y) = \frac{1}{2\pi\sigma_1\sigma_2}\exp\left\{-\frac{1}{2}\left[\frac{(x-\mu_1)^2}{\sigma_1^2} + \frac{(y-\mu_2)^2}{\sigma_2^2}\right]\right\}$$

因此當 $\rho = 0$ 時,有

$$p(x,y) = \frac{1}{2\pi\sigma_1\sigma_2}\exp\left\{-\frac{1}{2}\left[\frac{(x-\mu_1)^2}{\sigma_1^2} + \frac{(y-\mu_2)^2}{\sigma_2^2}\right]\right\} = p_X(x)p_Y(y)$$

即 X 與 Y 相互獨立;

反之,易知 $p(x,y), p_X(x)$ 和 $p_Y(y)$ 均在其定義域內連續,則當 X 和 Y 互相獨立時,由(3.5)式,有

$$p(x,y) = p_X(x)p_Y(y)$$

令 $x = \mu_1, y = \mu_2$,則有

$$\frac{1}{2\pi\sigma_1\sigma_2\sqrt{1-\rho^2}} = \frac{1}{2\pi\sigma_1\sigma_2}$$

於是可得 $\rho = 0$.

關於獨立性,還可證明下面的重要結論:

定理 3.3 設隨機變量 X 與 Y 相互獨立, $f(x)$、$g(x)$ 為連續函數,則隨機變量 $f(X)$ 與 $g(Y)$ 也相互獨立.

定理的證明方法已超出本書的討論範圍,故略.

作為本節內容的自然推廣和延伸,下面簡述 n 維隨機變量的有關定義與結論.

定義 3.10 設 $F(x_1, x_2, \cdots, x_n)$ 是 n 維隨機變量 $(X_1, X_2, \cdots, X_n)$ 的聯合分佈函數,若存在非負 n 元函數 $p(x_1, x_2, \cdots, x_n)$,使得

$$F(x_1, x_2, \cdots, x_n) = \int_{-\infty}^{x_1}\int_{-\infty}^{x_2}\cdots\int_{-\infty}^{x_n} p(u_1, u_2, \cdots, u_n)\,\mathrm{d}u_1\mathrm{d}u_2\cdots\mathrm{d}u_n$$

則稱 $(X_1, X_2, \cdots, X_n)$ 為 n 維連續型隨機變量,並稱 $p(x_1, x_2, \cdots, x_n)$ 為 $(X_1, X_2, \cdots, X_n)$ 的聯合概率密度函數.

可以證明, n 維連續型隨機變量 $(X_1, X_2, \cdots, X_n)$ 的任意 k 個 $(1 \le k < n)$ 分量所構成的 k 維隨機變量仍是連續型隨機變量.

定義 3.11 稱 n 維隨機變量 $(X_1, X_2, \cdots, X_n)$ 中的每個分量 X_i 的分佈函數 $F_i(x_i)(i = 1, 2, \cdots, n)$ 為 $(X_1, X_2, \cdots, X_n)$ 關於 X_i 的邊緣分佈函數;相應地,邊

緣密度函數記作 $p_i(x_i)$　$(i = 1, 2, \cdots, n)$.

定義 3.12　若 n 維隨機變量 $(X_1, X_2, \cdots, X_n)$ 的聯合分佈函數與邊緣分佈函數滿足

$$F(x_1, x_2, \cdots, x_n) = F_1(x_1) F_2(x_2) \cdots F_n(x_n) \quad (x_1, x_2, \cdots, x_n \in R)$$

則稱 n 個隨機變量 $X_1, X_2, \cdots, X_n$ 相互獨立．

在離散場合與連續場合，分別有下面的兩個結論：

(1) 在離散場合，n 個分量 $X_1, X_2, \cdots, X_n$ 相互獨立的充分必要條件是，
$P\{X_1 = x_1, X_2 = x_2, \cdots, X_n = x_n\} = P\{X_1 = x_1\} \cdot P\{X_2 = x_2\} \cdots P\{X_n = x_n\}$

(2) 在連續場合，n 個分量 $X_1, X_2, \cdots, X_n$ 相互獨立的充分必要條件是，在任意連續點 $(x_1, x_2, \cdots, x_n)$ 處有

$$p(x_1, x_2, \cdots, x_n) = p_1(x_1) p_2(x_2) \cdots p_n(x_n).$$

習題 3.4

1. 設二維隨機變量 (X, Y) 的聯合分佈律如下表所示：

X \ Y	3	6	9
0.4	0.15	0.30	0.35
0.8	0.05	0.12	0.03

(1) 求關於 X、Y 的邊緣分佈律；(2) X 與 Y 是否相互獨立？

2. 設已知 X 和 Y 的分佈列分別為

X	0	1
P	$\frac{1}{4}$	$\frac{3}{4}$

Y	-1	0	1
P	$\frac{1}{2}$	$\frac{1}{4}$	$\frac{1}{4}$

且 $P\{X^2 = Y^2\} = 1$．試問 X 與 Y 是否獨立？

3. 設二維隨機變量 (X, Y) 的聯合密度函數為

$$p(x, y) = \begin{cases} ae^{-ay}, & 0 < x < y \\ 0, & 其他 \end{cases}$$

(1) 求常數 a；(2) 試判斷 X 與 Y 是否獨立？

4. 設 (X, Y) 在圓域 $x^2 + y^2 \leq 1$ 上服從均勻分佈，問 X, Y 是否相互獨立？

5. 從(0,1)中任取兩個數,求下列事件的概率:
(1) 兩數之和小於1.2;(2) 兩數之積小於0.25.

6. 甲、乙相約9:10在車站見面. 假設甲、乙到達車站的時間分別均勻分佈在9:00~9:30及9:10~9:50之間,且兩人到達的時間相互獨立. 求下列事件的概率:
(1) 甲後到;(2) 先到的人等後到的人的時間不超過10分鐘.

7. 設隨機變量X與Y相互獨立,X服從區間$(0,2)$上的均勻分佈,Y服從參數為$\lambda = 2$的指數分佈,求概率$P\{X > Y\}$.

§3.5 二維隨機變量函數的分佈

前面§2.4中,討論過一維隨機變量函數的分佈,對於二維隨機變量(X,Y)提出相同的問題. 設二元函數$f(x,y)$是定義域包含(X,Y)可能取值範圍的一個實值函數,則一般地,$Z = f(X,Y)$也是一個隨機變量. 若二維隨機變量(X,Y)的聯合分佈已知時,我們可求出$Z = f(X,Y)$的概率分佈;但由於函數情況複雜,難於找到一般的求法,故此處我們僅討論幾個最簡單,具體實用的函數情況.

先來看一個離散型的例子.

例1 設(X,Y)的聯合概率分佈為

X \ Y	-1	0	1	2
1	0.1	0.2	0.1	0.3
2	0.1	0.08	0.02	0.1

(1) 求$Z_1 = X + Y$;(2) 求$Z_2 = \max\{X,Y\}$的概率分佈.

解 (1)$Z_1 = X + Y$可能取0、1、2、3、4共五個值,相應概率為

$P\{Z_1 = 0\} = P\{X = 1, Y = -1\} = 0.1$

$P\{Z_1 = 1\} = P\{X = 1, Y = 0\} + P\{X = 2, Y = -1\}$
$= 0.2 + 0.1 = 0.3$

$P\{Z_1 = 2\} = P\{X = 1, Y = 1\} + P\{X = 2, Y = 0\}$
$= 0.1 + 0.08 = 0.18$

$P\{Z_1 = 3\} = P\{X = 1, Y = 2\} + P\{X = 2, Y = 1\}$

$$= 0.02 + 0.3 = 0.32$$
$$P\{Z_1 = 4\} = P\{X = 2, Y = 2\} = 0.1$$

於是 $Z_1 = X + Y$ 的分佈律如表 3.6 所示：

表 3.6

Z_1	0	1	2	3	4
p	0.1	0.3	0.18	0.32	0.1

（2）$Z_2 = \max\{X, Y\}$ 的可能取值為 1、2，相應概率為
$$P\{Z_2 = 1\} = P\{\lceil X = 1, Y = -1 \rfloor \cup \lceil X = 1, Y = 0 \rfloor \cup \lceil X = 1, Y = 1 \rfloor\}$$
$$= P\{X = 1, Y = -1\} + P\{X = 1, Y = 0\} + P\{X = 1, Y = 1\}$$
$$= 0.1 + 0.2 + 0.1 = 0.4$$
$$P\{Z_2 = 2\} = 1 - P\{Z_2 = 1\} = 1 - 0.4 = 0.6$$

於是 $Z_2 = \max\{X, Y\}$ 的分佈律如表 3.7 所示

表 3.7

Z_2	1	2
p	0.4	0.6

由以上例題可以得出：

一般地，若已知二維離散型隨機變量 (X, Y) 的聯合概率分佈 $P\{X = x_i, Y = y_j\} = p_{ij}(i, j = 1, 2, \cdots)$，則 $Z = f(X, Y)$ 也是離散型隨機變量，且 $Z = f(X, Y)$ 的分佈律為
$$P\{Z = z_k\} = P\{f(X, Y) = z_k\} = \sum_{f(x_i, y_j) = z_k} p_{ij} \quad (k = 1, 2, \cdots).$$

例 2 （泊松分佈的可加性）設 $X \sim P(\lambda_1)$，$Y \sim P(\lambda_2)$，且 X 與 Y 相互獨立，證明 $Z = X + Y \sim P(\lambda_1 + \lambda_2)$.

證 顯然，$Z = X + Y$ 的可能取值為所有非負整數 $0, 1, 2, \cdots$. 注意到 X 與 Y 相互獨立，有
$$P(Z = k) = P(X + Y = k) = \sum_{i=0}^{k} P(X = i) P(Y = k - i)$$
$$= \sum_{i=0}^{k} \left(\frac{\lambda_1^i}{i!} e^{-\lambda_1}\right) \left(\frac{\lambda_2^{k-i}}{(k-i)!} e^{-\lambda_2}\right)$$

$$= \frac{(\lambda_1 + \lambda_2)^k}{k!} e^{-(\lambda_1+\lambda_2)} \sum_{i=0}^{k} \frac{k!}{i!(k-i)!} \left(\frac{\lambda_1}{\lambda_1+\lambda_2}\right)^i \left(\frac{\lambda_2}{\lambda_1+\lambda_2}\right)^{k-i}$$

$$= \frac{(\lambda_1 + \lambda_2)^k}{k!} e^{-(\lambda_1+\lambda_2)} \left(\frac{\lambda_1}{\lambda_1+\lambda_2} + \frac{\lambda_2}{\lambda_1+\lambda_2}\right)^k$$

$$= \frac{(\lambda_1 + \lambda_2)^k}{k!} e^{-(\lambda_1+\lambda_2)} \quad (k = 0,1,2,\cdots)$$

這表明,$Z = X + Y \sim P(\lambda_1 + \lambda_2)$.

泊松分佈的這一性質稱為泊松分佈的可加性.

以後,我們稱「同一類分佈的獨立隨機變量和的分佈仍屬於此類分佈」為此類分佈具有可加性. 可以證明,二項分佈也具有可加性(留作練習).

對於二維連續型隨機變量(X,Y),若其函數$Z = f(X,Y)$仍然是連續型隨機變量,則存在密度函數$p_Z(z)$. 下面我們給出求密度函數$p_Z(z)$的一般方法.

1. 先求出 $Z = f(X,Y)$ 的分佈函數
$$F_Z(z) = P\{Z \le z\} = P\{f(X,Y) \le z\}$$

2. 以上概率可以看成二維隨機變量(X,Y)落入區域G的概率,其中$G = \{(x,y) \mid f(x,y) \le z\}$ 於是有
$$F_Z(z) = P\{Z \le z\} = P\{f(X,Y) \le z\} = \iint_G p(x,y)\mathrm{d}u\mathrm{d}v$$

其中$p(x,y)$是(X,Y)的聯合密度函數.

3. 再利用分佈函數與密度函數的關係,對分佈函數求導,就可以得到密度函數$p_Z(z)$.

下面以應用非常廣泛的卷積公式為例.

定理3.4 設X與Y是兩個相互獨立的連續型隨機變量,其密度函數分別為$p_X(x)$與$p_Y(y)$,則$Z = X + Y$的密度函數為

$$p_Z(z) = \int_{-\infty}^{+\infty} p_X(x) p_Y(z-x) \mathrm{d}x \tag{3.6}$$

證明 先求Z的分佈函數$F_Z(z)$(參見圖3.7).

$$F_Z(z) = P\{X + Y \le z\} = \iint_{x+y \le z} p_X(x) p_Y(y) \mathrm{d}x\mathrm{d}y$$

$$= \int_{-\infty}^{+\infty} p_X(x) \left\{ \int_{-\infty}^{z-x} p_Y(y) \mathrm{d}y \right\} \mathrm{d}x$$

$$\xrightarrow{y = t - x} \int_{-\infty}^{+\infty} p_X(x) \left\{ \int_{-\infty}^{z} p_Y(t-x) \mathrm{d}t \right\} \mathrm{d}x$$

$$= \int_{-\infty}^{z} \left\{ \int_{-\infty}^{+\infty} p_X(x) p_Y(t-x) \mathrm{d}x \right\} \mathrm{d}t$$

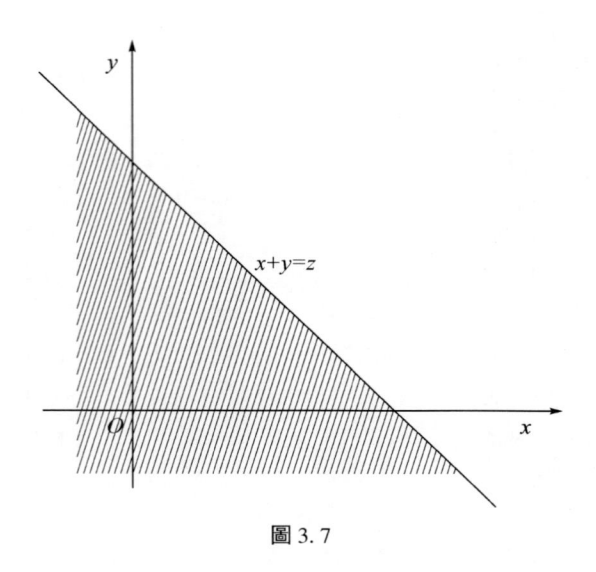

圖 3.7

兩邊對 z 求導即得 Z 的密度函數

$$p_Z(z) = \int_{-\infty}^{+\infty} p_X(x) p_Y(z-x) \mathrm{d}x$$

通常稱公式(3.6)為卷積公式.

對稱地還有公式

$$p_Z(z) = \int_{-\infty}^{+\infty} p_X(z-y) p_Y(y) \mathrm{d}y \qquad (3.7)$$

例 3 設 X 與 Y 相互獨立且均服從參數為 λ 的指數分佈 $e(\lambda)$，求 $Z = X + Y$ 的密度函數 $p_Z(z)$.

解 由題設有

$$p_X(x) = \begin{cases} \lambda \mathrm{e}^{-\lambda x}, & x > 0 \\ 0, & x \leqslant 0 \end{cases} \quad \text{及} \quad p_Y(y) = \begin{cases} \lambda \mathrm{e}^{-\lambda y}, & y > 0 \\ 0, & y \leqslant 0 \end{cases}$$

顯然，當 $z \leqslant 0$ 時，$p_Z(z) = 0$.

當 $z > 0$ 時，利用卷積公式(3.6)，並注意到只有當 $x > 0$ 且 $z - x > 0$ 即 $0 < x < z$ 時，$p_X(x)$ 與 $p_Y(z-x)$ 才均取非 0 表達式，故

$$p_Z(z) = \int_0^z \lambda \mathrm{e}^{-\lambda x} \cdot \lambda \mathrm{e}^{-\lambda(z-x)} \mathrm{d}x = \lambda^2 z \mathrm{e}^{-\lambda z}$$

於是，$Z = X + Y$ 的密度函數為

$$p_Z(z) = \begin{cases} \lambda^2 z \mathrm{e}^{-\lambda z}, & z > 0 \\ 0, & z \leqslant 0 \end{cases}$$

可見 $Z = X + Y$ 不再服從指數分佈,即指數分佈不具有可加性.

例4 設 X 與 Y 相互獨立且均服從標準正態分佈 $N(0,1)$,求 $Z = X + Y$ 的密度函數 $p_Z(z)$.

解 由題設 X 與 Y 相互獨立且

$$p_X(x) = \frac{1}{\sqrt{2\pi}}e^{-\frac{x^2}{2}}, p_Y(z-x) = \frac{1}{\sqrt{2\pi}}e^{-\frac{(z-x)^2}{2}}$$

由卷積公式得

$$p_Z(z) = \int_{-\infty}^{+\infty} \frac{1}{\sqrt{2\pi}}e^{-\frac{x^2}{2}} \cdot \frac{1}{\sqrt{2\pi}}e^{-\frac{(z-x)^2}{2}} dx = \frac{1}{2\pi}e^{-\frac{z^2}{4}}\int_{-\infty}^{+\infty}e^{-(x-\frac{1}{2}z)^2}dx$$

令 $t = x - \frac{1}{2}z$,注意到 $\int_{-\infty}^{+\infty}e^{-t^2}dt = \sqrt{\pi}$,得

$$p_Z(z) = \frac{1}{2\pi}e^{-\frac{z^2}{4}} \cdot \sqrt{\pi} = \frac{1}{\sqrt{2\pi}\cdot\sqrt{2}}e^{-\frac{(z-0)^2}{2(\sqrt{2})^2}}$$

可見 $Z = X + Y$ 仍服從正態分佈,即

$$Z = X + Y \sim N(0,(\sqrt{2})^2)$$

亦即

$$Z = X + Y \sim N(0+0, 1+1)$$

一般地,關於正態分佈,可以驗證下面的結論:

如果 $X \sim N(\mu_1, \sigma_1^2), Y \sim N(\mu_2, \sigma_2^2)$,且 X 與 Y 相互獨立,則

$$Z = X + Y \sim N(\mu_1 + \mu_2, \sigma_1^2 + \sigma_2^2).$$

這說明,正態分佈具有可加性,且其參數恰為原來二正態隨機變量相應參數之和. 利用數學歸納法,不難將此結論推廣到 n 個獨立正態隨機變量之和的情形:

若 n 個正態隨機變量 $X_1, X_2, \cdots, X_n$ 相互獨立,且 $X_i \sim N(\mu_i, \sigma_i^2)$ ($i = 1, 2, \cdots, n$),則

$$\sum_{i=1}^{n} X_i \sim N(\sum_{i=1}^{n}\mu_i, \sum_{i=1}^{n}\sigma_i^2)$$

例5 設隨機變量 $M = \max\{X, Y\}$ 及 $N = \min\{X, Y\}$,且 X 與 Y 相互獨立,$F_X(x)$ 與 $F_Y(y)$ 分別為二隨機變量的分佈函數,求 M, N 的分佈函數 $F_M(z), F_N(z)$.

解 因為事件「$M \leq z$」=「$\max(X, Y) \leq z$」等價於事件「$X \leq z, Y \leq z$」,又由於 X 與 Y 相互獨立,則有

$$F_M(z) = P\{M \leq z\} = P\{X \leq z, Y \leq z\} = P\{X \leq z\} \cdot P\{Y \leq z\}$$

107

$$= F_X(z) \cdot F_Y(z)$$

類似地,有
$$F_N(z) = P\{N \leq z\} = 1 - P\{N > z\} = 1 - P\{X > z, Y > z\}$$
$$= 1 - P\{X > z\} \cdot P\{Y > z\}$$
$$= 1 - (1 - F_X(z))(1 - F_Y(z))$$

例5的結果可以推廣到 n 個獨立同分佈的隨機變量的情況. 例如,設 n 個獨立同分佈的隨機變量 $X_1, X_2, \cdots, X_n$,他們有相同的分佈函數 $F(x)$,則
$$F_M(z) = [F(z)]^n$$
$$F_N(z) = 1 - [1 - F(z)]^n$$

例如,若隨機變量且 X 與 Y 相互獨立,且都在 $(0,1)$ 上服從均勻分佈,則 $M = \max\{X, Y\}$ 的分佈函數為

$$F_M(z) = \begin{cases} 0, & z < 0, \\ z^2, & 0 \leq z < 1 \\ 1, & z \geq 1. \end{cases}$$

密度函數為

$$p_M(z) = \begin{cases} 2z, & 0 < z < 1 \\ 0, & 其他. \end{cases}$$

又例如,如果 $X_1, X_2, \cdots, X_n$ 相互獨立且均服從參數為 λ 的指數分佈,則 $M = \max(X_1, X_2, \cdots, X_n)$ 與 $N = \min(X_1, X_2, \cdots, X_n)$ 的分佈函數分別為

$$F_M(z) = \begin{cases} [1 - e^{-\lambda z}]^n, & z > 0 \\ 0, & z \leq 0 \end{cases}$$

及

$$F_N(z) = \begin{cases} 1 - e^{-\lambda n z}, & z > 0 \\ 0, & z \leq 0 \end{cases}$$

密度函數分別為

$$p_M(z) = \begin{cases} n[1 - e^{-\lambda z}]^{n-1} \lambda e^{-\lambda z}, & z > 0 \\ 0, & z \leq 0 \end{cases}$$

$$p_N(z) = \begin{cases} n\lambda e^{-n\lambda z}, & z > 0 \\ 0, & z \leq 0 \end{cases}$$

習題 3.5

1. 設 (X,Y) 的聯合分佈為

X \ Y	0	1	2	3
0	0.05	0.1	0.1	0.1
1	0	0.1	0.05	0.2
2	0.1	0.1	0.1	0

求下列各隨機變量的概率分佈：

(1) $Z = X + Y$；(2) $Z = \max\{X,Y\}$；(3) $Z = \min\{X,Y\}$.

2. 設隨機變量 X 服從參數為 $p(0 < p < 1)$ 的幾何分佈，即
$$P\{X = k\} = pq^{k-1} \quad (q = 1 - p, k = 1, 2, \cdots)$$
Y 與 X 獨立同分佈，求 $Z = X + Y$ 的分佈.

3. 設 X 與 Y 相互獨立且 $p_X(x) = \begin{cases} e^{-x}, & x > 0 \\ 0, & x \leq 0 \end{cases}$, $p_Y(y) = \begin{cases} 2e^{-2y}, & y > 0 \\ 0, & y \leq 0 \end{cases}$.

求 $Z = X + Y$ 的密度函數.

4. 設 X 與 Y 相互獨立且都服從 $(0, a)$ 上的均勻分佈，求下列隨機變量的密度函數 (1) $Z = X + Y$；(2) $Z = X - Y$；(3) $Z = XY$.

5. 設 X、Y 為隨機變量，已知
$$P\{X \geq 0, Y \geq 0\} = \frac{2}{5}, P\{X \geq 0\} = P\{Y \geq 0\} = \frac{3}{5}$$

(1) 求 $P\{\max\{X,Y\} \geq 0\}$；(2) 求 $P\{\min\{X,Y\} < 0\}$.

6. 設 X 與 Y 相互獨立，已知 X 服從 $(0,1)$ 上的均勻分佈，Y 服從指數分佈 $e(3)$. 試求 $M = \max\{X,Y\}$；$N = \min\{X,Y\}$ 的概率密度.

*§3.6　條件分佈

對於二維隨機變量 (X,Y)，我們可以討論其中一個隨機變量在另一個隨機變量取固定值的條件下的概率分佈問題，這個問題反應了隨機變量 X 與 Y 之間的相互依賴性，這樣得到的分佈稱為條件分佈. 我們仍然分離散型和連續型隨

機變量兩種情形討論.

一、離散型隨機變量的條件分佈

定義 3.13　設 (X,Y) 為離散型二維隨機變量,若 $P\{Y = y_j\} > 0$,則稱

$$P\{X = x_i | Y = y_j\} = \frac{P\{X = x_i, Y = y_j\}}{P\{Y = y_j\}} = \frac{p_{ij}}{p_{\cdot j}} \quad (i = 1,2,\cdots) \quad (3.8)$$

為 $Y = y_j$ 條件下 X 的條件概率分佈,簡稱條件分佈.

顯然,條件分佈亦具有一般概率分佈(又稱無條件概率分佈)的基本性質:

(1) $P\{X = x_i | Y = y_j\} \geqslant 0 \quad (i = 1,2,\cdots)$;

(2) $\sum_i P\{X = x_i | Y = y_j\} = 1$.

類似地,當 $P\{X = x_i\} > 0$ 時,可定義在 $X = x_i$ 條件下 Y 的條件分佈

$$P\{Y = y_j | X = x_i\} = \frac{p_{ij}}{p_{i\cdot}} \quad (j = 1,2,\cdots) \quad (3.9)$$

有了條件分佈列,我們就可以給出離散型隨機變量的條件分佈函數.

定義 3.14　當 $P\{Y = y_j\} > 0$ 時,給定 $Y = y_j$ 條件下 X 的條件分佈函數為

$$F(x | Y = y_j) = P\{X \leqslant x | Y = y_j\} \, (x \in R)$$

當 $P\{X = x_i\} > 0$ 時,給定 $X = x_i$ 條件下 Y 的條件分佈函數為

$$F(y | X = x_i) = P\{Y \leqslant y | X = x_i\} \, (y \in R)$$

例 1　若 (X,Y) 的聯合概率分佈為

X \ Y	0	1	2	$p_{i\cdot}$
0	0.2	0.1	0.3	0.6
1	0.1	0.2	0.1	0.4
$p_{\cdot j}$	0.3	0.3	0.4	

求隨機變量 Y 在條件 $X = x_i$ 下的條件分佈.

解　由(3.9)式可得:

在 $X = 0$ 的條件下,Y 的條件分佈為

$$P\{Y = 0 | X = 0\} = \frac{p_{11}}{p_{1\cdot}} = \frac{0.2}{0.6} = \frac{1}{3}$$

$$P\{Y = 1 | X = 0\} = \frac{p_{12}}{p_{1\cdot}} = \frac{0.1}{0.6} = \frac{1}{6}$$

$$P\{Y=2\,|\,X=0\} = \frac{p_{13}}{p_1.} = \frac{0.3}{0.6} = \frac{1}{2}$$

在 $X=1$ 的條件下，Y 的條件分佈為

$$P\{Y=0\,|\,X=1\} = \frac{0.1}{0.4} = \frac{1}{4}$$

$$P\{Y=1\,|\,X=1\} = \frac{0.2}{0.4} = \frac{1}{2}$$

$$P\{Y=2\,|\,X=1\} = \frac{0.1}{0.4} = \frac{1}{4}$$

二、連續型隨機變量的條件分佈

設 (X,Y) 是二維連續型隨機變量，其聯合密度函數為 $p(x,y)$，邊緣密度函數分別為 $p_X(x)$ 與 $p_Y(y)$．

在離散型隨機變量情形下，其條件分佈函數定義為 $F(x\,|\,Y=y_j) = P\{X \leqslant x\,|\,Y=y_j\}$，其中 $P\{Y=y_j\} > 0$．但是，因為連續型隨機變量取某個值的概率為零，即對任意 $y \in R$，都有 $P\{Y=y\} = 0$，所以無法用條件概率直接定義 $F(x\,|\,Y=y) = P\{X \leqslant x\,|\,Y=y\}$．一個很自然的想法是：將 $P\{X \leqslant x\,|\,Y=y\}$ 看成是 $\varepsilon \to 0$ 時 $P\{X \leqslant x\,|\,y \leqslant Y \leqslant y+\varepsilon\}$ 的極限，即

$$\begin{aligned}
P\{X \leqslant x\,|\,Y=y\} &= \lim_{\varepsilon \to 0} P\{X \leqslant x\,|\,y \leqslant Y \leqslant y+\varepsilon\} \\
&= \lim_{\varepsilon \to 0} \frac{P\{X \leqslant x, y \leqslant Y \leqslant y+\varepsilon\}}{P\{y \leqslant Y \leqslant y+\varepsilon\}} \\
&= \lim_{\varepsilon \to 0} \frac{\int_{-\infty}^{x} \int_{y}^{y+\varepsilon} p(u,v)\,\mathrm{d}u\mathrm{d}v}{\int_{y}^{y+\varepsilon} p_Y(v)\,\mathrm{d}v}
\end{aligned}$$

當 $p(x,y), p_Y(y)$ 在 y 處連續，且 $p_Y(y) > 0$ 時，利用積分中值定理即可得

$$P\{X \leqslant x\,|\,Y=y\} = \int_{-\infty}^{x} \frac{p(u,y)}{p_Y(y)}\mathrm{d}u$$

這表明，在條件 $Y=y$ 下，X 仍滿足連續型隨機變量的定義．

定義 3.15 設 (X,Y) 為二維連續型隨機變量，對一切使 $p_Y(y) > 0$ 的 y，給定 $Y=y$ 條件下 X 的條件分佈函數和條件密度函數分別定義為

$$F(x\,|\,Y=y) = \int_{-\infty}^{x} \frac{p(u,y)}{p_Y(y)}\mathrm{d}u$$

$$p(x\,|\,Y=y) = \frac{p(x,y)}{p_Y(y)} \quad (p_Y(y) > 0) \tag{3.10}$$

類似地,可以定義在 $X = x$ 條件下 Y 的條件分佈函數與條件密度函數

$$F(y \mid X = x) = \int_{-\infty}^{y} \frac{p(x,v)}{p_X(x)} dv$$

$$p(y \mid X = x) = \frac{p(x,y)}{p_X(x)} \quad (p_X(x) > 0) \tag{3.11}$$

例 2 設隨機變量 (X,Y) 的聯合密度為(參見圖 3.8)

$$p(x,y) = \begin{cases} 8xy^2, & 0 < x < \sqrt{y} < 1 \\ 0, & \text{其他} \end{cases}$$

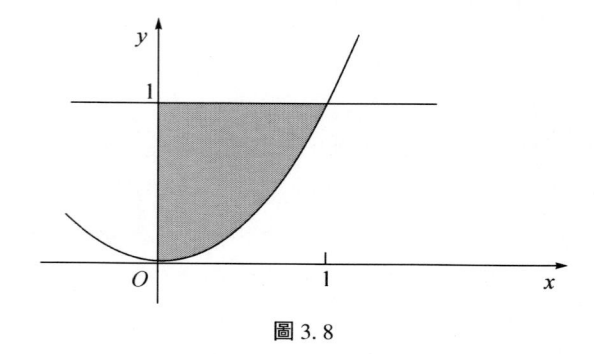

求條件密度 $p(x \mid Y = y)$ 與 $p(y \mid X = x)$ 及概率 $P\{X \leqslant 0.5 \mid Y = 0.8\}$。

圖 3.8

解 $p_X(x) = \int_{-\infty}^{+\infty} p(x,y) dy = \begin{cases} \int_{x^2}^{1} 8xy^2 dy, & 0 < x < 1 \\ 0, & \text{其他} \end{cases}$

$$= \begin{cases} \dfrac{8}{3}(x - x^7), & 0 < x < 1 \\ 0, & \text{其他} \end{cases}$$

$p_Y(y) = \int_{-\infty}^{+\infty} p(x,y) dx = \begin{cases} \int_{0}^{\sqrt{y}} 8xy^2 dx, & 0 < y < 1 \\ 0, & \text{其他} \end{cases} = \begin{cases} 4y^3, & 0 < y < 1 \\ 0, & \text{其他} \end{cases}$

於是,由公式(3.10)及(3.11),得:

當 $0 < y < 1$ 時

$$p(x \mid Y = y) = \frac{p(x,y)}{p_Y(y)} = \begin{cases} \dfrac{2x}{y}, & 0 < x < \sqrt{y} \\ 0, & \text{其他} \end{cases}$$

當 $0 < x < 1$ 時

$$p(y \mid X = x) = \frac{p(x,y)}{p_X(x)} = \begin{cases} \dfrac{3y^2}{1-x^6}, & x^2 < y < 1 \\ 0, & \text{其他} \end{cases}$$

及

$$P\{X \leqslant 0.5 \mid Y = 0.8\} = \int_0^{0.5} p(x \mid Y = 0.8) \mathrm{d}x$$
$$= \int_0^{0.5} \frac{2x}{0.8} \mathrm{d}x = \frac{10}{8} \cdot x^2 \big|_0^{0.5} = 0.3125$$

例 3 設 (X,Y) 服從二維正態分佈 $N(\mu_1, \mu_2; \sigma_1^2, \sigma_2^2; \rho)$，由邊緣分佈知 X 服從正態分佈 $N(\mu_1, \sigma_1^2)$，Y 服從正態分佈 $N(\mu_2, \sigma_2^2)$. 現在來求條件分佈. 由公式(3.10)可得

$$p(x \mid Y = y) = \frac{p(x,y)}{p_Y(y)}$$
$$= \frac{1}{\sqrt{2\pi}\sigma_1\sqrt{1-\rho^2}} \exp\left\{-\frac{1}{2\sigma_1^2(1-\rho^2)}\left[x - \left(\mu_1 + \rho\frac{\sigma_1}{\sigma_2}(y-\mu_2)\right)\right]^2\right\}$$

這正是正態分佈 $N(\mu_3, \sigma_3^2)$ 的密度函數，其中

$$\mu_3 = \mu_1 + \rho\frac{\sigma_1}{\sigma_2}(y-\mu_2), \sigma_3^2 = \sigma_1^2(1-\rho^2)$$

類似可得，在給定 $X = x$ 的條件下，Y 的條件分佈仍為正態分佈 $N(\mu_4, \sigma_4^2)$，其中

$$\mu_4 = \mu_2 + \rho\frac{\sigma_2}{\sigma_1}(x-\mu_1), \sigma_4^2 = \sigma_2^2(1-\rho^2)$$

例 4 設隨機變量 X 的密度函數為

$$p_X(x) = \begin{cases} \lambda^2 x \mathrm{e}^{-\lambda x}, & x > 0 \\ 0, & x \leqslant 0 \end{cases} \quad (\lambda > 0)$$

在 $X = x$ 的條件下，隨機變量 Y 在 $(0,x)$ 上服從均勻分佈. 求 Y 的密度函數 $p_Y(y)$.

解 由題設，當 $x > 0$ 時，

$$p(y \mid X = x) = \begin{cases} \dfrac{1}{x}, & 0 < y < x \\ 0, & \text{其他} \end{cases}$$

則由(3.11)式可得

$$p(x,y) = p_X(x) \cdot p(y \mid X = x) = \begin{cases} \lambda^2 e^{-\lambda x}, & 0 < y < x \\ 0, & \text{其他} \end{cases}$$

於是有

$$p_Y(y) = \int_{-\infty}^{+\infty} p(x,y)\,dx = \begin{cases} \int_y^{+\infty} \lambda^2 e^{-\lambda x}\,dx, & y > 0 \\ 0, & y \leq 0 \end{cases}$$

$$= \begin{cases} \lambda e^{-\lambda y}, & y > 0 \\ 0, & y \leq 0 \end{cases}$$

習題 3.6

1. 盒子裡裝有3只黑球,2只紅球,2只白球,在其中任取4只. 以 X 表示取到黑球的只數,以 Y 表示取到紅球的只數. 求隨機變量 X 在條件 $Y = y_j$ 下的條件分佈.

2. 將一顆骰子連擲兩次,令 X 為第一次擲出的點數,Y 為兩次擲出的最大點數,求隨機變量 Y 條件 $X = x_i$ 下的條件分佈.

3. 已知 (X,Y) 的聯合密度函數 $p(x,y)$,求兩個條件密度 $p(x \mid Y = y)$ 與 $p(y \mid X = x)$.

(1) $p(x,y) = \begin{cases} 2e^{-x-2y}, & x,y > 0 \\ 0, & \text{其他} \end{cases}$

(2) $p(x,y) = \begin{cases} 15x^2 y, & 0 < x < y < 1 \\ 0, & \text{其他} \end{cases}$

(3) $p(x,y) = \begin{cases} 24y(1-x-y), & x > 0, y > 0, x+y < 1 \\ 0, & \text{其他} \end{cases}$

(4) $p(x,y) = \begin{cases} x+y & 0 < x,y < 1 \\ 0 & \text{其他} \end{cases}$

4. 已知隨機變量 X 的密度函數為

$$p_X(x) = \begin{cases} 5x^4, & 0 < x < 1 \\ 0, & \text{其他} \end{cases}$$

在 $X = x (0 < x < 1)$ 的條件下,隨機變量 Y 的條件密度函數為

$$p(y \mid X = x) = \begin{cases} \dfrac{3y^2}{x^3}, & 0 < y < x \\ 0, & \text{其他} \end{cases}$$

求概率 $P\{Y > 0.5\}$.

復習題三

一、單項選擇題

1. 設二維隨機變量(X,Y)的聯合分佈律為

X \ Y	0	1	2
0	$\frac{1}{4}$	$\frac{1}{8}$	$\frac{1}{8}$
1	$\frac{1}{6}$	$\frac{1}{6}$	$\frac{1}{6}$

則 $P\{XY = 0\} = ($).

(a) $\frac{1}{6}$ (b) $\frac{1}{4}$

(c) $\frac{1}{3}$ (d) $\frac{2}{3}$

2. 若二維隨機變量(X,Y)的聯合密度函數為 $p(x,y) = \frac{A}{(1+x^2)(1+y^2)}(x>0, y>0)$，則系數 $A = ($).

(a) $\frac{2}{\pi}$ (b) $\frac{4}{\pi^2}$

(c) $\frac{1}{\pi^2}$ (d) $\frac{4}{\pi}$

3. 設隨機變量X服從參數為$\lambda = 2$的指數分佈，$Y = \frac{1}{X}$，則 $P\{\max(X,Y) \leq 2\} = ($).

(a) e^{-2} (b) e^{-4}

(c) $e^{-2} - e^{-4}$ (d) $e^{-1} - e^{-4}$

4. 若二維隨機變量(X,Y)在區域 $D = \{(x,y) / 0 < x < 1, 0 < y < 1\}$ 內服從均勻分佈，則 $P\{X \geq \frac{1}{2} | Y > X\} = ($).

(a) 1   (b) $\frac{1}{8}$

(c) $\dfrac{1}{2}$ (d) $\dfrac{1}{4}$

5. X 與 Y 相互獨立且均在區間 $(0,3)$ 上服從均勻分佈,則 $P\{\min\{X,Y\}\leqslant 1\}=$ ( ).

(a) $\dfrac{1}{3}$ (b) $\dfrac{4}{9}$

(c) $\dfrac{5}{9}$ (d) $\dfrac{1}{6}$

6. 設 X 與 Y 相互獨立,且 X 在區間 $(0,1)$ 上服從均勻分佈,Y 服從指數分佈 $e(2)$,則 (X,Y) 的聯合密度函數為( ).

(a) $p(x,y)=\begin{cases}\dfrac{1}{2}\mathrm{e}^{-y} & 0<x<y<1\\ 0 & 其他\end{cases}$

(b) $p(x,y)=\begin{cases}\mathrm{e}^{-2y} & 0<x<1, y\geqslant 0\\ 0 & 其他\end{cases}$

(c) $p(x,y)=\begin{cases}2\mathrm{e}^{-2y} & 0<x<1, y>0\\ 0 & 其他\end{cases}$

(d) $p(x,y)=\begin{cases}\mathrm{e}^{-y} & 0<x<1, y>0\\ 0 & 其他\end{cases}$

7. 設 X 與 Y 相互獨立,分佈函數分別為 $F_X(x)$ 與 $F_Y(y)$,則 $Z=\max(X,Y)$ 的分佈函數為 $F_Z(z)=$ ( ).

(a) $1-F_X(z)F_Y(z)$ (b) $F_X(x)F_Y(y)$

(c) $F_X(z)F_Y(z)$ (d) $1-F_X(x)F_Y(y)$

8. 設 $X\sim N(2,9), Y\sim N(-2,6)$,且 X 與 Y 相互獨立,則 $P\{X-Y\leqslant 4\}=$ ( ).

(a) 1 (b) 0

(c) $\dfrac{1}{2}$ (d) 0.1

9. 下列命題不正確的是( ).

(a) 兩個獨立的服從指數分佈的隨機變量之和仍服從指數分佈;
(b) 兩個獨立的服從正態分佈的隨機變量之和仍服從正態分佈;
(c) 二維正態分佈的兩個邊緣分佈均為一維正態分佈;
(d) 若 (X,Y) 在區域 $D=\{(x,y)\mid 0<x<1, 0<y<1\}$ 上服從均勻分佈,則 X 與 Y 相互獨立.

10. 若(X,Y)的聯合密度函數為$p(x,y) = \begin{cases} x+y, & 0 < x,y < 1 \\ 0, & 其他 \end{cases}$，則條件密度$p(x \mid y = 0.5) = (\quad)$.

(a) $\begin{cases} x+0.5, & 0 < x < 1 \\ 0, & 其他 \end{cases}$ (b) $\begin{cases} x+0.5, & 0 < x < 0.5 \\ 0, & 其他 \end{cases}$

(c) $\begin{cases} x+0.5, & 0 < x < 1, y > 0 \\ 0, & 其他 \end{cases}$ (d) $\begin{cases} x+0.5, & 0 < x < 0.5, \\ 0, & 其他 \end{cases}$

二、填空題

1. 將一枚硬幣連續擲兩次，以X和Y分別表示兩次所出現的正面次數，則(X,Y)的聯合概率分佈為(　　).

2. 二維隨機變量(X,Y)的聯合概率分佈為

X \ Y	-1	1	2
0	0.1	0.05	0.2
1	0.2	0.1	0.05
2	0.1	0.2	0

則$P\{X > Y\} = (\quad)$.

3. 設隨機變量$X \sim U(0,3)$，令$X_k = \begin{cases} 0, & X < k \\ 1, & X \geq k \end{cases}$ $(k=1,2)$，則(X_1, X_2)的聯合分佈函數為$F(x,y) = (\quad)$.

4. 設二維隨機變量(X,Y)的聯合分佈律為

X \ Y	0	1	$p_i.$
0	$\frac{1}{4}$	a	$\frac{1}{2}$
1	b	$\frac{1}{3}$	

則$a = (\quad)$，$b = (\quad)$.

5. 設(X,Y)的聯合密度函數為$p(x,y) = \begin{cases} Axy^2, & 0 < x < \sqrt{y} < 1 \\ 0, & 其他 \end{cases}$，則$A =$

(　　).

6. 設隨機變量 X 服從均勻分佈 $U(-1,1)$，$Y = X^2$，若二維隨機變量 (X,Y) 的聯合分佈函數為 $F(x,y)$，則 $F(\frac{1}{2}, \frac{1}{4}) = ($ 　　 $)$.

7. 設 X 與 Y 相互獨立同分佈，且 X 的分佈律為

X	0	1
P	$\frac{1}{2}$	$\frac{1}{2}$

則隨機變量 $Z = \max\{X,Y\}$ 的分佈律為(　　).

8. 維隨機變量 (X,Y) 的聯合概率分佈為

X \ Y	0	1
0	0.1	0.3
1	0.2	0.1
2	0.1	0.2

則隨機變量 $Z = X - Y$ 的概率分佈律為(　　).

9. 若隨機變量 X 與 Y 相互獨立，且 $X \sim N(1, 3^2)$，$Y \sim N(0, 2^2)$，則 $X + Y$ 服從的分佈是(　　).

10. 設 X 與 Y 相互獨立同分佈，X 服從參數為 $\lambda = 1$ 的指數分佈，即 $X \sim e(1)$，則 $Z = X + Y$ 的概率密度函數為 $p_Z(z) = ($ 　　 $)$.

三、解答題

1. 某高校學生會共有 8 名成員，其中來自會計學院 2 名，來自金融學院和工商管理學院各 3 名，現從 8 名成員中隨機指定 3 名擔任學生會主席和副主席，設 X、Y 分別為主席和副主席來自會計學院和金融學院的人數. 求：(1) (X,Y) 的聯合分佈；(2) (X,Y) 邊緣分佈.

2. 設二連續型維隨機變量 (X,Y) 在區域 $D = \{(x,y) \mid 0 < x < 1, 0 < y < 1\}$ 內服從均勻分佈，試求 (X,Y) 的聯合分佈函數及邊緣分佈函數，判斷隨機變量 X 與 Y 的獨立性.

3. 設二維隨機變量 (X,Y) 的聯合密度函數為

$$p(x,y) = \begin{cases} \dfrac{1}{2x^2y}, & 1 \leq x, \dfrac{1}{x} < y \leq x \\ 0, & 其他 \end{cases}$$

分別求(X,Y)的兩個邊緣密度函數$p_X(x)$與$p_Y(y)$.

4. 設二維隨機變量(X,Y)的聯合密度函數為

$$p(x,y) = \begin{cases} x^2 + \dfrac{xy}{3}, & 0 \leq x \leq 1, 0 \leq y \leq 2, \\ 0, & 其他 \end{cases}$$

(1) 求:(X,Y)的邊緣密度函數;(2)X與Y是否獨立?(3)(X,Y)落在區域D的概率,其中D為曲線$y = x^2$與$y = 2x$所圍成的區域.

5. 某公司生產一種化工原料的月平均價格X(萬元／千克)和月銷售量Y(噸)都是隨機變量,其聯合密度函數為

$$p(x,y) = \begin{cases} 10xe^{-xy}, & 0.1 < x < 0.2, 0 < y, \\ 0, & 其他 \end{cases}$$

求:(1) 公司某個月內銷售此種產品的總收入超過1000萬元的概率;(2) 月平均價格X的密度函數;(3) 月銷售量Y的條件密度函數,並分別計算當$X = 0.15$和$X = 0.2$時月銷售量超過4噸的概率,比較兩結果,說明其經濟意義.

6. 在區間$(-1,2)$上隨機選取兩點,其坐標分別為X與Y.求兩坐標之和大於1且兩坐標之積小於1的概率.

7. 設離散型隨機變量X和Y的聯合分佈律為

X＼Y	1	2	3
1	$\dfrac{1}{6}$	$\dfrac{1}{9}$	$\dfrac{1}{18}$
2	$\dfrac{1}{3}$	α	β

試問,α,β為什麼數值時,X和Y才是相互獨立的?

8. 設X與Y相互獨立且都服從$(0,a)$上的均勻分佈,求隨機變量$Z = \dfrac{X}{Y}$的密度函數.

9. 設X和Y是相互獨立的隨機變量,其概率密度分別為

$$p_X(x) = \begin{cases} \lambda e^{-\lambda x}, & x > 0 \\ 0, & x \leq 0 \end{cases}, \quad p_Y(y) = \begin{cases} \mu e^{-\mu y}, & y > 0 \\ 0, & y \leq 0 \end{cases}$$

其中$\lambda > 0$, $\mu > 0$為常數.設隨機變量$Z = \begin{cases} 1, & X \leq Y \\ 0, & X > Y \end{cases}$,求$Z$的概率分佈和

分佈函數.

10. 設隨機變量 $X \sim U(0,1)$，當觀察到 $X = x(0 < x < 1)$ 時，$Y \sim U(x,1)$，求 Y 的概率密度 $p_Y(y)$.

第4章

隨機變量的數字特徵

　　隨機變量的分佈函數(或離散型隨機變量的分佈列,連續型隨機變量的密度函數)是對隨機變量統計規律性的最完整的描述. 但在實際中,一方面某些隨機變量的概率分佈較難確定;另外,在有些問題中,我們並不需要全面地去考察一個隨機變量,而只關心隨機變量在某些方面的數值特徵. 對多維隨機變量而言,則往往需要研究一些能刻畫各變量之間關係的數字特徵. 這一章中,我們將就一維及多維隨機變量的各類數字特徵展開討論.

§4.1 隨機變量的數學期望

「數學期望」的概念源於歷史上一個著名的分賭本問題．

例1 在17世紀中葉，一位賭徒向法國數學家帕斯卡(1623—1662)提出一個問題：假設甲、乙兩賭徒賭技相同，各出賭註50法郎，每局中無平局．兩賭徒約定，誰先贏三局，則得全部賭本100法郎．當甲贏了兩局、乙贏了一局時，因故要終止賭博．問這100法郎如何分才公平？

顯然，平均分對甲不公平，全部歸甲對乙也不公平．合理的分法應該是按一定的比例，甲多分些，乙少分些．但按怎樣的比例來分呢？

如果基於已賭局數(甲贏兩局、乙贏一局)，則甲應分100法郎的2/3，乙應分100法郎的1/3. 但帕斯卡認為，不僅要考慮到已賭局數，還應設想再賭下去可能出現的結果(因甲、乙對再賭下去的結果都有一種「期望」)，這樣甲最終所得 X 就是一個隨機變量，其可能取值為0或100，概率分佈列為

X	0	100
P	$\frac{1}{4}$	$\frac{3}{4}$

因此，甲的「期望」所得應為

$$0 \times \frac{1}{4} + 100 \times \frac{3}{4} = 75$$

亦即甲應分75法郎，乙應分25法郎．

這就是數學期望這個名稱的由來，從其計算方法上看，也可將其稱為(加權)「平均值」．

一、離散型隨機變量的數學期望

定義4.1 設離散型隨機變量 X 的概率分佈為

$$P(X = x_k) = p_k \quad (k = 1, 2 \cdots)$$

若級數 $\sum_{k=1}^{\infty} x_k p_k$ 絕對收斂，則稱其和為 X 的數學期望，記作 $E(X)$．即

$$E(X) = \sum_{k=1}^{\infty} x_k p_k \tag{4.1}$$

若級數 $\sum_{k=1}^{\infty} x_k p_k$ 不絕對收斂，則稱 X 的數學期望不存在．

顯然,離散型隨機變量 X 的數學期望就是 X 的各可能取值與其對應概率的乘積之和,它是 X 的概率意義上的平均值,因此數學期望也可稱為(平)均值.

定義 4.1 中要求級數絕對收斂,是為了使級數的和與其各項的次序無關. 這一要求是合理的,因為在 X 的概率分佈中,X 的可能取值與 x_k 的給出順序並不是絕對確定的,因此,要使 X 的數學期望唯一確定,應要求當 x_k 的排列次序改變時,級數 $\sum_k x_k p_k$ 的收斂性與和值均不改變.

例2 設隨機變量 X 的概率分佈列為

X	-2	0	1	2
P	0.1	0.3	0.2	0.4

求 X 的數學期望 $E(X)$.

解 由公式(4.1)
$$E(X) = -2 \times 0.1 + 0 \times 0.3 + 1 \times 0.2 + 2 \times 0.4 = 0.8$$

例3 在一個人數為 N 的人群中普查某種疾病,為此要抽驗 N 個人的血. 如果將每個人的血分別檢驗,則共需檢驗 N 次. 為了能減少工作量,一位統計學家提出一種方法:將 k 個人一組進行分組,把同組 k 個人的血樣混合後檢驗,如果這混合血樣呈陰性反應,就說明此 k 個人都無此疾病,因而這 k 個人只要檢驗 1 次就夠了,相當於每個人檢驗 $1/k$ 次,檢驗的工作量明顯減少了. 如果這混合血樣呈陽性反應,就說明此 k 個人中至少有一人的血呈陽性,這就需要再對此 k 個人的血樣分別進行檢驗,因而這 k 個人的血要檢驗 $k+1$ 次,相當於每個人檢驗 $1+1/k$ 次,這時增加了檢驗次數. 假設該疾病的發病率為 p,且每人是否得此疾病相互獨立. 試問,這種方法能否減少平均檢驗次數?

解 令 X 為該人群中每個人需要的驗血次數,則 X 的概率分佈為

X	$1/k$	$1 + 1/k$
P	$(1-p)^k$	$1-(1-p)^k$

從而每人所需平均驗血次數為
$$E(X) = \frac{1}{k} \cdot (1-p)^k + \left(1 + \frac{1}{k}\right)\left[1 - (1-p)^k\right] = 1 - (1-p)^k + \frac{1}{k}$$

可見,只要選擇 k 使
$$1 - (1-p)^k + \frac{1}{k} < 1$$

即
$$(1-p)^k > \frac{1}{k}$$
就可減少驗血次數，而且還可適當選擇 k 使次數達到最小．表 4.1 給出了當 $p = 0.1$ 時，不同的 k 對應的 $E(X)$ 值．

表 4.1

k	2	3	4	5	8	10	30	33	34
$E(X)$	0.690	0.604	0.594	0.610	0.695	0.751	0.991	0.994	1.0015

從表中可看到：當 $k \geq 34$ 時，平均驗血次數超過 1；而當 $k \leq 33$ 時，平均驗血次數在不同程度上得到了減少，特別在 $k = 4$ 時，平均驗血次數最少，驗血工作量可減少 40%．

隨機變量的數學期望由其概率分佈唯一確定，因此，我們常把具有相同概率分佈的隨機變量的數學期望叫作其分佈的數學期望．

下面來計算一些常用離散型分佈的數學期望．

(1) 兩點分佈(0—1 分佈)

設隨機變量 X 的概率分佈為
$$P\{X=1\} = p, P\{X=0\} = 1-p$$
則
$$E(X) = 1 \times p + 0 \times (1-p) = p$$
即 0—1 分佈的數學期望恰為隨機變量 X 取 1 的概率 p．

(2) 二項分佈

設 $X \sim B(n,p)$，其概率分佈為
$$P\{X=k\} = C_n^k p^k q^{n-k} \quad (k=0,1,2,\cdots,n; p+q=1)$$
則
$$E(X) = \sum_{k=0}^{n} x_k p_k = \sum_{k=0}^{n} k C_n^k p^k q^{n-k} = \sum_{k=1}^{n} k \frac{n!}{k!(n-k)!} p^k q^{n-k}$$
$$= np \sum_{k=1}^{n} \frac{(n-1)!}{(k-1)(n-k)!} p^{k-1} q^{n-k} = np \sum_{k=1}^{n} C_{n-1}^{k-1} p^{k-1} q^{(n-1)-(k-1)}$$
$$\xlongequal{\diamondsuit m=k-1} np \sum_{m=0}^{n-1} C_{n-1}^{m} p^{m} q^{(n-1)-m} = np(p+q)^{n-1} = np$$

此結果表明，在 n 重伯努利試驗中，事件 A 發生的平均次數為 np．例如，假設 $P(A) = 0.1$，則在 100 次的重複獨立試驗中，我們可以期望事件 A 大約會發生

$100 \times 0.1 = 10$ 次.

（3）泊松分佈

設 X 服從參數為 λ 的泊松分佈,即 $X \sim P(\lambda)$,其概率分佈為

$$P\{X = k\} = \frac{\lambda^k}{k!}e^{-\lambda} \quad (k = 0,1,2,\cdots. \lambda > 0 \text{ 為常數})$$

則

$$E(X) = \sum_{k=0}^{\infty} k \cdot \frac{\lambda^k}{k!}e^{-\lambda} = \lambda e^{-\lambda} \sum_{k=1}^{\infty} \frac{\lambda^{k-1}}{(k-1)!} = \lambda e^{-\lambda} \cdot e^{\lambda} = \lambda$$

可見,泊松分佈的數學期望恰是其分佈的參數 λ,這在應用中是十分方便的. 比如,我們知道,通常在某段時間內到達商店的顧客數服從泊松分佈,因此,若要比較兩個商店在一段時間內的平均客流量的大小,只需比較一下它們各自的顧客數的分佈參數就可以了.

（4）超幾何分佈

設 $X \sim H(n, M, N)$,其概率分佈為

$$P\{X = k\} = \frac{C_M^k \cdot C_{N-M}^{n-k}}{C_N^n} \quad (k = 1, 2, \cdots, l; l = \min\{M, n\})$$

（其中 N, M, n 均為自然數,且 $M < N$）,則

$$E(X) = \sum_{k=0}^{l} kP(X = k) = \sum_{k=1}^{l} k \frac{C_M^k \cdot C_{N-M}^{n-k}}{C_N^n}$$

$$= \frac{nM}{N} \cdot \sum_{k=1}^{l} \frac{C_{M-1}^{k-1} \cdot C_{N-M}^{n-k}}{C_{N-1}^{n-1}} = n\frac{M}{N}$$

（5）幾何分佈

設 X 服從參數為 p 的幾何分佈,即 $X \sim Ge(p)$,其概率分佈為

$$P\{X = k\} = (1 - p)^{k-1}p, \quad k = 1, 2, \cdots$$

令 $q = 1 - p$,則有

$$E(X) = \sum_{k=1}^{+\infty} kP(X = k) = \sum_{k=1}^{+\infty} kpq^{k-1} = p\sum_{k=1}^{+\infty} kq^{k-1} = \frac{p}{(1-q)^2} = \frac{1}{p}$$

二、連續型隨機變量的數學期望

關於連續型隨機變量的數學期望,類似於離散型的情形,我們給出如下定義.

定義 4.2 設連續型隨機變量 X 的密度函數為 $p(x)$,若廣義積分 $\int_{-\infty}^{+\infty} |x|p(x)\mathrm{d}x$ 收斂,則稱積分 $\int_{-\infty}^{+\infty} xp(x)\mathrm{d}x$ 的值為 X 的數學期望或均值,記作 $E(X)$,即

$$E(X) = \int_{-\infty}^{+\infty} xp(x)\,dx \tag{4.2}$$

若廣義積分 $\int_{-\infty}^{+\infty} |x|p(x)\,dx$ 不收斂,則稱 X 的數學期望不存在.

例4 如果隨機變量 X 的密度函數為

$$p(x) = \frac{1}{\pi(1+x^2)} \quad (-\infty < x < +\infty)$$

則稱 X 服從柯西分佈. 試判斷柯西分佈的數學期望是否存在.

解 由於

$$\int_0^{+\infty} \frac{x}{\pi(1+x^2)}\,dx = \frac{1}{2}\int_0^{+\infty} \frac{d(1+x^2)}{\pi(1+x^2)} = \frac{1}{2\pi}\ln(1+x^2)\Big|_0^{+\infty} = +\infty$$

所以 $\int_{-\infty}^{+\infty} |x|p(x)\,dx = \frac{1}{2}\int_{-\infty}^{+\infty} |x|\frac{1}{\pi(1+x^2)}\,dx$ 不收斂,故柯西分佈的數學期望不存在.

下面計算幾種常用的連續型分佈的數學期望.

(1) 均勻分佈

設 $X \sim U(a,b)$,其密度函數為

$$p(x) = \begin{cases} \dfrac{1}{b-a}, & x \in [a,b] \\ 0, & 其他 \end{cases}$$

則

$$E(X) = \int_{-\infty}^{+\infty} xp(x)\,dx = \int_a^b \frac{x}{b-a}\,dx = \frac{a+b}{2}$$

我們看到,均勻分佈 $U(a,b)$ 的數學期望恰是區間 $[a,b]$ 的中點,這直觀地表示了數學期望的意義.

(2) 指數分佈

設 X 服從參數為 λ 的指數分佈,即 $X \sim e(\lambda)$,其密度函數為

$$p(x) = \begin{cases} \lambda e^{-\lambda x}, & x > 0 \\ 0, & x \leq 0 \end{cases} \quad (\lambda > 0)$$

則

$$\begin{aligned} E(X) &= \int_{-\infty}^{+\infty} xp(x)\,dx = \int_0^{+\infty} x \cdot \lambda e^{-\lambda x}\,dx \\ &= -xe^{-\lambda x}\Big|_0^{+\infty} + \int_0^{+\infty} e^{-\lambda x}\,dx \\ &= -\frac{1}{\lambda}e^{-\lambda x}\Big|_0^{+\infty} = \frac{1}{\lambda} \end{aligned}$$

由此可知,如果一種電子元件的使用壽命 X 服從參數為 $\lambda(\lambda>0)$ 的指數分佈,則這種元件的平均使用壽命為 $1/\lambda$.

(3) 正態分佈

設 $X \sim N(\mu,\sigma^2)$,其密度函數為

$$p(x) = \frac{1}{\sqrt{2\pi}\sigma} e^{-\frac{(x-\mu)^2}{2\sigma^2}}, \quad (-\infty < x < +\infty)$$

則

$$E(X) = \int_{-\infty}^{+\infty} xp(x)\,dx = \int_{-\infty}^{+\infty} x \cdot \frac{1}{\sqrt{2\pi}\sigma} e^{-\frac{(x-\mu)^2}{2\sigma^2}}\,dx$$

$$\xrightarrow{\diamondsuit\, t = \frac{x-\mu}{\sigma}} \int_{-\infty}^{+\infty} (\mu + \sigma t) \frac{1}{\sqrt{2\pi}\sigma} e^{-\frac{t^2}{2}} \sigma\,dt$$

$$= \mu \int_{-\infty}^{+\infty} \frac{1}{\sqrt{2\pi}} e^{-\frac{t^2}{2}}\,dt + \frac{\sigma}{\sqrt{2\pi}} \int_{-\infty}^{+\infty} t e^{-\frac{t^2}{2}}\,dt$$

$$= \mu \cdot 1 + \frac{\sigma}{\sqrt{2\pi}} \cdot 0 = \mu$$

可見,正態分佈 $N(\mu,\sigma^2)$ 中的參數 μ 恰是它的數學期望.

關於數學期望的概念可推廣到多維隨機變量的情形.

定義 4.3 設 n 維隨機變量 $(X_1, X_2, \cdots, X_n)$,若 X_i 的數學期望 $E(X_i)(i=1,2,\cdots,n)$ 存在,則稱 $(E(X_1), E(X_2), \cdots, E(X_n))$ 為 $(X_1, X_2, \cdots, X_n)$ 的數學期望,記為 $E[(X_1, X_2, \cdots, X_n)]$,即

$$E[(X_1, X_2, \cdots, X_n)] = (E(X_1), E(X_2), \cdots, E(X_n)).$$

例 5 設二維隨機變量 (X,Y) 服從二維正態分佈 $N(\mu_1, \mu_2; \sigma_1^2, \sigma_2^2; \rho)$,求 $E[(X,Y)]$.

解 由定理 3.1 我們知道,$X \sim N(\mu_1, \sigma_1^2), Y \sim N(\mu_2, \sigma_2^2)$,故

$$E[(X,Y)] = (E(X), E(Y)) = (\mu_1, \mu_2)$$

習題 4.1

1. 設 10 個零件中有 3 個不合格. 現任取一個使用,若取到不合格品,則丟棄重新抽取一個,試求取到合格品之前取出的不合格品數 X 的數學期望.

2. 某人有 n 把外形相似的鑰匙,其中只有 1 把能打開房門,但他不知道是哪一把,只好逐把試開. 求此人直至將門打開所需的試開次數 X 的數學期望.

3. 對一批產品進行檢查,如果查到第 c 件時全為合格品,就認為這批產品合

格;若在前 c 件中發現不合格品,則停止檢查並認為這批產品不合格. 設這批產品數量很大,可認為每次查到不合格品的概率均為 p. 設 X 為所要查檢的件數,求 X 的數學期望.

4. 設某地每年因交通事故死亡的人數服從泊松分佈. 據統計,在一年中因交通事故死亡一人的概率是死亡兩人的概率的 $\frac{1}{2}$, 求該地每年因交通事故死亡的平均人數.

5. 設隨機變量 X 在區間 $(1,7)$ 上服從均勻分佈,求 $P\{X^2 < E(X)\}$.

6. 設連續型隨機變量 X 的概率密度為

$$p(x) = \begin{cases} ax^b, & 0 < x < 1 \\ 0, & 其他 \end{cases} \quad (a, b > 0)$$

又知 $E(X) = 0.75$, 求 a, b 的值.

7. 設隨機變量 X 的概率密度為

$$p(x) = \begin{cases} x, & 0 < x < 1 \\ 2 - x, & 1 \leqslant x < 2 \\ 0, & 其他 \end{cases}$$

求數學期望 $E(X)$.

8. 設隨機變量 X 的概率密度為

$$p(x) = \begin{cases} 1 + x, & -1 < x \leqslant 0 \\ 1 - x, & 0 < x < 1 \\ 0, & 其他 \end{cases}$$

求 X 的期望 $E(X)$.

§4.2 隨機變量數學期望的運算性質

隨機變量的數學期望不論在理論上,還是在應用上都非常重要,這除了其本身的含義(作為隨機變量的平均取值之刻畫)外,還有一個原因,就是它具有一些非常好的性質,這些性質使它在數學計算上非常方便. 下面就介紹這些性質.

一、隨機變量函數的數學期望

定理 4.1 (一維表示性定理) 若隨機變量 X 的分佈用分佈列

$$P(X = x_i) = p_i (i = 1,2,\cdots)$$

或用密度函數 $p(x)$ 表示,則 X 的某一函數 $g(X)$ 的數學期望為

$$E[g(X)] = \begin{cases} \sum_i g(x_i) p_i & \text{在離散場合} \\ \int_{-\infty}^{+\infty} g(x) p(x) \mathrm{d}x & \text{在連續場合} \end{cases} \quad (4.3)$$

(假設這裡所涉及的數學期望都存在)

定理證明超出本書討論範圍,此處省略.

公式 4.3 的意義在於,當函數 $g(x)$ 已知時,我們可直接利用隨機變量 X 的分佈來求出 $Y = g(X)$ 的數學期望,而不必先求出 $Y = g(X)$ 的概率分佈.

例 1 設隨機變量 X 的概率分佈為

X	-1	0	2	3
P	0.1	0.2	0.3	0.4

求 $Y = (X-1)^2$ 與 $Z = 2|X| - 3$ 的數學期望.

解 由公式 4.3 得

$E(Y) = E[(X-1)^2] = 4 \times 0.1 + 1 \times 0.2 + 1 \times 0.3 + 4 \times 0.4 = 2.5$

$E(Z) = E[2|X| - 3] = (-1) \times 0.1 + (-3) \times 0.2 + 1 \times 0.3 + 3 \times 0.4$
$\quad\quad\quad = 0.8$

例 2 設隨機變量 $X \sim e(\lambda)$,求 $E(X^2)$.

解 由 $X \sim e(\lambda)$,知 X 的密度函數為

$$p(x) = \begin{cases} \lambda e^{-\lambda x}, & x > 0 \\ 0, & x \leq 0 \end{cases}$$

則由公式 4.3,有

$$\begin{aligned} E(X^2) &= \int_{-\infty}^{+\infty} x^2 p(x) \mathrm{d}x = \int_0^{+\infty} x^2 \cdot \lambda e^{-\lambda x} \mathrm{d}x \\ &= -\int_0^{+\infty} x^2 \mathrm{d}e^{-\lambda x} = -x^2 e^{-\lambda x} \Big|_0^{+\infty} + 2\int_0^{+\infty} x e^{-\lambda x} \mathrm{d}x \\ &= -\frac{2}{\lambda} \int_0^{+\infty} x \mathrm{d}e^{-\lambda x} = -\frac{2}{\lambda} x e^{-\lambda x} \Big|_0^{+\infty} + \frac{2}{\lambda} \int_0^{+\infty} e^{-\lambda x} \mathrm{d}x \\ &= \frac{2}{\lambda}\left(-\frac{1}{\lambda} e^{-\lambda x}\right) \Big|_0^{+\infty} = \frac{2}{\lambda^2} \end{aligned}$$

例 3 設市場上每年對某種商品的需求量是隨機變量 X(單位:噸),它服從 $[2000, 4000]$ 上的均勻分佈. 已知每售出一噸,可得利潤 3 萬元;若銷售不出積

壓於庫,則每噸需保養費1萬元. 問應組織多少貨源,可使期望利潤達到最大.

解 設 t 為年初組織的貨源量(顯然可只考慮 $2000 \leqslant t \leqslant 4000$ 的情況),總利潤為 Y(單位:萬元),則

$$Y = g(X) = \begin{cases} 3t, & X \geqslant t \\ 3X - (t - X), & X < t \end{cases}$$

由公式(4.3)可得

$$E(Y) = \int_{-\infty}^{+\infty} g(x) \cdot p(x) \mathrm{d}x = \int_{2000}^{4000} g(x) \frac{1}{2000} \mathrm{d}x$$

$$= \frac{1}{2000} \left[\int_{2000}^{t} (4x - t) \mathrm{d}x + \int_{t}^{4000} 3t \mathrm{d}x \right]$$

$$= \frac{1}{1000} (-t^2 + 7000t - 4 \times 10^6)$$

由微積分知識不難算出,當 $t = 3500$ 時,$E(Y)$ 達到最大. 因此組織3500噸此種商品是最佳決策.

定理4.2 (二維表示性定理)若二維隨機變量 (X,Y) 的分佈用聯合分佈列 $P(X = x_i, Y = y_j) = p_{ij}(i,j = 1,2,\cdots)$ 或用聯合密度函數 $p(x,y)$ 表示,則 $Z = g(X,Y)$ 的數學期望為

$$E[g(X,Y)] = \begin{cases} \sum_i \sum_j g(x_i, y_j) p_{ij} & \text{在離散場合} \\ \int_{-\infty}^{+\infty} \int_{-\infty}^{+\infty} g(x,y) p(x,y) \mathrm{d}x \mathrm{d}y & \text{在連續場合} \end{cases} \quad (4.4)$$

(這裡假設所涉及的數學期望均存在)

定理證明超出本書討論範圍,從略.

特別地,若分別取 $g(X,Y) = X$ 或 $g(X,Y) = Y$,則在連續場合(在離散場合類似),有

$$E(X) = \int_{-\infty}^{+\infty} \int_{-\infty}^{+\infty} x p(x,y) \mathrm{d}x \mathrm{d}y = \int_{-\infty}^{+\infty} x p_X(x) \mathrm{d}x \quad (4.5)$$

$$E(Y) = \int_{-\infty}^{+\infty} \int_{-\infty}^{+\infty} y p(x,y) \mathrm{d}x \mathrm{d}y = \int_{-\infty}^{+\infty} y p_Y(y) \mathrm{d}y \quad (4.6)$$

例4 設 (X,Y) 服從平面區域 $D = \{(x,y) | 0 \leqslant x \leqslant 1, 0 \leqslant y \leqslant x\}$ 上的均勻分佈,求 $E(X), E(Y)$ 及 $E(XY)$.

解 易得區域 D 的面積為 $S_D = \frac{1}{2}$,故 (X,Y) 的聯合密度函數為

$$p(x,y) = \begin{cases} 2, & (x,y) \in D \\ 0, & (x,y) \notin D \end{cases}$$

由公式(4.4),(4.5)及(4.6)可得

$$E(X) = \int_{-\infty}^{+\infty} \int_{-\infty}^{+\infty} xp(x,y)\mathrm{d}x\mathrm{d}y$$
$$= \int_0^1 \mathrm{d}x \int_0^x 2x\mathrm{d}y = \frac{2}{3}$$
$$E(Y) = \int_{-\infty}^{+\infty} \int_{-\infty}^{+\infty} yp(x,y)\mathrm{d}x\mathrm{d}y$$
$$= \int_0^1 \mathrm{d}x \int_0^x 2y\mathrm{d}y = \frac{1}{3}$$
$$E(XY) = \int_{-\infty}^{+\infty} \int_{-\infty}^{+\infty} xyp(x,y)\mathrm{d}x\mathrm{d}y$$
$$= \int_0^1 \mathrm{d}x \int_0^x 2xy\mathrm{d}y = \frac{1}{4}$$

例5 在長為 a 的線段上任取兩個點 X 與 Y,求此兩點間的平均距離.

解 因 X 與 Y 都服從區間 $(0,a)$ 上的均勻分佈,且 X 與 Y 相互獨立,所以 (X,Y) 的聯合密度函數為

$$p(x,y) = \begin{cases} \dfrac{1}{a^2}, & 0 < x,y < a \\ 0, & \text{其他} \end{cases}$$

則由公式(4.4),兩點間的平均距離為

$$E(|X-Y|) = \int_{-\infty}^{+\infty} \int_{-\infty}^{+\infty} |x-y| p(x,y)\mathrm{d}x\mathrm{d}y$$
$$= \int_0^a \int_0^a |x-y| \frac{1}{a^2}\mathrm{d}x\mathrm{d}y$$
$$= \frac{1}{a^2}\left\{ \int_0^a \int_0^x (x-y)\mathrm{d}y\mathrm{d}x + \int_0^a \int_x^a (y-x)\mathrm{d}x\mathrm{d}y \right\}$$
$$= \frac{1}{a^2}\left\{ \int_0^a (x^2 - ax + \frac{a^2}{2})\mathrm{d}x \right\} = \frac{a}{3}$$

注意,由公式(4.4),可以利用 (X,Y) 的聯合分佈直接求出隨機變量函數 $Z = g(X,Y)$ 的數學期望,而不必求 $Z = g(X,Y)$ 的分佈. 但在某些時候,可能公式中的求和或積分很難算,此時也可先求 $Z = g(X,Y)$ 分佈,然後再由 Z 的分佈去求 $E(Z)$.

例6 設 X 與 Y 相互獨立且均服從指數分佈 $e(\lambda)$. 求 $Z = \max(X,Y)$ 的數學期望.

解 由 §3.5 中例5 的結論可知, $Z = \max(X,Y)$ 的密度函數為

$$p_Z(z) = 2[F_X(z)]p_X(z)$$

$$= \begin{cases} 2[1 - e^{-\lambda z}]\lambda e^{-\lambda z}, & z > 0 \\ 0, & \text{其他} \end{cases}$$

於是 $Z = \max(X, Y)$ 的數學期望為

$$E(Z) = \int_{-\infty}^{+\infty} z p_Z(z) \mathrm{d}z = \int_0^{+\infty} 2\lambda z[1 - e^{-\lambda z}]e^{-\lambda z} \mathrm{d}z$$

$$= 2\int_0^{+\infty} z e^{-\lambda z} \mathrm{d}(\lambda z) - \int_0^{+\infty} z e^{-2\lambda z} \mathrm{d}(2\lambda z)$$

$$= \frac{2}{\lambda}\int_0^{+\infty} u e^{-u} \mathrm{d}u - \frac{1}{2\lambda}\int_0^{+\infty} v e^{-v} \mathrm{d}v = \frac{3}{2\lambda}$$

二、數學期望的運算性質

這裡設下面涉及的隨機變量的數學期望都存在.

性質 1 若 C 為常數,則 $E(C) = C$.

證明 如果將常數 C 看作只取一個值的隨機變量 X,則有 $P(X = C) = 1$,則由公式(4.1)

$$E(C) = E(X) = C \times 1 = C$$

性質 2 設 X 是一個隨機變量,c 為常數,則 $E(cX) = cE(X)$.

證明 在公式(4.3)中令 $g(x) = cx$,然後把常數 c 從求和號或積分號中提出即得.

性質 3 設 (X, Y) 是二維隨機變量,則有 $E(X + Y) = E(X) + E(Y)$.

證明 不妨設 (X, Y) 為連續型隨機變量(對離散型隨機變量可類似證明),其聯合密度函數為 $p(x, y)$,若令 $g(X, Y) = X + Y$,則由定理 4.2 可得

$$E(X + Y) = \int_{-\infty}^{+\infty}\int_{-\infty}^{+\infty} (x + y) p(x, y) \mathrm{d}x\mathrm{d}y$$

$$= \int_{-\infty}^{+\infty}\int_{-\infty}^{+\infty} x p(x, y) \mathrm{d}x\mathrm{d}y + \int_{-\infty}^{+\infty}\int_{-\infty}^{+\infty} y p(x, y) \mathrm{d}x\mathrm{d}y$$

$$= E(X) + E(Y)$$

這個性質還可推廣到 n 個隨機變量的情形,即

$$E(X_1 + X_2 + \cdots + X_n) = E(X_1) + E(X_2) + \cdots + E(X_n) \tag{4.7}$$

性質 4 若隨機變量 X 與 Y 相互獨立,則有 $E(XY) = E(X) \cdot E(Y)$.

證明 不妨設 (X, Y) 為連續型隨機變量(對離散型隨機變量可類似證明),其聯合密度函數為 $p(x, y)$,因為 X 與 Y 相互獨立,所以有 $p(x, y) = p_X(x)p_Y(y)$. 若令 $g(X, Y) = XY$,則由定理 4.2 可得

$$E(XY) = \int_{-\infty}^{+\infty}\int_{-\infty}^{+\infty} xy p(x, y) \mathrm{d}x\mathrm{d}y = \int_{-\infty}^{+\infty}\int_{-\infty}^{+\infty} xy p_X(x) p_Y(y) \mathrm{d}x\mathrm{d}y$$

$$= \int_{-\infty}^{+\infty} x p_X(x) \mathrm{d}x \cdot \int_{-\infty}^{+\infty} y p_Y(y) \mathrm{d}y$$
$$= E(X) \cdot E(Y)$$

這個性質也可推廣到 n 個隨機變量的情形,即若 $X_1, X_2, \cdots, X_n$ 相互獨立,則有

$$E(X_1 X_2 \cdots X_n) = E(X_1) E(X_2) \cdots E(X_n).$$

在隨機變量數學期望的計算中,人們經常採用將變量分解的方法,即將一個隨機變量寫成幾個隨機變量之和,然後再利用性質 3 進行計算,這樣可以使複雜的計算變得簡單.

例 7 一公司班車載有 20 位員工自公司開出,中途有 10 個車站可以下車. 在每一個車站若無人下車便不停車. 設每位員工等可能地在各個車站下車,並設各人是否下車相互獨立,求平均停車次數.

解 設 X 表示停車次數,依題意要求 $E(X)$.

引入隨機變量

$$X_i = \begin{cases} 0 & \text{在第 } i \text{ 個車站無人下車} \\ 1 & \text{在第 } i \text{ 個車站有人下車} \end{cases} \quad (i = 1, 2, \cdots, 10)$$

則

$$X = X_1 + X_2 + \cdots + X_{10}$$

由題設,每一位員工在第 i 個車站下車的概率為 0.1,不下車的概率為 0.9,因此 20 人都不在第 i 個車站下車的概率為 0.9^{20},故在第 i 個車站有人下車的概率為 $1 - 0.9^{20}$,即

$$P\{X_i = 1\} = 1 - 0.9^{20} \quad (i = 1, 2, \cdots, 10)$$

於是

$$E(X_i) = 1 - 0.9^{20} \quad (i = 1, 2, \cdots, 10)$$

故由公式(4.7),可得

$$E(X) = E(X_1 + X_2 + \cdots + X_{10})$$
$$= E(X_1) + E(X_2) + \cdots + E(X_{10})$$
$$= 10(1 - 0.9^{20}) \approx 8.784 (\text{次})$$

例 8 設 N 件產品中有 M 件次品,從中任意取出 n 件 $(n \leq M \leq N)$,求其中次品數的數學期望.

解 這是超幾何分佈的數學期望問題,在 §4.1 中我們曾利用組合公式直接計算過其數學期望,但化簡過程較為繁瑣. 下面,我們用數學期望的性質計算,設

$$X_i = \begin{cases} 0 & \text{第 } i \text{ 件次品未被取出} \\ 1 & \text{第 } i \text{ 件次品被取出} \end{cases} \quad (i = 1, 2, \cdots, M)$$

則取到的次品數 $X = \sum_{i=1}^{M} X_i$. 因為

$$P(X_i = 1) = \frac{C_{N-1}^{n-1}}{C_N^n} = \frac{n}{N} \quad (i = 1, 2, \cdots, M)$$

所以

$$E(X_i) = \frac{n}{N} \quad (i = 1, 2, \cdots, M)$$

於是

$$E(X) = E\left(\sum_{i=1}^{M} X_i\right) = \sum_{i=1}^{M} (EX_i) = M \times \frac{n}{N} = \frac{nM}{N}$$

習題 4.2

1. 設隨機變量 X 的概率分佈為

X	-2	-1	0	1
P	0.2	0.3	0.1	0.4

求：(1) $E(2X - 1)$；(2) $E(X^2)$.

2. 假設一部機器在一天內發生故障的概率為 0.2，機器發生故障時全天停止工作．若一週 5 個工作日裡無故障，可獲利潤 10 萬元；發生一次故障仍可獲利潤 5 萬元；發生兩次故障所獲利潤 0 元；發生三次或三次以上故障就要虧損 2 萬元．求一週內期望利潤是多少？

3. 已知隨機變量 X 的概率密度為

$$p(x) = \begin{cases} e^{-x}, & x > 0 \\ 0, & x \leq 0 \end{cases}$$

(1) 設 $Y = 2X + 1$，求 $E(Y)$；(2) 設 $Z = e^{-2X}$，求 $E(Z)$.

4. 設隨機變量 X 和 Y 同分佈，均具有概率密度

$$p(x) = \begin{cases} \dfrac{3}{8}x^2, & 0 < x < 2 \\ 0, & \text{其他} \end{cases}$$

令 $A = \{X > a\}$，$B = \{Y > a\}$，已知 A 與 B 相互獨立，且 $P(A \cup B) = \dfrac{3}{4}$. 試求：

(1) a 的值;(2) $\dfrac{1}{X^2}$ 的數學期望.

5. 設 (X,Y) 的聯合概率分佈為

X \ Y	-1	0	1
0	0.1	0.2	0.1
1	0.2	0.3	0.1

求 $E(XY)$.

6. 設二維隨機變量 (X,Y) 的聯合概率密度為

$$p(x,y) = \begin{cases} \dfrac{1}{8}(x+y), & 0 \leq x \leq 2, 0 \leq y \leq 2 \\ 0, & 其他 \end{cases}$$

求 $E(XY)$.

7. 設二維隨機變量 (X,Y) 的聯合概率密度為

$$p(x,y) = \begin{cases} \dfrac{1}{8}, & 1 \leq x \leq 5, 1 \leq y \leq x \\ 0, & 其他 \end{cases}$$

試求 $E(XY^2)$.

8. 設隨機變量 X,Y 的概率密度分別為

$$p_X(x) = \begin{cases} 2e^{-2x}, & x > 0 \\ 0, & x \leq 0 \end{cases}, p_Y(y) = \begin{cases} 4e^{-4y}, & y > 0 \\ 0, & y \leq 0 \end{cases}$$

求 $E(2X+3Y)$.

9. 將一顆均勻的骰子連擲 10 次,求所得點數之和的數學期望.

§4.3 隨機變量的方差與矩

一、方差的定義

隨機變量的數學期望刻畫了隨機變量的平均取值.但在有些實際問題中,不僅需要知道隨機變量的均值,而且還需要知道隨機變量的取值與均值的偏離程度.對於隨機變量 X 而言,$X - E(X)$ 的值可能有正有負,為了不使正負偏離相互抵消且便於數學上的處理,人們考慮取 $[X - E(X)]^2$ 的均值 $E[X - E(X)]^2$

作為刻畫 X 的「偏離」程度的數量指標.

定義4.4　設 X 為隨機變量,若 $[X-E(X)]^2$ 的數學期望 $E[X-E(X)]^2$ 存在,則稱之為 X(或相應分佈) 的方差,記為 $D(X)$,即
$$D(X) = E[(X - E(X))^2]$$
稱 $\sqrt{D(X)}$ 為隨機變量 X(或相應分佈) 的標準差,記為 σ_X.

方差與標準差都可用來描述隨機變量取值的集中和分散程度的大小,兩者之間的區別主要在量綱上. 由於標準差與所討論的隨機變量及其數學期望有相同的量綱,所以在實際中,人們較多使用標準差,但在計算上往往要先算得方差才能得到標準差.

顯然,隨機變量的方差與標準差均是非負的.

由數學期望的運算性質可得,方差的計算公式為
$$D(X) = E(X^2) - (E(X))^2$$
實際上,注意到 $E(X)$ 是一個常數,我們有
$$\begin{aligned} D(X) &= E[X - E(X)]^2 = E[X^2 - 2X \cdot E(X) + (EX)^2] \\ &= E(X^2) - 2E(X) \cdot E(X) + [E(X)]^2 \\ &= E(X^2) - [E(X)]^2 \end{aligned}$$

例 1　某人有一筆資金,可投入 A、B 兩個項目,其收益都與市場狀態有關. 若把未來市場劃分為好、中、差三個等級,其發生的概率分別為 0.2、0.7、0.1. 通過調查,該投資者認為投資於項目 A 的收益 X(萬元) 和投資於項目 B 的收益 Y(萬元) 的分佈分別為

X	11	3	-3
P	0.2	0.7	0.1

Y	6	4	-1
P	0.2	0.7	0.1

問:該投資者怎樣投資為好?

解　先考察投資者的平均收益:
$$E(X) = 11 \times 0.2 + 3 \times 0.7 + (-3) \times 0.1 = 4.0(萬元)$$
$$E(Y) = 6 \times 0.2 + 4 \times 0.7 + (-1) \times 0.1 = 3.9(萬元)$$

從平均收益看,投資項目 A 收益可比投資項目 B 多收益 0.1 萬元. 下面再來計算兩個項目收益各自的方差
$$\begin{aligned} D(X) &= E(X^2) - E^2(X) \\ &= 11^2 \times 0.2 + 3^2 \times 0.7 + (-3)^2 \times 0.1 - 4^2 \\ &= 31.4 - 16 = 15.4 \\ D(Y) &= E(Y^2) - E^2(Y) \end{aligned}$$

$$= 6^2 \times 0.2 + 4^2 \times 0.7 + (-1)^2 \times 0.1 - 3.9^2$$
$$= 18.5 - 15.21 = 3.29$$

及標準差

$$\sigma_X = \sqrt{15.4} = 3.92, \sigma_Y = \sqrt{3.29} = 1.81$$

因為標準差(方差也是)越大,則收益的波動越大,從而風險也就越大. 所以從標準差看,投資項目 A 的風險比投資項目 B 大一倍多. 若收益與風險綜合權衡,該投資者還是應選擇投資項目 B 為好.

下面我們給出幾種常用分佈的方差.

(1) 伯努利分佈(0—1 分佈)

若 $X \sim$ 0—1 分佈,則 $D(X) = pq$ (其中 $q = 1 - p$)

(2) 二項分佈

若 $X \sim B(n, p)$,則 $D(X) = npq$ (其中 $q = 1 - p$)

(3) 超幾何分佈

若 $X \sim H(n, M, N)$,則 $D(X) = n \cdot \dfrac{M}{N}(1 - \dfrac{M}{N}) \cdot \dfrac{N-n}{N-1}$.

(4) 泊松分佈

若 $X \sim P(\lambda)$,則 $D(X) = \lambda$.

(5) 幾何分佈

若 $X \sim Ge(p)$,則 $D(X) = \dfrac{1-p}{p^2}$.

(6) 均勻分佈

若 $X \sim U(a, b)$,則 $D(X) = \dfrac{(b-a)^2}{12}$.

(7) 指數分佈

若 $X \sim e(\lambda)$,則 $D(X) = \dfrac{1}{\lambda^2}$.

(8) 正態分佈

若 $X \sim N(\mu, \sigma^2)$,則 $D(X) = \sigma^2$.

下面就泊松分佈、均勻分佈和正態分佈的方差進行推導,其餘的留給讀者做練習.

例 2 設 X 服從參數為 λ 的泊松分佈,即 $X \sim P(\lambda)$,求 $D(X)$.

解 X 的概率分佈為

$$P\{X = k\} = \dfrac{\lambda^k}{k!} e^{-\lambda} \quad (k = 0, 1, 2, \cdots; \lambda > 0 \text{ 為常數})$$

且 $E(X) = \lambda$. 又

$$E(X^2) = \sum_{k=0}^{\infty} k^2 P\{X=k\} = \sum_{k=0}^{\infty} k^2 \cdot \frac{\lambda^k}{k!} e^{-\lambda} = \sum_{k=0}^{\infty} (k-1+1)k \cdot \frac{\lambda^k}{k!} e^{-\lambda}$$

$$= \sum_{k=2}^{\infty} k(k-1) \frac{\lambda^k}{k!} e^{-\lambda} + \sum_{k=1}^{\infty} k \frac{\lambda^k}{k!} e^{-\lambda}$$

$$= \lambda^2 e^{-\lambda} \sum_{k=2}^{\infty} \frac{\lambda^{k-2}}{(k-2)!} + E(X) = \lambda^2 e^{-\lambda} \cdot e^{\lambda} + \lambda = \lambda^2 + \lambda$$

從而

$$D(X) = E(X^2) - [E(X)]^2 = \lambda^2 + \lambda - \lambda^2 = \lambda$$

例3 設 $X \sim U(a,b)$，求 $D(X)$.

解 因均勻分佈的密度函數為

$$p(x) = \begin{cases} \dfrac{1}{b-a}, & a \leq x \leq b \\ 0, & \text{其他} \end{cases}$$

所以

$$E(X^2) = \int_{-\infty}^{+\infty} x^2 p(x)\,dx = \int_a^b x^2 \cdot \frac{1}{b-a} dx$$

$$= \frac{1}{3} \cdot \frac{1}{b-a} x^3 \Big|_a^b = \frac{b^2 + ab + a^2}{3}$$

從而

$$D(X) = E(X^2) - E^2(X) = \frac{b^2 + ab + a^2}{3} - \left(\frac{a+b}{2}\right)^2 = \frac{(b-a)^2}{12}$$

例4 設 $X \sim N(\mu, \sigma^2)$，求 $D(X)$.

解 正態分佈 $X \sim N(\mu, \sigma^2)$ 的密度函數為

$$p(x) = \frac{1}{\sqrt{2\pi} \cdot \sigma} \cdot e^{-\frac{(x-\mu)^2}{2\sigma^2}}, \quad (-\infty < x < +\infty)$$

而 $E(X) = \mu$，則由方差的定義有

$$D(X) = E[(X - E(X))^2] = \int_{-\infty}^{+\infty} (x-\mu)^2 p(x)\,dx$$

$$= \int_{-\infty}^{+\infty} (x-\mu)^2 \frac{1}{\sqrt{2\pi} \cdot \sigma} \cdot e^{-\frac{(x-\mu)^2}{2\sigma^2}} dx$$

$$\xlongequal{t=\frac{x-\mu}{\sigma}} \sigma^2 \int_{-\infty}^{+\infty} \frac{t^2}{\sqrt{2\pi}} \cdot e^{-\frac{t^2}{2}} dt$$

$$= \frac{\sigma^2}{\sqrt{2\pi}} (-te^{-\frac{t^2}{2}}) \Big|_{-\infty}^{+\infty} + \frac{\sigma^2}{\sqrt{2\pi}} \int_{-\infty}^{+\infty} e^{-\frac{t^2}{2}} dt = \sigma^2$$

至此,我們看到,常見的概率分佈中的參數,或者為分佈的某種數字特徵,或者與分佈的某種數字特徵存在一定的數量關係. 這樣,對這些常見分佈來說,知道了其數學期望和方差,該分佈便唯一確定下來.

例 5 設隨機變量 X 服從參數為 λ 的泊松分佈,並且已知 $E(X^2) = 2$,求 $P(X < 4)$.

解 因為 $X \sim P(\lambda)$,所以 $E(X) = D(X) = \lambda$
又由題設有
$$E(X^2) = 2$$
而 $E(X^2) = D(X) + E^2(X) = \lambda + \lambda^2$,則有
$$\lambda + \lambda^2 = 2$$
注意到 $\lambda > 0$,從而可得 $\lambda = 1$,於是
$$P\{X < 4\} = \sum_{k=0}^{3} \frac{1}{k!} e^{-1} \xrightarrow{查表} 0.981.$$

二、方差的性質

假定這裡涉及的方差均存在.

性質 1 若 C 為常數,則 $D(C) = 0$.
證明 如果 C 為常數,則
$$D(C) = E[(C - EC)^2] = E[(C - C)^2] = 0$$

性質 2 設 X 是一個隨機變量,a,b 為常數,則 $D(aX + b) = a^2 D(X)$.
證明 若 a,b 為常數,則
$$D(aX + b) = E[aX + b - E(aX + b)]^2$$
$$= E[aX - aE(X)]^2 = a^2 D(X)$$

性質 3 若隨機變量 X 與 Y 相互獨立,則有 $D(X + Y) = D(X) + D(Y)$.
證明 利用數學期望的性質可得
$$D(X + Y) = E[(X + Y) - E(X + Y)]^2$$
$$= E[(X - EX) + (Y - EY)]^2$$
$$= D(X) + D(Y) + 2E[(X - EX)(Y - EY)]$$
$$= D(X) + D(Y) + 2E[(X - EX)] \cdot E[(Y - EY)]$$
$$= D(X) + D(Y)$$

這個性質還可推廣到 n 個隨機變量的情形,即若 $X_1, X_2, \cdots, X_n$ 相互獨立,則有
$$D(X_1 + X_2 + \cdots + X_n) = D(X_1) + D(X_2) + \cdots + D(X_n)$$

例6 設隨機變量 X 的數學期望 $E(X)$ 及方差 $D(X)$ 都存在，令 $X^* = \dfrac{X-E(X)}{\sigma_X}$．求 $E(X^*)$ 與 $D(X^*)$．

解 由數學期望及方差的性質，有

$$EX^* = E\left(\frac{X-E(X)}{\sigma_X}\right) = \frac{1}{\sigma_X}E[X-E(X)] = \frac{1}{\sigma_X}[E(X)-E(X)] = 0$$

$$D(X^*) = D\left(\frac{X-E(X)}{\sigma_X}\right) = \frac{1}{(\sigma_X)^2}D[X-E(X)] = \frac{D(X)}{D(X)} = 1$$

通常稱隨機變量 $X^* = \dfrac{X-E(X)}{\sigma_X}$ 為 X 的標準化隨機變量．

三、切比雪夫不等式

下面給出概率論中一個重要的基本不等式．

定理 4.3 （切比雪夫 (1821—1894) 不等式）

設隨機變量 X 的數學期望和方差都存在，則對任意常數 $\varepsilon > 0$，有

$$P\{|X-E(X)| \geqslant \varepsilon\} \leqslant \frac{D(X)}{\varepsilon^2}$$

或

$$P\{|X-E(X)| < \varepsilon\} \geqslant 1 - \frac{D(X)}{\varepsilon^2}$$

證 設 X 是一個連續型隨機變量，其密度函數為 $p(x)$．記 $E(X) = \mu$，我們有

$$P\{|X-E(X)| \geqslant \varepsilon\}$$

$$= \int_{|x/|x-\mu| \geqslant \varepsilon} p(x)\,dx \leqslant \int_{|x/|x-\mu| \geqslant \varepsilon} \frac{(x-\mu)^2}{\varepsilon^2} p(x)\,dx$$

$$\leqslant \frac{1}{\varepsilon^2}\int_{-\infty}^{+\infty}(x-\mu)^2 p(x)\,dx = \frac{D(X)}{\varepsilon^2}$$

對於離散型隨機變量可類似進行證明．

在概率論中，事件「$|X-E(X)| \geqslant \varepsilon$」被稱為大偏差，其概率 $P\{|X-E(X)| \geqslant \varepsilon\}$ 被稱為大偏差發生的概率．切比雪夫不等式給出了大偏差發生概率的上界，這個上界與方差成正比，方差越大上界也越大．

定理 4.4 若隨機變量 X 的方差存在，則 $D(X) = 0$ 的充要條件是 $P\{X = a\} = 1$（其中 a 是一常數．此時，我們稱 X 幾乎處處為一常數）．

證明 充分性是顯然的，現證必要性．

設 $D(X) = 0$,因為
$$\{|X - E(X)| > 0\} = \bigcup_{n=1}^{+\infty} \{|X - E(X)| \geq \frac{1}{n}\}$$
所以有
$$P\{|X - E(X)| > 0\} = P(\bigcup_{n=1}^{+\infty} \{|X - E(X)| \geq \frac{1}{n}\})$$
$$\leq \sum_{n=1}^{+\infty} P\{|X - E(X)| \geq \frac{1}{n}\} \leq \sum_{n=1}^{+\infty} \frac{D(X)}{(1/n)^2} = 0$$
由此可知
$$P\{|X - E(X)| > 0\} = 0$$
從而
$$P\{|X - E(X)| = 0\} = 1$$
即
$$P\{X = E(X)\} = 1$$
這就證明了結論,且其中的常數 a 就是 $E(X)$.

四、隨機變量的矩

隨機變量的矩是比數學期望和方差更廣的一類數字特徵,它們在數理統計中有較多應用.

1. 原點矩

定義4.5　設 X 是隨機變量,如果對於正整數 k,X^k 的數學期望存在,則稱它為隨機變量 X 的 k 階原點矩,記為 μ_k,即
$$\mu_k = E(X^k)$$
顯然,數學期望就是一階原點矩.

2. 中心矩

定義4.6　設 X 是隨機變量,如果對於正整數 k,$E[X - E(X)]^k$ 存在,則稱它為隨機變量 X 的 k 階中心矩,記為 v_k,即
$$v_k = E[X - E(X)]^k$$
顯然,方差就是二階中心矩.

此外,由於 $|X|^{k-1} \leq |X|^k + 1$,故當 k 階矩存在時,$k-1$ 階矩也存在,從而低於 k 階的各階矩都存在.

例7　設隨機變量 $X \sim N(0, \sigma^2)$,求 X 的各階原點矩 μ_k.

解　由題設,X 的密度函數為

則
$$p(x) = \frac{1}{\sqrt{2\pi}\sigma}\exp\{-\frac{x^2}{2\sigma^2}\}$$

$$\mu_k = E(X^k) = \frac{1}{\sqrt{2\pi}\sigma}\int_{-\infty}^{+\infty} x^k \exp\{-\frac{x^2}{2\sigma^2}\}\,dx$$

$$= \frac{\sigma^k}{\sqrt{2\pi}}\int_{-\infty}^{+\infty} u^k \exp\{-\frac{u^2}{2}\}\,du$$

當 k 為奇數時，上述積分中被積函數是奇函數，故積分為零，即
$$\mu_k = 0, \quad k = 1,3,5,\cdots$$

當 k 為偶數時，上述積分中被積函數是偶函數，令 $z = \frac{u^2}{2}$，則

$$\mu_k = \sqrt{\frac{2}{\pi}}\sigma^k 2^{(k-1)/2}\int_0^{+\infty} z^{(k-1)/2} e^{-z}\,dz$$

$$= \sqrt{\frac{2}{\pi}}\sigma^k 2^{(k-1)/2}\Gamma(\frac{k+1}{2}) = \sigma^k(k-1)(k-3)\cdots\cdot 1 \quad k = 2,4,6,\cdots$$

由此可知，X 的前四階原點矩為
$$\mu_1 = 0, \mu_2 = \sigma^2, \mu_3 = 0, \mu_4 = 3\sigma^4$$

又因為 $E(X) = 0$，所以原點矩等於中心矩，即 $\mu_k = v_k$，$k = 1,2,\cdots$.

習題 4.3

1. 設 10 個零件中有 3 個不合格．現任取一個使用，若取到不合格品，則丟棄重新抽取一個，試求取到合格品之前取出的不合格品數 X 的方差．

2. 某人有 n 把外形相似的鑰匙，其中只有 1 把能打開房門，但他不知道是哪一把，只好逐把試開．求此人直至將門打開所需的試開次數 X 的方差．

3. 設某公共汽車站在 5 分鐘內的等車人數 X 服從泊松分佈，且由統計數據知，5 分鐘內的平均等車人數為 6 人，求 $P\{X > D(X)\}$.

4. 設隨機變量 X 的概率密度為
$$p(x) = \begin{cases} 1+x, & -1 < x \leq 0 \\ 1-x, & 0 < x < 1 \\ 0, & \text{其他} \end{cases}$$
(1) 求 X 的方差 $D(X)$；(2) 求 $Y = 2X - 3$ 的方差 $D(Y)$．

5. 設 X 為隨機變量，試證：對任意實數 $a \neq E(X)$，有
$$D(X) = E[(X - E(X))^2] < E[(X - a)^2]$$

6. 設隨機變量 X 與 Y 相互獨立, 且 $E(X) = E(Y) = 0, D(X) = D(Y) = 1$, 求 $E[(X+Y)^2]$.

7. 將一顆均勻的骰子連擲 10 次, 求所得點數之和的方差.

8. 已知正常成人男性每升血液中的白細胞數平均是 7.3×10^9, 標準差是 0.7×10^9. 試利用切比雪夫不等式估計每升血液中的白細胞數在 5.2×10^9 至 9.4×10^9 之間的概率的下界.

9. 將一顆骰子連續擲 4 次, 點數總和記為 X, 試估計 $P\{10 < X < 18\}$.

10. 設事件 A 發生的概率記為 p (p 未知), 若試驗 1000 次, 用發生的頻率替代概率 p, 估計所產生的誤差小於 10% 的概率為多少?

11. 設隨機變量 X 服從區間 $(0,2)$ 上的均勻分佈, 求 X 的 n 階原點矩 $E(X^n)$.

12. 設隨機變量 X 服從正態分佈 $N(0, \sigma^2)$, 求 X 的 n 階原點矩 $E(X^n)$.

13. 設 X 為隨機變量, 試將 X 的 3 階中心矩 $v_3 = E[X - E(X)]^3$ 展開為 X 的一階、二階及三階原點矩的表達式, 並由此計算當 X 服從參數為 λ 的指數分佈時, X 的 3 階中心矩 $v_3 = E[X - E(X)]^3$.

§4.4 兩個隨機變量的協方差與相關係數

對於二維隨機變量 (X,Y) 來說, X 和 Y 的數學期望和方差只是反應了 X 和 Y 自身的統計特徵, 並未對 X 和 Y 的相互關係提供任何信息. 本節要介紹的協方差與相關係數, 是描述 X 和 Y 相互聯繫程度的最重要的特徵數.

一、協方差

定義 4.7　設 X 和 Y 是兩個隨機變量, 若數學期望
$$E[(X - E(X))(Y - E(Y))]$$
存在, 則稱之為 X 和 Y 的協方差, 記為 $Cov(X,Y)$, 即
$$Cov(X,Y) = E[(X - E(X))(Y - E(Y))]$$

特別地
$$Cov(X,X) = E[X - E(X)]^2 = D(X).$$

顯然, 協方差是二維隨機變量 (X,Y) 的函數的數學期望, 因此當已知 (X,Y) 的聯合分佈列或 (X,Y) 的聯合密度函數時, 可直接用公式 (4.4) 計算協方差, 即
$$Cov(X,Y) = E[(X - E(X))(Y - E(Y))]$$

$$= \begin{cases} \sum_i \sum_j [x_i - E(X)][y_j - E(Y)]p_{ij} & \text{在離散場合} \\ \int_{-\infty}^{+\infty}\int_{-\infty}^{+\infty} [x - E(X)][y - E(Y)]p(x,y)\mathrm{d}x\mathrm{d}y & \text{在連續場合} \end{cases}$$

但計算協方差的一個更常用的公式為

$$Cov(X,Y) = E(XY) - E(X)E(Y) \tag{4.8}$$

由數學期望的運算性質,易證得公式(4.8).

定義 4.8 當 $Cov(X,Y) = 0$ 時,稱 X 和 Y 不相關.

定理 4.5 若 X 與 Y 相互獨立,則 $Cov(X,Y) = 0$,即 X 與 Y 不相關.

證明 因 X 與 Y 相互獨立,故由數學期望的性質4知 $E(XY) = E(X)E(Y)$,於是

$$Cov(X,Y) = E(XY) - E(X)E(Y) = 0$$

定理4.5表明,「不相關」是比「獨立」更弱的一個概念. 有反例可說明,「不相關」時不一定「獨立」.

例1 設二維連續型隨機變量 (X,Y) 的聯合密度函數為

$$p(x,y) = \begin{cases} \dfrac{1}{4}(1 - x^3y + xy^3), & |x| < 1, |y| < 1 \\ 0, & \text{其他} \end{cases}$$

證明 X 與 Y 不獨立,但 $Cov(X,Y) = 0$.

證明 當 $|x| < 1$ 時

$$p_X(x) = \int_{-\infty}^{+\infty} p(x,y)\mathrm{d}y = \int_{-1}^{1} \frac{1}{4}(1 - x^3y + xy^3)\mathrm{d}y = \frac{1}{2}$$

當 $|x| \geq 1$ 時

$$p_X(x) = \int_{-\infty}^{+\infty} p(x,y)\mathrm{d}y = 0$$

即

$$p_X(x) = \begin{cases} \dfrac{1}{2} & |x| < 1 \\ 0 & |x| \geq 1 \end{cases}$$

同理可得

$$p_Y(y) = \begin{cases} \dfrac{1}{2} & |y| < 1 \\ 0 & |y| \geq 1 \end{cases}$$

顯然,$p(x,y) \neq p_X(x)p_Y(y)$,於是 X 與 Y 不獨立. 但因為

$$E(X) = \int_{-\infty}^{+\infty} xp_X(x)\mathrm{d}x = \int_{-1}^{1} \frac{1}{2}x\mathrm{d}x = 0$$

$$E(Y) = \int_{-\infty}^{+\infty} y p_Y(y)\,dy = \int_{-1}^{1} \frac{1}{2} y\,dy = 0$$

$$E(XY) = \int_{-\infty}^{+\infty}\int_{-\infty}^{+\infty} xy p(x,y)\,dxdy$$

$$= \int_{-1}^{1}\int_{-1}^{1} xy \left[\frac{1}{4}(1 - x^3 y + xy^3)\right] dxdy = 0$$

故有

$$Cov(X,Y) = E(XY) - E(X)E(Y) = 0.$$

例 2　已知 X 與 Y 的聯合分佈如下表所示，求 $Cov(X,Y)$.

X \ Y	0	1	2
0	0.1	0.15	0.15
1	0	0.1	0.2
2	0.2	0.1	0

解　由聯合分佈表可分別求得 (X,Y) 關於 X 與 Y 的邊緣分佈及 XY 的概率分佈.

X	0	1	2
P	0.4	0.3	0.3

X	0	1	2
P	0.3	0.35	0.35

及

XY	0	1	2
P	0.6	0.1	0.3

故有

$$E(X) = 0 + 1 \times 0.3 + 2 \times 0.3 = 0.9$$
$$E(Y) = 0 + 1 \times 0.35 + 2 \times 0.35 = 1.05$$
$$E(XY) = 0 + 1 \times 0.1 + 2 \times 0.3 = 0.7$$

於是

$$Cov(X,Y) = E(XY) - E(X)E(Y) = 0.7 - 0.9 \times 1.05 = -0.245$$

由協方差的定義,容易證明協方差有下述運算性質.

(1) $Cov(X,Y) = Cov(Y,X)$;

(2) 設 X 為隨機變量, a 為常數, 則
$$Cov(X,a) = 0$$
即隨機變量與常數的協方差為零.

(3) $Cov(X,X) = D(X)$.

(4) 對任意常數 a,b,有
$$Cov(aX,bY) = abCov(X,Y).$$

(5) 設 X,Y,Z 是任意三個隨機變量,則
$$Cov(X+Y,Z) = Cov(X,Z) + Cov(Y,Z).$$

此外,協方差概念的引入也完善了隨機變量和的方差計算,即有

(6) $D(X \pm Y) = D(X) + D(Y) \pm 2Cov(X,Y)$

事實上
$$\begin{aligned}D(X \pm Y) &= E[(X \pm Y) - E(X \pm Y)]^2 \\ &= E[(X - E(X)) \pm (Y - E(Y))]^2 \\ &= E[(X - E(X))^2 + (Y - E(Y))^2 \pm 2(X - E(X))(Y - E(Y))] \\ &= D(X) + D(Y) \pm 2Cov(X,Y)\end{aligned}$$

這個性質表明,當且僅當 $Cov(X,Y) = 0$ (即 X 與 Y 不相關) 時,和 (差) 的方差等於方差之和. 因此,可將 §4.3 中有關方差的性質 3 中的條件「X 與 Y 獨立」減弱為「X 與 Y 不相關」.

例 3 設二維隨機變量 (X,Y) 的聯合密度函數為
$$p(x,y) = \begin{cases} \dfrac{1}{3}(x+y), & 0 < x < 1, 0 < y < 2 \\ 0, & \text{其他} \end{cases}$$
求 $D(2X - Y + 4)$.

解 因為
$$\begin{aligned}D(2X - Y + 4) &= D(2X) + D(Y) - 2Cov(2X,Y) \\ &= 4D(X) + D(Y) - 4Cov(X,Y)\end{aligned}$$

所以需分別計算 $E(X), E(Y), E(X^2), E(Y^2), E(XY)$. 由公式 (4.4),有
$$\begin{aligned}E(X) &= \int_{-\infty}^{+\infty}\int_{-\infty}^{+\infty} xp(x,y)\mathrm{d}x\mathrm{d}y \\ &= \int_0^1 \mathrm{d}x \int_0^2 \frac{x}{3}(x+y)\mathrm{d}y = \frac{5}{9}\end{aligned}$$

$$E(X^2) = \int_{-\infty}^{+\infty}\int_{-\infty}^{+\infty} x^2 p(x,y)\,\mathrm{d}x\mathrm{d}y$$
$$= \int_0^1 \mathrm{d}x \int_0^2 \frac{1}{3}x^2(x+y)\,\mathrm{d}y = \frac{7}{8}$$
$$E(Y) = \int_{-\infty}^{+\infty} y p_Y(y)\,\mathrm{d}y = \int_0^2 \frac{1}{3}y\left(\frac{1}{2}+y\right)\,\mathrm{d}y = \frac{11}{9}$$
$$E(Y^2) = \int_{-\infty}^{+\infty} y^2 p_Y(y)\,\mathrm{d}y = \int_0^2 \frac{1}{3}y^2\left(\frac{1}{2}+y\right)\,\mathrm{d}y = \frac{16}{9}$$

從而得
$$D(X) = \frac{7}{8} - \left(\frac{5}{9}\right)^2 = \frac{13}{162}$$
$$D(Y) = \frac{16}{9} - \left(\frac{11}{9}\right)^2 = \frac{23}{81}$$

又
$$E(XY) = \int_{-\infty}^{+\infty}\int_{-\infty}^{+\infty} xy p(x,y)\,\mathrm{d}x\mathrm{d}y$$
$$= \frac{1}{3}\int_0^1 \left(\int_0^2 xy(x+y)\,\mathrm{d}y\right)\mathrm{d}x = \frac{1}{3}\int_0^1 \left(2x^2 + \frac{8}{3}x\right)\mathrm{d}x = \frac{2}{3}$$

於是得協方差為
$$Cov(X,Y) = \frac{2}{3} - \frac{5}{9} \times \frac{11}{9} = -\frac{1}{81}$$

故有
$$D(2X-Y+4) = 4D(X) + D(Y) - 4Cov(X,Y)$$
$$= 4 \times \frac{13}{162} + \frac{23}{81} - 4 \times \left(-\frac{1}{81}\right) = \frac{53}{81}$$

二、相關係數

由協方差的性質4，我們可看到，兩個隨機變量 X 與 Y 協方差的大小受到 X 與 Y 取值大小的影響．例如，若 X 與 Y 各自增加到 k 倍，這時 X 與 Y 間的相互關係沒有變，而反應其相互關係的協方差卻增加到原來的 k^2 倍，即 $Cov(kX,kY) = k^2 Cov(X,Y)$．同時，協方差是一個有量綱的量，為了消除量綱的影響，人們給出了相關係數的概念．

定義4.9 設隨機變量 X 與 Y 的協方差存在且各自都有非零方差，則稱 $\dfrac{Cov(X,Y)}{\sigma_X \cdot \sigma_Y}$ 為 X 與 Y 的相關係數，記作 ρ_{XY}，即

$$\rho_{XY} = \frac{Cov(X,Y)}{\sigma_X \cdot \sigma_Y}$$

形式上可以把相關係數視為「標準尺度下的協方差」,這是因為若令 $X^* = \dfrac{X - E(X)}{\sigma_X}, Y^* = \dfrac{Y - E(Y)}{\sigma_Y}$,則有 $\rho_{XY} = Cov(X^*, Y^*)$,即 X 與 Y 的相關係數恰為他們對應的標準化變量 X^* 與 Y^* 的協方差.

事實上,由協方差的運算性質,有

$$Cov(X^*, Y^*) = Cov(\dfrac{X - E(X)}{\sigma_X}, \dfrac{Y - E(Y)}{\sigma_Y})$$

$$= Cov(\dfrac{X}{\sigma_X}, \dfrac{Y}{\sigma_Y}) = \dfrac{1}{\sigma_X} \cdot \dfrac{1}{\sigma_Y} Cov(X, Y) = \rho_{XY}$$

為了研究相關係數的性質,我們給出如下引理.

引理 4.1 (施瓦茨不等式) 對任意二維隨機變量 (X, Y),若 X 與 Y 的方差都存在,記 $\sigma_X^2 = D(X), \sigma_Y^2 = D(Y)$,則有

$$[Cov(X, Y)]^2 \le \sigma_X^2 \sigma_Y^2$$

(證明略).

根據相關係數的定義,利用施瓦茨不等式立即可得相關係數的一個重要性質,即性質 1.

性質 1 設 X 與 Y 是任意兩個隨機變量,它們的相關係數存在,則有 $|\rho_{XY}| \le 1$.

我們還可證明,相關係數的另一重要性質.

性質 2 $|\rho_{XY}| = 1$ 的充分必要條件是存在常數 $a(\ne 0)$ 及 b,使 $P(Y = aX + b) = 1$ (此時稱 X 與 Y 幾乎處處有線性關係),其中當 $\rho_{XY} = 1$ 時,$a > 0$;當 $\rho_{XY} = -1$ 時,$a < 0$,反之亦然.

證明 首先證明其充分性

若 $Y = aX + b$,則可得 $D(Y) = a^2 D(X), Cov(X, Y) = aCov(X, X) = aD(X)$,代入相關係數的定義式可得

$$\rho_{XY} = \dfrac{Cov(X, Y)}{\sigma_X \cdot \sigma_Y} = \dfrac{aD(X)}{|a|D(X)} = \begin{cases} 1, & a > 0 \\ -1, & a < 0 \end{cases}$$

其次證明其必要性,因為

$$D(\dfrac{X}{\sigma_X} \pm \dfrac{Y}{\sigma_Y}) = 2[1 \pm \rho_{XY}]$$

所以當 $\rho_{XY} = 1$ 時,有

$$D(\dfrac{X}{\sigma_X} - \dfrac{Y}{\sigma_Y}) = 0$$

於是由定理 4.4,可得

$$P\left(\frac{X}{\sigma_X} - \frac{Y}{\sigma_Y} = c\right) = 1$$

或

$$P\left(Y = \frac{\sigma_Y}{\sigma_X}X - c\sigma_Y\right) = 1$$

只需取 $a = \frac{\sigma_Y}{\sigma_X}, b = -c\sigma_Y$，則有 $P(Y = aX + b) = 1$．

當 $\rho_{XY} = -1$ 時，有

$$D\left(\frac{X}{\sigma_X} + \frac{Y}{\sigma_Y}\right) = 0$$

由此得

$$P\left(\frac{X}{\sigma_X} + \frac{Y}{\sigma_Y} = c\right) = 1$$

或

$$P\left(Y = -\frac{\sigma_Y}{\sigma_X}X + c\sigma_Y\right) = 1$$

取 $a = -\frac{\sigma_Y}{\sigma_X}, b = c\sigma_Y$，則 $P(Y = aX + b) = 1$．

相關係數的上述性質表明，它刻畫了隨機變量 X 與 Y 之間的線性關係．當 $\rho_{XY} = 1$ 時，稱 X 與 Y 正線性相關，當 $\rho_{XY} = -1$ 時，稱 X 與 Y 負線性相關．當 $|\rho_{XY}|$ 的值從 1 變到 0 時，X 與 Y 的線性相關性逐步降低，當 $\rho_{XY} = 0$（等價於 $Cov(X, Y) = 0$）時，稱 X 與 Y 不相關．

前面已經指出，由兩個隨機變量相互獨立可推出它們不相關，但由不相關不能推出相互獨立．不過這裡要特別指出的是，當 (X, Y) 服從二維正態分佈時，「X 與 Y 不相關」和「X 與 Y 相互獨立」是等價的．下面來說明這一點．

例 4　設 (X, Y) 服從二維正態分佈 $N(\mu_1, \mu_2, \sigma_1^2, \sigma_2^2, \rho)$，試證明參數 ρ 即為 X 與 Y 的相關係數．

證明　由已知，(X, Y) 的聯合密度函數為

$$p(x, y) = \frac{1}{2\pi\sigma_1\sigma_2\sqrt{1-\rho^2}} \cdot \exp\left(-\frac{1}{2(1-\rho^2)}\right.$$

$$\left. \cdot \left[\frac{(x-\mu_1)^2}{\sigma_1^2} - \frac{2\rho(x-\mu_1)(y-\mu_2)}{\sigma_1\sigma_2} + \frac{(y-\mu_2)^2}{\sigma_2^2}\right]\right)$$

則由協方差的定義

$$Cov(X, Y) = \int_{-\infty}^{+\infty}\int_{-\infty}^{+\infty}(x-\mu_1)(y-\mu_2)p(x,y)\,dxdy$$

$$= \frac{1}{2\pi\sigma_1\sigma_2\sqrt{1-\rho^2}} \int_{-\infty}^{+\infty} \exp\{-\frac{(y-\mu_2)^2}{2\sigma_2^2}\} dy \int_{-\infty}^{+\infty} (x-\mu_1)(y-\mu_2)$$

$$\cdot \exp\{-\frac{1}{2(1-\rho^2)} \cdot [\frac{x-\mu_1}{\sigma_1} - \frac{\rho(y-\mu_2)}{\sigma_2}]^2\} dx$$

令
$$\begin{cases} z = \frac{1}{\sqrt{1-\rho^2}}[\frac{(x-\mu_1)}{\sigma_1} - \frac{\rho(y-\mu_2)}{\sigma_2}] \\ t = \frac{y-\mu_2}{\sigma_2} \end{cases}$$

則有
$$\begin{cases} x-\mu_1 = \sigma_1(z\sqrt{1-\rho^2}+\rho t) \\ y-\mu_2 = \sigma_2 t \end{cases}$$

$$dxdy = \sigma_1\sigma_2\sqrt{1-\rho^2}\,dzdt$$

從而
$$Cov(X,Y) = \frac{1}{2\pi} \int_{-\infty}^{+\infty}\int_{-\infty}^{+\infty} (\sigma_1\sigma_2\sqrt{1-\rho^2}\,tz + \rho\sigma_1\sigma_2 t^2) \exp\{-\frac{t^2}{2} - \frac{z^2}{2}\} dzdt$$

$$= \frac{\rho\sigma_1\sigma_2}{2\pi} \int_{-\infty}^{+\infty} t^2 e^{-\frac{t^2}{2}} dt \int_{-\infty}^{+\infty} e^{-\frac{z^2}{2}} dz + 0 = \rho\sigma_1\sigma_2$$

於是,X 與 Y 的相關係數為

$$\rho_{XY} = \frac{Cov(X,Y)}{\sigma_1\sigma_2} = \frac{\rho\sigma_1\sigma_2}{\sigma_1\sigma_2} = \rho$$

可見,分佈中的參數 ρ 即為 X 與 Y 的相關係數. 而當 $\rho = 0$ 時,聯合密度函數為

$$p(x,y) = \frac{1}{2\pi\sigma_1\sigma_2} \cdot \exp\{-\frac{1}{2} \cdot [\frac{(x-\mu_1)^2}{\sigma_1^2} + \frac{(y-\mu_2)^2}{\sigma_2^2}]\}$$

$$= \frac{1}{\sqrt{2\pi}\sigma_1} \exp\{-\frac{(x-\mu_1)^2}{2\sigma_1^2}\} \cdot \frac{1}{\sqrt{2\pi}\sigma_2} \exp\{-\frac{(y-\mu_2)^2}{2\sigma_2^2}\}$$

$$= p_X(x) \cdot p_Y(y)$$

這說明,X 與 Y 也相互獨立.

*三、協方差矩陣

定義 4.10 記 n 維隨機變量為 $\boldsymbol{X} = (X_1, X_2, \cdots, X_n)^T$,稱矩陣

$$\begin{bmatrix} Cov(X_1,X_1) & Cov(X_1,X_2) & \cdots & Cov(X_1,X_n) \\ Cov(X_2,X_1) & Cov(X_2,X_2) & \cdots & Cov(X_2,X_n) \\ \cdots & \cdots & \cdots & \cdots \\ Cov(X_n,X_1) & Cov(X_n,X_2) & \cdots & Cov(X_n,X_n) \end{bmatrix}$$

為 $X=(X_1,X_2,\cdots,X_n)^T$ 的協方差矩陣，記為 $Cov(X)$。

下面給出協方差矩陣的一個重要性質。

定理 4.6 n 維隨機變量 $X=(X_1,X_2,\cdots,X_n)^T$ 的協方差矩陣 $Cov(X)$ 是一個對稱的非負定矩陣。

證明 因為 $COV(X_i,X_j)=COV(X_j,X_i)$，所以對稱性是顯然的。下證非負定性。因為對任意的 n 維實向量 $C=(c_1,c_2,\cdots,c_n)^T$，有

$C^T Cov(X) C$

$= (c_1,c_2,\cdots,c_n) \begin{bmatrix} Cov(X_1,X_1) & Cov(X_1,X_2) & \cdots & Cov(X_1,X_n) \\ Cov(X_2,X_1) & Cov(X_2,X_2) & \cdots & Cov(X_2,X_n) \\ \cdots & \cdots & \cdots & \cdots \\ Cov(X_n,X_1) & Cov(X_n,X_2) & \cdots & Cov(X_n,X_n) \end{bmatrix} \begin{bmatrix} c_1 \\ c_2 \\ \cdots \\ c_n \end{bmatrix}$

$= \sum_{i=1}^{n}\sum_{j=1}^{n} c_i c_j Cov(X_i,X_j)$

$= \sum_{i=1}^{n}\sum_{j=1}^{n} E\{[c_i(X_i-E(X_i))][c_j(X_j-E(X_j))]\}$

$= E\{\sum_{i=1}^{n}\sum_{j=1}^{n}[c_i(X_i-E(X_i))][c_j(X_j-E(X_j))]\}$

$= E\{[\sum_{i=1}^{n}c_i(X_i-E(X_i))][\sum_{j=1}^{n}c_j(X_j-E(X_j))]\}$

$= E\{[\sum_{i=1}^{n}c_i(X_i-E(X_i))]^2\} \geq 0$

所以由非負定矩陣的定義知，$Cov(X)$ 是一個非負定矩陣。

例 5 設 (X,Y) 服從二維正態分佈 $N(\mu_1,\mu_2,\sigma_1^2,\sigma_2^2,\rho)$，則向量 $(X,Y)^T$ 的協方差矩陣為

$$\begin{bmatrix} \sigma_1^2 & \sigma_1\sigma_2\rho \\ \sigma_1\sigma_2\rho & \sigma_2^2 \end{bmatrix}$$

習題 4.4

1. 設 (X,Y) 的聯合概率分佈為

X \ Y	-1	0	1
0	0.1	0.2	0.1
1	0.2	0.3	0.1

(1) 求協方差 $Cov(X,Y)$ 及相關係數 ρ_{XY}；(2) 求 X^2 與 Y^2 的協方差 $Cov(X^2,Y^2)$.

2. 設 (X,Y) 的概率密度函數為

$$p(x,y) = \begin{cases} x+y, & 0<x<1, 0<y<1, \\ 0, & 其他. \end{cases}$$

求 $Cov(X,Y)$.

3. 設 X 與 Y 是相互獨立的兩個隨機變量，且均服從參數為 λ 的指數分佈. 試求隨機變量 $Z_1 = 4X - 3Y$ 與 $Z_2 = 3X + Y$ 的協方差.

4. 設隨機變量 X 與 Y 均服從標準正態分佈，相關係數為 0.5. 求 $D(X+Y)$ 及 $D(X-Y)$.

5. 設二維隨機變量 (X,Y) 的聯合密度函數為

$$p(x,y) = \begin{cases} 3x, & 0<y<x<1 \\ 0, & 其他 \end{cases}$$

求 X 與 Y 的相關係數.

6. 設二維隨機變量 (X,Y) 在矩形區域 $D = \{(x,y) \mid 0<x<2, 0<y<1\}$ 上服從均勻分佈，令

$$U = \begin{cases} 1, & X>Y \\ 0, & X \leq Y \end{cases}, V = \begin{cases} 1, & X>2Y \\ 0, & X \leq 2Y \end{cases}$$

求 U 和 V 的相關係數.

*§4.5 條件數學期望

在 §3.6 中給出了條件分佈的概念，這一節要討論的是與條件分佈相對應的條件數學期望.

定義 4.11 設 (X,Y) 是二維隨機變量，在 $Y=y$ 條件下，X 的條件數學期望與在 $X=x$ 條件下，Y 的條件數學期望分別記為 $E(X \mid Y=y)$ 與 $E(Y \mid X=x)$，且當 (4.9) 式與 (4.10) 式中的級數與積分均絕對收斂時，有

$$E(X \mid Y = y) = \begin{cases} \sum_i x_i P\{X = x_i \mid Y = y\}, & \text{離散場合} \\ \int_{-\infty}^{+\infty} x p(x \mid Y = y) \mathrm{d}x, & \text{連續場合} \end{cases} \quad (4.9)$$

及

$$E(Y \mid X = x) = \begin{cases} \sum_j y_j P\{Y = y_j \mid X = x\}, & \text{離散場合} \\ \int_{-\infty}^{+\infty} y p(y \mid X = x) \mathrm{d}y, & \text{連續場合} \end{cases} \quad (4.10)$$

條件數學期望 $E(Y \mid X = x)$（對 $E(X \mid Y = y)$ 有類似解釋,下同）反應了隨著 X 取值 x 的變化,隨機變量 Y 的平均變化情況. 例如,如果 Y 表示中國成年男子的身高,則 $E(Y)$ 表示中國成年男子的平均身高. 若用 X 表示中國成年男子的足長,那麼 $E(Y \mid X = x)$ 就表示足長為 x 的中國成年男子的平均身高. 在統計學上,常把條件期望 $E(Y \mid X = x)$ 稱為 Y 對 X 的「迴歸函數」,而「迴歸分析」即關於迴歸函數的統計研究,是統計學中的一個重要內容.

例1 袋中有2個紅球,1個白球及2個黑球. 從中任取3個球,設 X 與 Y 分別表示取到的紅球與白球數,求 $E(Y \mid X = 2)$.

解 容易求得 (X, Y) 的聯合概率分佈與邊緣概率分佈如下表

X \ Y	0	1	$p_i.$
0	0	$\frac{1}{10}$	$\frac{1}{10}$
1	$\frac{2}{10}$	$\frac{4}{10}$	$\frac{6}{10}$
2	$\frac{2}{10}$	$\frac{1}{10}$	$\frac{3}{10}$
$p_{\cdot j}$	$\frac{4}{10}$	$\frac{6}{10}$	

從而可得在 $X = 2$ 的條件下, Y 的條件分佈為

$$P\{Y = 0 \mid X = 2\} = \frac{P\{X = 2, Y = 0\}}{P\{X = 2\}} = \frac{2}{3}$$

$$P\{Y = 1 \mid X = 2\} = \frac{P\{X = 2, Y = 1\}}{P\{X = 2\}} = \frac{1}{3}$$

於是

$$E(Y|X=2) = 0 \times \frac{2}{3} + 1 \times \frac{1}{3} = \frac{1}{3}$$

例2 設(X,Y)服從二維正態分佈$N(\mu_1,\mu_2;\sigma_1^2,\sigma_2^2;\rho)$，由§3.6中例3知，在給定$X=x$條件下，$Y$服從正態分佈$N(\mu_2+\rho\frac{\sigma_2}{\sigma_1}(x-\mu_1),\sigma_2^2(1-\rho^2))$，由此可得

$$E(Y|X=x) = \mu_2 + \rho\frac{\sigma_2}{\sigma_1}(x-\mu_1)$$

它是x的線性函數．如果$\rho>0$，則$E(Y|X=x)$隨x增加而增加；反之如果$\rho<0$，則$E(Y|X=x)$隨x增加而減小；而如果$\rho=0$，則$E(Y|X=x)$隨的大小與x無關．同理也可得

$$E(X|Y=y) = \mu_1 + \rho\frac{\sigma_1}{\sigma_2}(y-\mu_2)$$

我們注意到，$E(Y|X=x)$是x的函數，因此可以記為

$$g(x) = E(Y|X=x)$$

進一步$g(X) = E(Y|X)$是隨機變量X的函數，也是一個隨機變量，這樣可將$g(x) = E(Y|X=x)$看成$X=x$時$g(X) = E(Y|X)$的一個取值．對隨機變量$E(Y|X)$求數學期望，我們有下面的定理4.7．

定理4.7 設(X,Y)是二維隨機變量，且$E(Y)$存在，則
$$E(Y) = E[E(Y|X)]$$

證明 （這裡僅對連續場合進行證明，對於離散場合可類似證明）設(X,Y)的聯合密度函數為$p(x,y)$，記$g(x) = E(Y|X=x)$，則$g(X) = E(Y|X)$．因為$p(x,y) = p(y|X=x) \cdot p_X(x)$，則

$$\begin{aligned}E(Y) &= \int_{-\infty}^{+\infty}\int_{-\infty}^{+\infty} yp(x,y)\,dxdy \\ &= \int_{-\infty}^{+\infty}\left[\int_{-\infty}^{+\infty} yp(y|X=x)\,dy\right]p_X(x)\,dx \\ &= \int_{-\infty}^{+\infty} E(Y|X=x)p_X(x)\,dx \\ &= \int_{-\infty}^{+\infty} g(x)p_X(x)\,dx = E[g(X)] = E[E(Y|X)]\end{aligned}$$

即有

$$E(Y) = E[E(Y|X)]$$

定理4.7給出了關於條件數學期望的一個重要公式，稱之為重期望公式，它

有著非常廣泛的應用.實際上,它給了我們一個分兩步走的計算隨機變量數學期望的方法.對於隨機變量 Y,當直接計算 $E(Y)$ 比較困難時,我們可以找一個與 Y 有關的隨機變量 X,用 X 的不同取值 x 對 Y 進行分割,先計算條件數學期望 $E(Y \mid X = x)$,再借助 X 的概率分佈,求 $E(Y \mid X)$ 的數學期望,即可得 $E(Y)$.

重期望公式的具體運算式如下:

(1) 如果 X 是一個離散型隨機變量,則

$$E(Y) = \sum_i E(Y \mid X = x_i) P\{X = x_i\} \tag{4.11}$$

(2) 如果 X 是一個連續型隨機變量,則

$$E(Y) = \int_{-\infty}^{+\infty} E(Y \mid X = x) p_X(x) \mathrm{d}x \tag{4.12}$$

例3 設袋中有編號為 $1, 2, \cdots, n$ 的 n 個球,從中任取 1 球.若取到 1 號球,則得 1 分,且停止取球;若取到 $i(i \geq 2)$ 號球,則得 i 分,且將此球放回,重新取球,如此下去.求所得到的平均總分數.

解 設 Y 為所得總分數,X 為第一次取到的球的號碼,則

$$P\{X = i\} = \frac{1}{n} \quad (i = 1, 2, \cdots, n)$$

根據題設,有

$$E(Y \mid X = 1) = 1, E(Y \mid X = i) = i + E(Y) \quad (i \geq 2)$$

則由公式(4.11),有

$$\begin{aligned} E(Y) &= \sum_{i=1}^n E(Y \mid X = i) P\{X = i\} \\ &= \frac{1}{n}[1 + 2 + \cdots + n + (n - 1) E(Y)] \end{aligned}$$

可以解得

$$E(Y) = \frac{n(n + 1)}{2}$$

例4 設 X 服從均勻分佈 $U(0, 1)$,在 $X = x$ 時,Y 服從均勻分佈 $U(0, x)$,求 $E(Y)$.

解 依題意,有 $E(Y \mid X = x) = \frac{x}{2}$,則由公式(4.12)可得

$$\begin{aligned} E(Y) &= \int_{-\infty}^{+\infty} E(Y \mid X = x) p_X(x) \mathrm{d}x \\ &= \int_0^1 \frac{x}{2} \cdot 1 \mathrm{d}x = \frac{1}{4} \end{aligned}$$

例5 (隨機個隨機變量和的數學期望) 設 $X_1, X_2, \cdots X_N$ 為一列獨立同分佈

的隨機變量,隨機變量 N 只取正整數值,且 N 與 $X_i(i=1,2,\cdots,N)$ 獨立. 試證明

$$E(\sum_{i=1}^{N} X_i) = E(X_1) \cdot E(N)$$

證明　由重期望公式

$$E(\sum_{i=1}^{N} X_i) = E[E(\sum_{i=1}^{N} X_i \mid N)]$$

$$= \sum_{n=1}^{+\infty} E(\sum_{i=1}^{N} X_i \mid N = n) P\{N = n\}$$

$$= \sum_{n=1}^{+\infty} E(\sum_{i=1}^{n} X_i) P\{N = n\}$$

$$= \sum_{n=1}^{+\infty} n E(X_1) P\{N = n\}$$

$$= E(X_1) \sum_{n=1}^{+\infty} n P\{N = n\} = E(X_1) E(N)$$

將此例的結論用於下面這一實際問題中,是很有啓發意義的.

設一天內到達某商場的顧客數 N 是隨機變量,又設進入此商場的第 i 個顧客的購物金額為 $X_i(i=1,2,\cdots,N)$,這裡可以認為 $X_1,X_2,\cdots X_N$ 是獨立同分佈的隨機變量,且 N 與 $X_i(i=1,2,\cdots,N)$ 是相互獨立的,則商場一天的平均營業額即為

$$E(\sum_{i=1}^{N} X_i) = E(X_1) \cdot E(N)$$

如果一天平均有 10000 人進入該商場,即 $E(N) = 10000$;每個人平均購物金額為 100 元,即 $E(X_i) = 100(i=1,2,\cdots,N)$,則該商場一天的平均營業額就是 100 萬元,這個結果與我們對這個問題的直觀理解是能夠相吻合的.

習題 4.5

1. 已知 (X,Y) 的聯合概率分佈為

X \ Y	0	1	2
0	0.1	0.15	0.15
1	0	0.1	0.2
2	0.2	0.1	0

求 $E(X|Y=0)$ 與 $E(Y|X=1)$.

2. 已知 (X,Y) 的聯合密度函數為 $p(x,y) = \begin{cases} x+y, & 0<x,y<1 \\ 0, & 其他 \end{cases}$,求 $E(X|Y=0.5)$ 與 $E(Y|X=\frac{1}{3})$.

3. 設 (X,Y) 在區域 $D = \{(x,y)|0<x<y<1\}$ 內服從二維均勻分佈,求 $E(X|Y=\frac{1}{2})$.

4. 設 X 服從指數分佈 $e(\lambda)$,在 $X=x$ 時,Y 服從泊松分佈 $P(x)$,求 $E(Y)$.

§4.6 大數定律

在 §1.2 中討論概率的統計定義時,我們曾從直觀上指出:某一事件 A,在單獨一次試驗中,它可能出現,也可能不出現,但當試驗次數 n 充分大時,事件 A 發生的頻率將逐步穩定在一個常數 p 的附近,此常數 p 即事件 A 發生的概率.實際上,一般地,大量隨機現象的平均結果往往也具有這種概率穩定性.那麼如何理解這裡的「逐步穩定」這一含義?能否用嚴格的數學語言加以描述呢?大數定律就是闡述上述穩定性的一系列定理的總稱.

一、依概率收斂的概念

當試驗次數 n 充分大時,事件 A 發生的頻率將逐步穩定在 A 發生的概率 $p = P(A)$ 的附近.這是否說明事件的頻率以概率為極限,即有
$$\lim_{n\to\infty} f_n(A) = p$$
呢?回答是否定的.根據數列極限的定義,對任意給定的正數 ε,總存在自然數 N,使當 $n>N$ 時,恒成立 $|f_n(A)-p|<\varepsilon$.而由於事件 A 發生的隨機性,上述條件顯然是不能實現的.因為,無論 n 多大,從理論上說,事件 $\{f_n(A)=1\}$ 總有可能發生,其概率為 p^n.此時,$|f_n(A)-p| = 1-p$,它不可能小於任意給定的正數 ε.

但儘管如此,我們還是注意到:當 n 充分大時,事件 $\{|f_n(A)-p|<\varepsilon\}$ 的發生幾乎是必然的,畢竟出現諸如上文所述的「意外」的概率是極小的.這使我們想到可以利用等式
$$\lim_{n\to\infty} P\{|f_n(A)-p|<\varepsilon\} = 1$$

對任意給定正數 ε 成立來描述「A 發生的頻率 $f_n(A)$ 逐步穩定在 p 的附近」這一事實。這就引出了下面的所謂「依概率收斂」的概念。

定義 4.12 設 $X_1, X_2, \cdots, X_n, \cdots$ 是一列隨機變量，若對於任意給定的正數 ε，有

$$\lim_{n \to \infty} P\{|X_n - a| < \varepsilon\} = 1$$

(其中 a 是常數)，則稱隨機變量序列 $\{X_n\}$ 依概率收斂於 a，記作

$$X_n \xrightarrow{P} a \quad (n \to \infty)$$

二、幾個常用的大數定律

下面的定理從理論上說明：當相同條件下的重複試驗次數 $n \to \infty$ 時，事件 A 發生的頻率，依概率收斂於事件 A 發生的概率。

定理 4.8 伯努利(大數定律) 設事件 A 在每次試驗中的概率為 p，將試驗獨立地進行 n 次，$f_n(A)$ 為事件 A 發生的頻率，則有 $f_n(A) \xrightarrow{P} p \quad (n \to \infty)$。

證明 令 X_n 表示 n 次試驗中事件 A 發生的次數，則有 $f_n(A) = \dfrac{X_n}{n}$。顯然 $X_n \sim B(n, p)$，故有 $E(X_n) = np$，$D(X_n) = np(1-p)$，從而

$$E[f_n(A)] = p, \quad D[f_n(A)] = \frac{1}{n^2} D(X_n) = \frac{p(1-p)}{n}$$

於是，由切比雪夫不等式，有

$$P\{|f_n(A) - p| < \varepsilon\} \geq 1 - \frac{D[f_n(A)]}{\varepsilon^2} = 1 - \frac{p(1-p)}{n\varepsilon^2} \to 1 \quad (n \to \infty)$$

因概率不可能大於 1，故得

$$\lim_{n \to \infty} P\{|f_n(A) - p| < \varepsilon\} = 1 \tag{4.9}$$

即

$$f_n(A) \xrightarrow{P} p \quad (n \to \infty)$$

定理 4.8 表明，只要 n 充分大，事件 A 發生的頻率 $f_n(A)$ 就會以相當接近於 1 的概率逼近其概率值 p。在應用中，概率值 p 往往是未知的，基於此定理，當試驗的次數較大時，我們可以用事件發生的頻率近似地代替概率。

反之，如果事件 A 的概率已知，我們亦可以大體上預言 n 次重複試驗中(n 較大時)事件 A 發生的頻數。比如說，若 $P(A) = 0.002$，則可以認為在 1000 次重複試驗中，大約只能期望 A 發生 2 次。

由此又可以認為，「概率很小的事件在一次試驗中幾乎不可能發生」── 這

便是小概率原理,這一原理無論在後面的數理統計中還是在現實生活中都有重要的應用.

若記
$$Y_i = \begin{cases} 1, & 第 i 次試驗中 A 發生 \\ 0, & 第 i 次試驗中 A 不發生 \end{cases}$$

則 $X_n = \sum_{i=1}^{n} Y_i$,於是
$$f_n(A) = \frac{X_n}{n} = \frac{1}{n}\sum_{i=1}^{n} Y_i$$

又因為
$$p = E[f_n(A)] = \frac{1}{n}\sum_{i=1}^{n} E(Y_i)$$

則定理 4.8 中的(4.9) 式也可寫為
$$\lim_{n\to\infty} P\left\{\left|\frac{1}{n}\sum_{i=1}^{n} Y_i - \frac{1}{n}\sum_{i=1}^{n} E(Y_i)\right| < \varepsilon\right\} = 1 \tag{4.10}$$

一般地,若隨機變量 $Y_1, Y_2, \cdots, Y_n, \cdots$ 的數學期望都存在且滿足式(4.10),則稱隨機變量序列 $\{Y_n\}$ 服從大數定律. 定理 4.8 是大數定律的一種特殊情況. 下面介紹兩個另外常用的大數定律.

定理 4.9 (切比雪夫大數定律) 設 $X_1, X_2, \cdots, X_n, \cdots$ 是一列兩兩不相關的隨機變量,若每個 X_i 的方差都存在且一致有界,即有常數 c,使 $D(X_i) \le c(i = 1, 2, \cdots)$,則對於任意正數 ε,有
$$\lim_{n\to\infty} P\left\{\left|\frac{1}{n}\sum_{i=1}^{n} X_i - \frac{1}{n}\sum_{i=1}^{n} E(X_i)\right| < \varepsilon\right\} = 1$$

證明 由期望和方差的性質可得
$$E\left(\frac{1}{n}\sum_{i=1}^{n} X_i\right) = \frac{1}{n}\sum_{i=1}^{n} EX_i, \quad D\left(\frac{1}{n}\sum_{i=1}^{n} X_i\right) = \frac{1}{n^2}\sum_{i=1}^{n} D(X_i) \le \frac{c}{n}$$

於是由切比雪夫不等式,有
$$P\left\{\left|\frac{1}{n}\sum_{i=1}^{n} X_i - \frac{1}{n}\sum_{i=1}^{n} E(X_i)\right| < \varepsilon\right\}$$
$$\ge 1 - \frac{1}{\varepsilon^2}D\left(\frac{1}{n}\sum_{i=1}^{n} X_i\right) \ge 1 - \frac{c}{n\varepsilon^2} \to 1 \quad (n \to \infty)$$

因概率不可能大於 1,故得
$$\lim_{n\to\infty} P\left\{\left|\frac{1}{n}\sum_{i=1}^{n} X_i - \frac{1}{n}\sum_{i=1}^{n} E(X_i)\right| < \varepsilon\right\} = 1$$

定理 4.9 表明,在所給條件下,儘管 n 個隨機變量可以自有其分佈,但只要 n

充分大,它們的算術平均卻不再為個別的 X_i 的分佈所左右,而是較密集地取值於其算術平均的數學期望附近. 這就是前面提到的較之頻率的穩定性更為一般的,大量隨機現象平均結果的穩定性.

注意到定理4.9證明中,只要有

$$\frac{1}{n^2}D(\sum_{i=1}^{n}X_i) \to 0 \quad (n \to \infty) \tag{4.11}$$

則大數定律就能成立,可以給出下面的定理4.10.

定理4.10　若隨機變量序列 $X_1, X_2, \cdots, X_n, \cdots$ 滿足 $\frac{1}{n^2}D(\sum_{i=1}^{n}X_i) \to 0$ $(n \to \infty)$,則 $\{X_n\}$ 服從大數定律.

定義4.13　設 $X_1, X_2, \cdots, X_n, \cdots$ 是一列隨機變量. 若對任意 $n > 1$,都有 $X_1, X_2, \cdots, X_n$ 相互獨立,則稱隨機變量序列 $X_1, X_2, \cdots, X_n, \cdots$ 是一個獨立隨機變量序列.

當隨機變量 $X_1, X_2, \cdots, X_n, \cdots$ 相互獨立且服從相同分佈時,利用更進一步的數學方法可以證明,定理4.10中諸隨機變量存在有限方差的條件可以去掉,這便得到著名的辛欽大數定律.

定理4.11　(辛欽大數定律)設隨機變量 $X_1, X_2, \cdots, X_n, \cdots$ 相互獨立且服從相同的分佈,數學期望 $E(X_i) = \mu$ $(i = 1, 2, \cdots)$,則對任意正數 ε,有

$$\lim_{n \to \infty} P\left\{ \left| \frac{1}{n}\sum_{i=1}^{n}X_i - \mu \right| < \varepsilon \right\} = 1$$

辛欽大數定律使算術平均值的法則有了理論依據. 例如要測定某一物理量 m,在不變的條件下重複測量 n 次,得觀測值 $X_1, X_2, \cdots, X_n$,計算實測值的算術平均值 $\frac{1}{n}\sum_{i=1}^{n}X_i$,則由此定理知,當 n 足夠大時,可作為 m 的近似值,且可以認為發生的誤差是很小的. 這樣的做法其優點是我們可以不必去管 X 的分佈究竟如何,目的就是尋求數學期望.

習題4.6

1. 設 $\{X_n\}$ 為獨立隨機變量序列,且 $P\{X_1 = 0\} = 1$,

$$P\{X_n = \pm\sqrt{n}\} = \frac{1}{2n}, P\{X_n = 0\} = 1 - \frac{2}{n}, n = 2, 3, \cdots$$

證明 $\{X_n\}$ 服從大數定律.

2. 設 $\{X_n\}$ 為獨立隨機變量序列,且

$$P\{X_k = \pm \sqrt{\ln k}\} = \frac{1}{2}, k = 1,2,3,\cdots$$

證明 $\{X_n\}$ 服從大數定律.

§4.7 中心極限定理

前面所討論的大數定理,是多個隨機變量的平均 $\frac{1}{n}\sum_{i=1}^{n}X_i$ 的漸近性質. 而我們將討論的中心極限定理(Central limit theorem)就是研究獨立隨機變量之和的極限分佈為正態分佈的一系列定理. 這類定理有很多推廣的或一般化的形式,這裡我們只不加證明地介紹其中在應用上較為普遍的兩個定理.

定理 4.12 (列維 — 林德伯格中心極限定理) 設 $X_1, X_2, \cdots, X_n, \cdots$ 是一獨立同分佈隨機變量序列, $E(X_i) = \mu, D(X_i) = \sigma^2 > 0 \ (i = 1,2,\cdots)$, 記 $Y_n = X_1 + X_2 + \cdots + X_n$, 則對任意實數 x 有

$$\lim_{n\to\infty}P\left\{\frac{Y_n - n\mu}{\sqrt{n}\sigma} \leq x\right\} = \frac{1}{\sqrt{2\pi}}\int_{-\infty}^{x}e^{-\frac{t^2}{2}}dt = \Phi(x)$$

這裡 $\Phi(x)$ 是標準正態分佈函數.

由於 $Y_n = X_1 + X_2 + \cdots + X_n$ 的均值為 $n\mu$,方差為 $n\sigma^2$,因此 $\frac{Y_n - n\mu}{\sqrt{n}\sigma}$ 是 Y_n 的標準化隨機變量. 定理 4.12 告訴我們,當 n 充分大時, $\frac{Y_n - n\mu}{\sqrt{n}\sigma}$ 近似服從標準正態分佈 $N(0,1)$;亦即當 n 充分大時, n 個相互獨立且同分佈的隨機變量之和 Y_n 總是近似地服從正態分佈 $N(n\mu, n\sigma^2)$.

這一結果為 n 較大時獨立同分佈隨機變量之和的概率計算提供了重要的理論基礎和計算途徑:將這種「和」不管原來的分佈是什麼,只要 n 充分大,就可以視作正態變量來計算其有關概率.

例 1 設一種機器的某個螺絲釘重量是一個隨機變量,其均值是 100 克,標準差是 10 克,求一盒 100 個同型號螺絲釘的重量超過 10.2 千克的概率.

解 設 $X_i(i = 1,2,\cdots,100)$ 為第 i 個螺絲釘的重量, $X_1, X_2, \cdots, X_{100}$ 相互獨立,由題設

$$E(X_i) = 100, D(X_i) = 10 (i = 1,2,\cdots,100)$$

據列維 — 林德伯格中心極限定理,隨機變量 $\sum_{i=1}^{100}X_i$ 近似地服從正態分佈

$N(10,000,100^2)$,於是,所求概率為

$$P\{\sum_{i=1}^{100} X_i > 10,200\} = 1 - P\{\frac{\sum_{i=1}^{100} X_i - 10,000}{100} \leq 2\}$$

$$\approx 1 - \Phi(2) = 1 - 0.9772 = 0.0228$$

例2 一生產線生產的產品成箱包裝,且成箱的產品用卡車進行運輸.每箱產品的重量是隨機的,假設每箱重量與規定重量的誤差都服從均勻分佈 $U(-0.5, 0.5)$.若要使一車產品的重量的誤差總和絕對值小於10的概率達到90%,試用中心極限定理說明每輛車最多可以裝多少箱.

解 設 $X_i(i=1,2,\cdots,n)$ 是裝運的第 i 箱的重量誤差, n 為所求箱數.由題設, $E(X_i) = 0, D(X_i) = \frac{1}{12}(i=1,2,\cdots,n)$.而 n 箱的總重量誤差為 $Y_n = X_1 + X_2 + \cdots + X_n$ 由題意,箱數 n 應滿足不等式

$$P\{|Y_n| < 10\} \geq 0.9$$

由列維 — 林德伯格中心極限定理, Y_n 近似服從正態分佈 $N(0, \frac{n}{12})$,於是可得

$$2\Phi(\frac{10}{\sqrt{n/12}}) - 1 \geq 0.9$$

即

$$\Phi(\frac{20\sqrt{3}}{\sqrt{n}}) \geq 0.95$$

查表得 $\frac{20\sqrt{3}}{\sqrt{n}} \geq 1.645 \Rightarrow n \leq 443.45$

即最多裝443箱,才能使一車產品的重量的誤差總和絕對值小於10的概率達到90%.

將定理應用到 n 重伯努利試驗的場合:設 Y_n 表示 n 次試驗中事件 A 發生的總次數, X_i 表示第 i 次試驗中事件 A 出現的次數,又設每次試驗中事件 A 出現的概率為 p,則

$$Y_n = X_1 + X_2 + \cdots + X_n \sim B(n,p)$$

我們得到下面的定理.

定理4.13 (棣莫弗 — 拉普拉斯)設隨機變量 $Y_n \sim B(n,p)$ $(n=1,2,\cdots)$,則

$$\lim_{n\to\infty} P\left\{\frac{Y_n - np}{\sqrt{np(1-p)}} \leq x\right\} = \Phi(x) \qquad (4.12)$$

(4.12) 式表明, 當 $n \to \infty$ 時, 二項分佈 $B(n,p)$ 以正態分佈 $N[np,np(1-p)]$ 為其極限分佈. 因此在實際應用中, 當 n 較大時, 即可用正態分佈 $N[np,np(1-p)]$ 近似代替二項分佈 $B(n,p)$.

例 3 設某保險公司推出某種保險產品有 1 萬人購買(每人一份), 每人在年初向保險公司交保費 200 元. 若被保險人在年度內死亡, 保險公司賠付其家屬 1 萬元. 設參保的人員中, 在一年內死亡的概率均為 0.017, 求:

(1) 保險公司沒利潤的概率;

(2) 保險公司一年的利潤不少於 10 萬元的概率.

解 設 X 表示在一年中被保險的人的死亡人數, 則 $X \sim B(10,000, 0.017)$, 且

$np = 10,000 \times 0.017 = 170, np(1-p) = 10,000 \times 0.017 \times 0.983 = 167$

於是, 由棣莫弗 — 拉普拉斯中心極限定理, X 近似服從正態分佈 $N(170,167)$.

(1) $P\{\text{保險公司沒利潤}\} = P\{10,000 X > 200 \times 10,000\} = P\{X > 200\}$

$$\approx 1 - \Phi\left(\frac{200 - 170}{\sqrt{167}}\right) = 1 - \Phi(2.32) = 0.01$$

(2) $P\{\text{保險公司的利潤不少於 10 萬元}\}$

$$= P\{200 - X \geq 10\} = P\{X \leq 190\}$$

$$\approx \Phi\left(\frac{190 - 170}{\sqrt{167}}\right) = \Phi(1.55) = 0.9394$$

棣莫弗 — 拉普拉斯中心極限定理是專門針對二項分佈的, 因此也可稱為「二項分佈的正態近似」. 前面第二章的定理(泊松定理) 給出的是「二項分佈的泊松近似」. 兩者比較, 一般在 p 較小時, 用後者較好; 而在 $np > 5$ 時用前者較好.

習題 4.7

1. 設鐵釘廠生產的每盒鐵釘裝 100 顆, 每顆的標準重量為 10 克, 每顆重量的標準差為 1 克. 求任取的一盒鐵釘重量超過 1010 克的概率.

2. 一個複雜的系統, 由 100 個相互獨立起作用的部件所組成. 在整個運行期間, 每個部件損壞的概率為 0.1 為了使整個系統起作用, 至少需有 85 個部件.

求整個系統工作的概率.

3. 假定某檔電視節目的收視率為10%. 則在某天抽查的 400 戶居民中(設可認為每戶收看該電視節目的概率均為10%), 有不多於 50 戶居民要收看該檔節目的概率為多大?

4. 設有 30 個電子器件, 它們的使用壽命(單位:小時)$T_1, T_2, \cdots, T_{30}$ 服從參數 $\lambda = 0.1$ 的指數分佈. 其使用情況使第一個損壞第二個立即使用, 第二個損壞第三個立即使用等等. 令 T 為 30 個器件使用的總時間, 求 T 超過 350 小時的概率.

5. 抽樣檢查產品質量時, 如果發現次品多於 10 個, 則認為這批產品不能接受, 問應檢查多少產品才能使次品率為 10% 的一批產品不被接受的概率達到 0.9.

6. 某運輸公司有 500 輛汽車參加保險, 在一年內汽車出事故的概率為 0.006, 參加保險的汽車每年交保險費 800 元, 若出事故保險公司最多賠償 50,000 元, 試利用中心極限定理計算, 保險公司一年賺錢不小於 200,000 元概率.

復習題四

一、單項選擇題

1. 已知隨機變量 X 服從二項分佈 $B(n,p)$, 且 $E(X) = 2.4, D(X) = 1.44$, 則參數 n, p 的值為 (   ).
   (a) $n = 4, p = 0.6$　　　　　　　(b) $n = 6, p = 0.4$
   (c) $n = 8, p = 0.3$　　　　　　　(d) $n = 24, p = 0.1$

2. 已知隨機變量 X 的數學期望為 $E(X)$, 則必有(   ).
   (a) $E(X^2) = (E(X))^2$　　　　　(b) $E(X^2) \geq (E(X))^2$
   (c) $E(X^2) \leq (E(X))^2$　　　　(d) $E(X^2) + (E(X))^2 = 1$

3. 設 X 服從泊松分佈, 且 $D(X + 3) = 2$, 則 $P\{X = 0\} = ($ $)$.
   (a) 0　　　　　　　　　　　　　(b) $2e^{-2}$
   (c) e^{-2}　　　　　　　　　　　(d) $\dfrac{1}{2}$

4. 設隨機變量 X 的分佈密度為 $p(x) = \dfrac{1}{2\sqrt{\pi}} e^{-\frac{x^2}{4}} (-\infty < x < +\infty)$, 則 $D(2 - X) = ($ $)$.

(a) 2 (b) −2
(c) −4 (d) 4

5. 對於兩個隨機變量 X 與 Y,若 $E(XY) = E(X) \cdot E(Y)$,則( ).
(a) $D(XY) = D(X) \cdot D(Y)$ (b) $D(X + Y) = D(X) + D(Y)$
(c) X 與 Y 相互獨立 (d) X 與 Y 不相互獨立

6. 若二維隨機變量 (X, Y) 服從二維正態分佈 $N(1, 2, 4, 8, 0)$,則 $D(X - 2Y) = ($).
(a) 32 (b) 36
(c) 38 (d) 42

7. 設 a, b, c, d 為不為零的常數,隨機變量 X 與 Y 的協方差為 $Cov(X, Y) = \sigma_{XY}$,令 $X_1 = aX + b$, $Y_1 = cY + d$,則 X_1 與 Y_1 的協方差為( ).
(a) σ_{XY} (b) $ac\sigma_{XY} + bd$
(c) $bd\sigma_{XY} + ac$ (d) $ac\sigma_{XY}$

8. 設隨機變量 X_1, X_2 獨立同服從參數為 λ 的指數分佈. 令 $Y = \frac{1}{2}(X_1 + X_2)$,則( ).
(a) $E(Y) = \frac{1}{2\lambda}$ (b) $D(Y) = \frac{1}{\lambda^2}$
(c) $Cov(X_1, Y) = \frac{1}{\lambda^2}$ (d) $Cov(X_1, Y) = \frac{1}{2\lambda^2}$

9. 設 $X \sim N(2, 4)$, $Y \sim N(2, 9)$,且 X 與 Y 相互獨立,則由切比雪夫不等式有( ).
(a) $P\{|X - Y| < 4\} \geq \frac{13}{16}$ (b) $P\{|X - Y| < 4\} \leq \frac{13}{16}$
(c) $P\{|X - Y| < 4\} \geq \frac{3}{16}$ (d) $P\{|X - Y| < 4\} \leq \frac{3}{16}$

10. 設隨機變量 $X_1, X_2, \cdots, X_n, \cdots$ 相互獨立且均服從參數為 λ 的指數分佈,則下列結論正確的是( ).
(a) $\lim_{n \to \infty} P\left\{\dfrac{\lambda \sum_{i=1}^{n} X_i - n}{\sqrt{n}} \leq x\right\} = \Phi(x)$ (b) $\lim_{n \to \infty} P\left\{\dfrac{\sum_{i=1}^{n} X_i - n}{\sqrt{n}} \leq x\right\} = \Phi(x)$
(c) $\lim_{n \to \infty} P\left\{\dfrac{\lambda \sum_{i=1}^{n} X_i - \lambda}{\sqrt{n}\lambda} \leq x\right\} = \Phi(x)$ (d) $\lim_{n \to \infty} P\left\{\dfrac{\sum_{i=1}^{n} X_i - \lambda}{\sqrt{n}\lambda} \leq x\right\} = \Phi(x)$

其中 $\Phi(x) = \dfrac{1}{\sqrt{2\pi}} \displaystyle\int_{-\infty}^{x} e^{-\frac{t^2}{2}} dt$.

二、填空題

1. 若 X 的分佈函數為 $F(x) = \begin{cases} 0, & x < 0 \\ \dfrac{1}{3}, & 0 \leq x < 2 \\ \dfrac{5}{6}, & 2 \leq x < 4 \\ 1, & x \geq 4 \end{cases}$，則 X 的數學期望 $E(X) = (\quad)$.

2. 設隨機變量 $X \sim B(3,p)$ 且 $P\{X < 1\} = \dfrac{1}{27}$，則 $E(X-1) = (\quad)$.

3. 設隨機變量 $X \sim U(-1,1)$，則 $E(3-2X) = (\quad)$.

4. 設隨機變量 X 服從泊松分佈，且 $P\{X=1\} = P\{X=2\}$，則 $E(3X-2) = (\quad)$.

5. 若隨機變量 X 的概率密度為 $p_X(x) = \dfrac{1}{2\sqrt{\pi}} e^{-\frac{x^2}{4}}$，則 $E(X^2) = (\quad)$.

6. 設 X 的密度函數為 $p(x) = \begin{cases} 2x, & 0 < x < 1 \\ 0, & 其他 \end{cases}$，則 X 的方差 $D(X) = (\quad)$.

7. 設 $X \sim U(0,2)$，令 $Y = \begin{cases} 0, & X < 1 \\ 1, & X \geq 1 \end{cases}$，則 Y 的方差 $D(Y) = (\quad)$.

8. 設 $(X,Y) \sim N(1,2,4,9,\dfrac{1}{3})$，則 $E(XY) = (\quad)$

9. 設 X 與 Y 的協方差 $Cov(X,Y) = -1$，且 $X \sim N(0,9)$，$Y \sim N(-1,4)$，則 $D(3X-Y) = (\quad)$.

10. 設 $D(X) = 4$，$Cov(X,Y) = 2$，令 $Z = 2X+Y$，則 $Cov(X,Z) = (\quad)$.

三、解答題

1. 從分別標有號碼 $1,2,\cdots,6,7$ 的 7 張卡片中任意取兩張，求餘下的卡片中最大號碼 X 的數學期望.

2. 設某型號的輪船橫向搖擺的隨機振幅 X 的密度函數為

$$p(x) = \begin{cases} \dfrac{x}{\sigma^2} e^{-\frac{x^2}{2\sigma^2}}, & 當 x > 0, \\ 0, & 其他 \end{cases}$$

求:(1)$E(X)$;(2)遇到大於其振幅均值的概率.

3. 某公司經銷某種原料,根據歷史資料表明:這種原料的市場需求量X(單位:噸)服從$(300,500)$上的均勻分佈.每售出1噸該原料,公司可獲利1500(元);若積壓一噸,則公司損失0.5(千元).問公司應該組織多少貨源,可使平均收益最大?

4. 設隨機變量X的概率密度為
$$p(x) = \begin{cases} \dfrac{1}{2}\cos\dfrac{x}{2}, & 0 \leqslant x \leqslant \pi \\ 0, & 其他 \end{cases}$$
對X獨立重複觀察4次,Y表示觀察值大於$\dfrac{\pi}{3}$的次數,求$E(Y^2)$.

5. 證明函數$g(t) = E[(X-t)^2]$在當$t = E(X)$時取得最小值,且最小值為$D(X)$.

6. 設(X,Y)的聯合概率分佈為

X\Y	-1	0	1
-1	α	$\dfrac{1}{8}$	$\dfrac{1}{4}$
1	$\dfrac{1}{8}$	$\dfrac{1}{8}$	β

(1)求證$E(XY) = 0$;(2)當α,β取何值時,X與Y不相關?(3)當X與Y不相關時,X與Y獨立嗎?

7. 設二維隨機變量(X,Y)的聯合概率密度為
$$p(x,y) = \begin{cases} 1, & 0 \leqslant x \leqslant 1, |y| \leqslant x \\ 0, & 其他 \end{cases}$$
求$E(X),E(Y),D(X),D(Y),Cov(X,Y)$及$\rho_{XY}$.

8. 設隨機變量X與Y相互獨立,並有相同的分佈$N(\mu,\sigma^2)$,令$U = aX + bY$,$V = aX - bY$,試求U與V的相關係數.

9. 某餐廳每天接待400名顧客,設每位顧客的消費額(元)服從$(20,100)$上的均勻分佈,且顧客消費額是相互獨立的.試求:(1)該餐廳每天的營業額;(2)該餐廳每天的營業額在平均營業額±760元內的概率.

10. 某商店負責供應某地區1000人的某種商品,設該商品在一段時間內每人需用一件的概率為0.6,並假設這段時間內各人購買與否彼此無關,問商店應

準備多少這種商品才能以 99.7% 的概率保證該商品不脫銷?

第5章

數理統計的基本知識

　　前四章的內容屬於概率論的研究範疇. 在概率論中往往是已知了用以刻畫隨機現象的隨機變量及其分佈, 去研究和計算有關事件的概率和隨機變量的某些數字特徵. 但是在應用當中怎樣去得知某種隨機現象所具有的概率特徵呢? 隨機變量分佈中的參數又怎樣具體給出? 這是由本章開始的數理統計部分將要討論的問題. 數理統計以概率論為理論基礎, 根據試驗或觀測到的數據, 研究如何利用有效的方法對這些已知數據進行整理, 進而對隨機現象的規律作出推測、判斷.

　　隨著電子計算機技術的發展, 數理統計方法的應用越來越廣泛. 可以不誇張地說, 它已經成為經濟管理工作中必不可少的一個數學工具了.

　　本章介紹數理統計中常用的一些概念, 給出統計中常用的幾種分佈並介紹幾個關於抽樣分佈的定理.

§5.1　幾個基本概念

一、總體與個體

在數理統計中,我們將研究對象的全體稱作總體,而將總體中的每個元素稱作個體. 對多數實際問題而言,總體中的個體是一些實在的人或物. 例如,某市衛生局欲瞭解該市新生兒的健康狀況,則某個時段中全部新生兒的全體就構成一個總體,而在其間出生的每個新生兒就是每個個體. 由於反應新生兒健康狀況的往往是新生兒的一些數量指標,例如體重 X、身高 Y、血壓 Z 等,而我們可能只對其中的某項指標,例如體重 X 感興趣,那麼全體新生兒的體重指標亦構成一個總體,稱作總體 X. 因為不同的新生兒可能有不同的體重,被查到的新生兒具有隨機性,所以總體 X 是一個隨機變量. 事實上,今後我們談及的總體 X 均指隨機變量. 這樣,個體就是隨機變量 X 的具體取值.

二、樣本

當所研究的總體 X 含有的個體數量很大時,受人力物力的限制,人們往往從總體中抽取部分個體加以研究,並從所抽到的個體的性質估計或推斷總體的性質. 記從總體 X 中抽取的 n 個個體(的數量指標)為 $X_1, X_2, \cdots, X_n$,通常稱 $(X_1, X_2, \cdots, X_n)$ 為總體 X 的一個容量為 n 的樣本.

由於抽樣的隨機性,上述個體 $X_1, X_2, \cdots, X_n$ 均是隨機變量. 而當我們抽得一個具體的樣本

$$X_1 = x_1, X_2 = x_2, \cdots, X_n = x_n$$

時,稱 $(x_1, x_2, \cdots, x_n)$ 為樣本 $(X_1, X_2, \cdots, X_n)$ 的一個觀測值.

我們約定,在今後的討論中,通常大寫字母 X_i 等均表示隨機變量,而小寫字母 x_i 等則是隨機變量 X_i 的觀測值. 但在某些特定的場合,有時小寫字母 x_i 等又具有隨機變量和隨機變量的觀測值雙重身分,讀者應能從上下文中加以區別.

從總體中抽取樣本可以有不同的抽法,為了能由樣本對總體作出較可靠的推斷,就希望樣本能夠很好地代表總體,因此在進行抽樣時一般應確保抽樣的隨機性和獨立性,即確保樣本中的 n 個隨機變量 $X_1, X_2, \cdots, X_n$ 相互獨立,且與總體 X 具有相同的概率分佈.

定義 5.1　若總體 X 的容量為 n 的樣本 $(X_1, X_2, \cdots, X_n)$ 滿足:
(1) $X_1, X_2, \cdots, X_n$ 與總體 X 具有相同的分佈;

(2) $X_1, X_2, \cdots, X_n$ 相互獨立．

則稱 $(X_1, X_2, \cdots, X_n)$ 為總體 X 的簡單隨機樣本．

通常,重複抽樣(即放回抽樣)所得樣本可認為是簡單隨機樣本．採用無放回抽樣,得到的樣本一般不是簡單隨機樣本,但只要總體所含個體數很大,特別是與樣本容量相比很大時,也可認為是基本滿足簡單隨機樣本的要求的．我們約定,在今後的討論中,凡是提及樣本的地方,均指簡單隨機樣本,對此不再專作說明．

若總體 X 的分佈函數和密度函數分別為 $F(x)$ 和 $p(x)$,則其簡單隨機樣本 $(X_1, X_2, \cdots, X_n)$ 的聯合分佈函數和聯合密度函數分別為

$$F(x_1, x_2, \cdots, x_n) = \prod_{i=1}^{n} F(x_i)$$

和

$$p(x_1, x_2, \cdots, x_n) = \prod_{i=1}^{n} p(x_i)$$

三、經驗分佈函數

定義 5.2 設 $(X_1, X_2, \cdots, X_n)$ 為來自總體 X 的樣本, $(x_1, x_2, \cdots, x_n)$ 為樣本觀測值。假設在 n 個觀測值中有 k 個不同的值,按由小到大的順序依次記為:

$$x_{(1)} < x_{(2)} < \cdots < x_{(k)}, k \leq n$$

並假設各個 $x_{(i)}$ 出現的頻數為 n_i,則各個 $x_{(i)}$ 出現的頻率為:

$$f_i = \frac{n_i}{n}, i = 1, 2, \cdots, k; k \leq n$$

設函數

$$F_n(x) = \begin{cases} 0, & x < x_{(1)} \\ \sum_{j=1}^{i} f_j, & x_{(i)} \leq x < x_{(i+1)}, i = 1, 2, \cdots, k-1 \\ 1, & x \geq x_{(k)}, k \leq n \end{cases}$$

稱 $F_n(x)$ 為經驗分佈函數．

例 1 某車間用包裝機包裝葡萄糖．現從包裝線上隨機抽取 6 袋葡萄糖,稱得他們的重量 (kg) 分別為:

$$0.498, 0.506, 0.496, 0.511, 0.506, 0.518$$

這是一個容量為 6 的樣本觀測值,排序可得:

$$0.496 < 0.498 < 0.506 = 0.506 < 0.511 < 0.518$$

則經驗分佈函數為

$$F_6(x) = \begin{cases} 0, & x < 0.496 \\ \frac{1}{6}, & 0.496 \leq x < 0.498 \\ \frac{1}{3}, & 0.498 \leq x < 0.506 \\ \frac{2}{3}, & 0.506 \leq x < 0.511 \\ \frac{5}{6}, & 0.511 \leq x < 0.518 \\ 1, & x \geq 0.518 \end{cases}$$

對每一給定的實數 x，如果視「$X_i = x_i$」($i = 1, 2, \cdots, n$) 為對總體 X 進行第 i 次觀測時所得的觀測值，則 $F_n(x)$ 即是在 n 次觀測中事件「$X \leq x$」發生的頻率，它是一個隨機變量．利用伯努利大數定律可知：當 $n \to \infty$ 時，$F_n(x)$ 依概率收斂於總體的分佈函數 $F(x)$．因此當樣本容量較大時，可用經驗分佈函數近似代替總體分佈函數．

四、統計量

樣本是進行統計推斷的基本依據，樣本的觀測值中含有總體各方面的信息，但這些信息往往較為分散，有時甚至是雜亂無章的．為將這些分散在樣本中的有關總體的信息集中起來，或者說為將樣本所提供的信息加以濃縮，人們在利用樣本進行統計推斷之前首先要做的事情，是先來構造樣本的函數，用不同的函數去反應總體的不同特徵．

定義 5.3　設 $(X_1, X_2, \cdots, X_n)$ 是來自總體 X 的樣本，若函數 $T(X_1, X_2, \cdots, X_n)$ 中不含有任何未知參數．稱 $T = T(X_1, X_2, \cdots, X_n)$ 為一個統計量．

依照上述定義，統計量就是樣本的不含有任何未知參數的函數，是一個隨機變量．在今後的討論中我們還會遇到樣本的含有未知參數的函數，它們不能叫做統計量，通常稱之為樣本函數．

例如，設總體 $X \sim N(\mu, 4)$，其中 μ 為未知參數，$(X_1, X_2, \cdots, X_{10})$ 為其樣本，則

$$\sum_{i=1}^{10} X_i, \sum_{i=1}^{10} X_i^2, X_1 - 3X_2 + 5X_5, X_1X_2 + X_3X_4$$

都是統計量，而

$$\sum_{i=1}^{10} \left(\frac{X_i - \mu}{2}\right)^2, \prod_{i=1}^{10} (X_i - \mu)$$

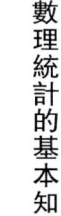

就不是統計量,但均是樣本的函數.
下面是幾個最常用的統計量:
(1) 樣本均值
$$\bar{X} = \frac{1}{n}\sum_{i=1}^{n} X_i$$
(2) 樣本方差
$$S^2 = \frac{1}{n-1}\sum_{i=1}^{n} (X_i - \bar{X})^2$$
樣本方差 S^2 的算術平方根 $S = \sqrt{\frac{1}{n-1}\sum_{i=1}^{n}(X_i - \bar{X})^2}$ 又稱樣本標準差;
(3) k 階樣本(原點)矩
$$A_k = \frac{1}{n}\sum_{i=1}^{n} X_i^k, (k = 1, 2, \cdots)$$
(4) k 階樣本中心矩
$$B_k = \frac{1}{n}\sum_{i=1}^{n} (X_i - \bar{X})^k, (k = 1, 2, \cdots)$$

利用概率論中數學期望的性質和方差的性質容易證得下面的定理 5.1(證明留作練習).

定理 5.1　設 $(X_1, X_2, \cdots, X_n)$ 是來自總體 X 的樣本,$\bar{X}$ 和 S^2 分別是樣本均值和樣本方差,則

(1) $E(\bar{X}) = E(X), D(\bar{X}) = \dfrac{D(X)}{n}$;

(2) $E(S^2) = D(X)$.

五、隨機變量的分位數

定義 5.4　設 X 為連續型隨機變量,$p(x)$ 為其密度函數,對於給定的數 $a(0 < a < 1)$,稱滿足等式
$$P(X > x_\alpha) = \int_{x_\alpha}^{+\infty} p(x)\,\mathrm{d}x = a$$
的數 x_α 為 X 的上側 a 分位數,也可稱 x_α 為 X 的對應概率分佈的上側 α 分位數.

分位數在數理統計中經常被使用,人們還特別對常用的一些分佈編製了他們的分位數表,以方便查用(見附表).

習題 5.1

1. 設樣本值如下:

$$15,20,32,26,37,18,19,43$$
計算樣本均值、樣本方差、樣本的 2 階原點矩及樣本的 2 階中心矩.

2. 設總體 $X \sim N(12,4)$, $(X_1,X_2,\cdots,X_5)$ 是來自總體 X 的樣本,求概率 $P\{\max(X_1,X_2,X_3,X_4,X_5) > 12\}$.

3. 設 $(X_1,X_2,\cdots,X_n)$ 是來自總體 X 的樣本,$\bar{X}$ 和 S^2 分別是樣本均值和樣本方差,證明 (1) $E(\bar{X}) = E(X)$,$D(\bar{X}) = \dfrac{D(X)}{n}$;(2) $E(S^2) = D(X)$.

4. 某保險公司記錄的 $n = 6$ 起火災事故的損失數據如下(單位:萬元): $1.86,0.75,3.21,2.45,1.98,4.12$. 求該樣本的經驗分佈函數.

5. 求標準正態分佈的上 0.01 分位數和上 0.48 分位數.

§5.2 數理統計中幾個常用分佈

一、正態分佈

在概率論中,我們已經學習過正態分佈. 如果隨機變量 X 的概率密度函數為

$$p(x) = \frac{1}{\sqrt{2\pi}\sigma}e^{-\frac{(x-\mu)^2}{2\sigma^2}}, \quad -\infty < x < +\infty$$

則稱 X 服從正態分佈,簡記為 $X \sim N(\mu,\sigma^2)$. 此時,我們也稱 X 是正態分佈的隨機變量,或簡稱 X 為正態變量.

特別地,當 $\mu = 0$,$\sigma^2 = 1$ 時,稱為標準正態分佈,也稱 X 是標準正態變量. $X \sim N(\mu,\sigma^2)$ 時,有 $Y = \dfrac{X-\mu}{\sigma} \sim N(0,1)$.

標準正態分佈的上側 α 分位數通常記作 u_α,根據定義,u_α 應滿足

$$P(X > u_\alpha) = \int_{u_\alpha}^{+\infty} \frac{1}{\sqrt{2\pi}}e^{-\frac{x^2}{2}}dx = 1 - \Phi(u_\alpha) = \alpha$$

其中 $\Phi(x)$ 為標準正態分佈 $N(0,1)$ 的分佈函數.

當 $\alpha \leq \dfrac{1}{2}$ 時,可直接由標準正態分佈表(見附表 2)查出 u_α 的值;當 $\alpha > \dfrac{1}{2}$ 時,可利用標準正態分佈密度曲線關於 y 軸的對稱性,得 $u_\alpha = -u_{1-\alpha}$,從而得到 u_α 的值.

例如,$u_{0.01} = 2.33$,$u_{0.975} = -u_{0.025} = -1.96$ 等等.

另外,關於正態分佈的下列結果是數理統計中確定某些統計量的分佈的重要依據:

(1) 若 $X \sim N(\mu, \sigma^2)$,則
$$aX + b \sim N(a\mu + b, a^2\sigma^2) \tag{5.1}$$

(2) 若 $X_1, X_2, \cdots, X_n$ 相互獨立,且 $X_i \sim N(\mu_i, \sigma_i^2)$,則
$$\sum_{i=1}^{n} X_i \sim N(\sum_{i=1}^{n} \mu_i, \sum_{i=1}^{n} \sigma_i^2) \tag{5.2}$$

二、χ^2 分佈

定義 5.5 設隨機變量 $X_1, X_2, \cdots, X_n$ 相互獨立,且均服從標準正態分佈 $N(0,1)$. 稱隨機變量
$$\chi^2 = X_1^2 + X_2^2 + \cdots + X_n^2$$
的分佈為具有 n 個自由度的 χ^2 分佈,記作 $\chi^2 \sim \chi^2(n)$.

利用求隨機變量函數的分佈的方法可以得到自由度為 n 的 χ^2 分佈的概率密度函數為
$$p(x) = \begin{cases} \dfrac{1}{2^{\frac{n}{2}} \Gamma(\frac{n}{2})} x^{\frac{n}{2}-1} e^{-\frac{x}{2}}, & x > 0 \\ 0, & x \leq 0 \end{cases}$$
其中 $\Gamma(\cdot)$ 為 Γ 函數.

χ^2 分佈的密度曲線如圖 5.1 所示.

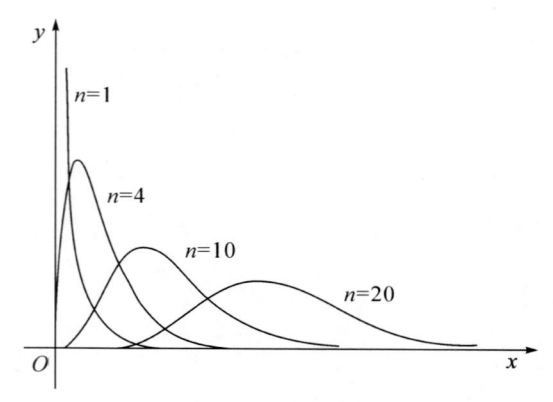

圖 5.1 χ^2 分佈密度曲線

下面是 χ^2 分佈的兩條常用性質:

性質1 若 $X \sim \chi^2(m), Y \sim \chi^2(n)$，且 X 與 Y 相互獨立，則
$$X + Y \sim \chi^2(m+n)$$
性質2 若 $X \sim \chi^2(n)$，則
$$E(X) = n, D(X) = 2n$$

性質1 可以這樣來理解，因為 X 與 Y 相互獨立，所以 $X+Y$ 就是 $m+n$ 個相互獨立的標準正態變量的平方和，由定義，它服從自由度為 $m+n$ 的 χ^2 分佈。對於性質2，因為 X 是 n 個獨立的標準正態變量的平方和，所以可利用概率論中數學期望和方差的性質，計算得到 $E(X) = n, D(X) = 2n$.

自由度為 n 的 χ^2 分佈的上側 α 分位數通常記作 $\chi^2_\alpha(n)$.

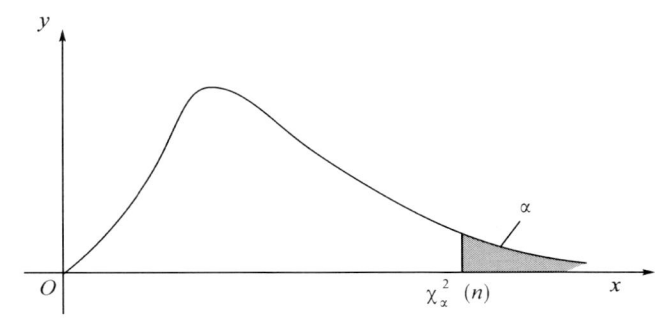

圖5.2 χ^2 隨機變量的上 α 分位數

例1 設 $X \sim \chi^2(10)$，求 X 的上側 0.05 分位數及上側 0.90 分位數.

解 由題意，要求 $\chi^2_{0.05}(10)$ 和 $\chi^2_{0.90}(10)$ 分別滿足
$$P\{X > \chi^2_{0.05}(10)\} = 0.05$$
及
$$P\{X > \chi^2_{0.90}(10)\} = 0.90$$
查附表4可得
$$\chi^2_{0.05}(10) = 18.307, \chi^2_{0.90}(10) = 4.865$$

三、t 分佈

定義5.6 設 $X \sim N(0,1), Y \sim \chi^2(n)$ 且 X 與 Y 相互獨立. 稱隨機變量
$$T = \frac{X}{\sqrt{Y/n}}$$
的分佈為具有 n 個自由度的 t 分佈，記作 $T \sim t(n)$.

可以證明，自由度為 n 的 t 分佈的概率密度函數為

$$p(x) = \frac{\Gamma\left(\frac{n+1}{2}\right)}{\sqrt{n\pi}\,\Gamma\left(\frac{n}{2}\right)} \left(1 + \frac{x^2}{n}\right)^{-\frac{n+1}{2}} \quad (-\infty < x < +\infty)$$

圖5.3給出了 $n = 1$、10、20 時的 t 分佈密度曲線.

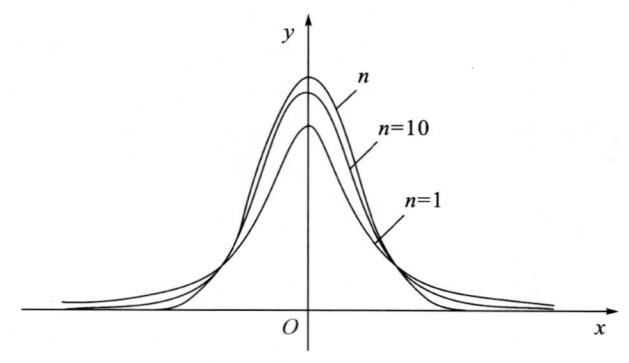

圖5.3　t 分佈密度曲線

t 分佈的密度函數及其圖形顯示,t 分佈密度曲線關於 y 軸對稱. 如果 $T \sim t(n)$,則 $E(T) = 0$.

進一步的研究表明,當 $n \to +\infty$ 時,t 分佈以標準正態分佈 $N(0,1)$ 為其極限分佈. 因此,當 n 較大時(例如,當 $n \ge 30$ 時),t 分佈密度曲線與標準正態分佈密度曲線極為接近.

例2　設 $X \sim t(9)$,分別求 λ 使得:

(1) $P(X < \lambda) = 0.01$;

(2) $P(|X| < \lambda) = 0.95$.

解　(1) 利用 t 分佈的對稱性,由題設可得

$$P(X > -\lambda) = 0.01$$

所以,$-\lambda$ 是 X 的上側 0.01 分位數,即

$$-\lambda = t_{0.01}(9) \xrightarrow{查附表3} 2.821$$

於是

$$\lambda = -2.821$$

(2) 利用 t 分佈的對稱性,由題設可得

$$P(X \ge \lambda) = 0.025$$

所以,λ 是 X 的上側 0.025 分位數,即

$$\lambda = t_{0.025}(9) \xrightarrow{\text{查附表2}} 2.262$$

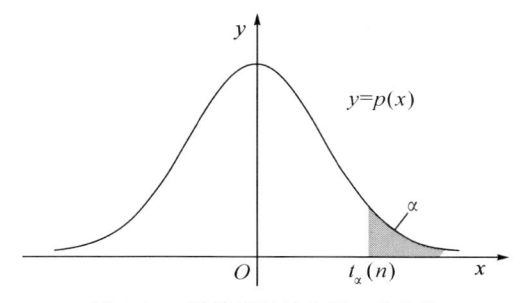

圖 5.4　t 隨機變量的上側 α 分位數

四、F 分佈

定義 5.7　設 $X \sim \chi^2(m), Y \sim \chi^2(n)$，且 X 與 Y 相互獨立．稱隨機變量
$$F = \frac{X/m}{Y/n}$$
的分佈為具有自由度 (m,n) 的 F 分佈，記作 $F \sim F(m,n)$．

可以證明，自由度為 (m,n) 的 F 分佈的概率密度為

$$p(x) = \begin{cases} \dfrac{\Gamma(\frac{m+n}{2})(\frac{m}{n})^{\frac{m}{2}}}{\Gamma(\frac{m}{2})\Gamma(\frac{n}{2})} \cdot \dfrac{x^{\frac{m}{2}-1}}{(1+\frac{m}{n}x)^{\frac{m+n}{2}}}, & x > 0 \\ 0, & x \leq 0 \end{cases}$$

圖 5.5 給出了自由度分別為 $(10,4)$、$(10,10)$ 和 $(10,50)$ 的 F 分佈密度曲線．由定義 5.7 立即可得為 F 分佈所獨有的下列重要性質：若 $F \sim F(m,n)$，則
$$\frac{1}{F} \sim F(n,m)$$

據此可得隨機變量 F 的上側 α 分位數 $f_\alpha(m,n)$ 與隨機變量 $\frac{1}{F}$ 的上側 $1-\alpha$ 分位數 $f_{1-\alpha}(n,m)$ 之間的關係式：

$$f_\alpha(m,n) = \frac{1}{f_{1-\alpha}(n,m)} \quad (5.3)$$

事實上，由上側分位數定義有
$$P\{F(m,n) > f_\alpha(m,n)\} = \alpha$$
從而

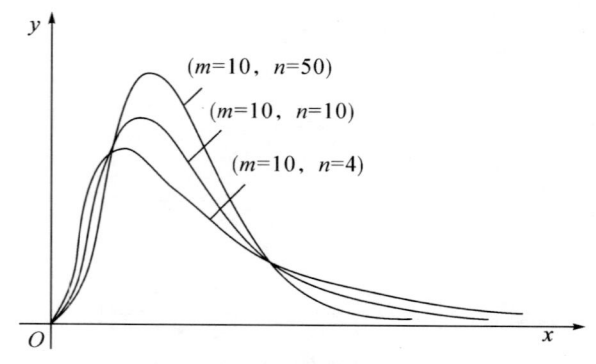

圖 5.5　F 分佈密度曲線

$$P\left\{\frac{1}{F(n,m)} > f_\alpha(m,n)\right\} = a$$

$$P\left\{F(n,m) < \frac{1}{f_\alpha(m,n)}\right\} = a$$

$$P\left\{F(n,m) \geq \frac{1}{f_\alpha(m,n)}\right\} = 1 - a$$

最後的等式表明

$$f_{1-\alpha}(n,m) = \frac{1}{f_\alpha(m,n)}$$

從而(5.3)式成立.

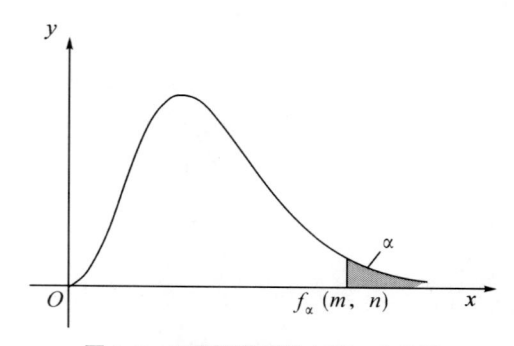

圖 5.6　F 隨機變量的上側 a 分位數

例 3　設 $X \sim F(7,10), P(X \leq \lambda) = 0.05$, 求 λ.

解　由題設可得

$$P(X > \lambda) = 0.95$$

所以, λ 是 X 的上側 0.95 分位數, 於是

$$\lambda = f_{0.95}(7,10) = \frac{1}{f_{0.05}(10,7)} \xrightarrow{\text{查附表 5}} \frac{1}{3.64} = 0.275$$

習題 5.2

1. 設總體 $X \sim N(8,36)$, $(X_1, X_2, \cdots, X_9)$ 是取自總體 X 的樣本, $\bar{X}$ 是樣本均值, 求 $P\{|\bar{X} - 7| < 2\}$.

2. 設 $X \sim \chi^2(9)$, 求 λ 使其滿足 $P(X < \lambda) = 0.95$.

3. 設總體 $X \sim N(0,1)$, $(X_1, X_2, \cdots, X_{10})$ 是取自總體 X 的樣本, 求 $E(X_1^2 + X_2^2 + \cdots + X_{10}^2)$ 及 $D(X_1^2 + X_2^2 + \cdots + X_{10}^2)$.

4. 設總體 $X \sim N(20,3)$, 從中獨立地抽取容量分別為 10 和 15 的兩個樣本, 求它們的樣本均值之差的絕對值大於 0.3 的概率.

5. 設 $X \sim t(12)$, (1) 求 a 使得 $P(X < a) = 0.05$; (2) 求 b 使得 $P(X > b) = 0.99$.

6. 設 $X \sim F(8,12)$, 求 λ 使得 $P(X < \lambda) = 0.01$.

§5.3 抽樣分佈定理

統計量是進行統計推斷的基本依據和出發點, 因而知道統計量的分佈至關重要. 通常稱統計量的分佈為抽樣分佈. 本書只討論應用中最為常見的正態總體下的抽樣分佈.

定理 5.2 設總體 $X \sim N(\mu, \sigma^2)$, $(X_1, X_2, \cdots, X_n)$ 為其樣本, 則

$$\bar{X} \sim N\left(\mu, \frac{\sigma^2}{n}\right)$$

證明 據 (5.2) 式, 有

$$\sum_{i=1}^{n} X_i \sim N(n\mu, n\sigma^2)$$

再由 (5.1) 式, 得

$$\bar{X} = \frac{1}{n} \sum_{i=1}^{n} X_i \sim N\left(\mu, \frac{\sigma^2}{n}\right)$$

推論 1 設總體 $X \sim N(\mu, \sigma^2)$, $(X_1, X_2, \cdots, X_n)$ 為其樣本, 則

$$U = \frac{\bar{X} - \mu}{\sigma/\sqrt{n}} \sim N(0,1)$$

推論 2 設總體 $X \sim N(\mu_1, \sigma_1^2)$，總體 $Y \sim N(\mu_2, \sigma_2^2)$，且 X 與 Y 相互獨立．$(X_1, X_2, \cdots, X_m)$ 和 $(Y_1, Y_2, \cdots, Y_n)$ 分別為來自總體 X 和 Y 的樣本，則

$$\bar{X} - \bar{Y} \sim N(\mu_1 - \mu_2, \frac{\sigma_1^2}{m} + \frac{\sigma_2^2}{n})$$

例 1 設總體 $X \sim N(\mu, 4)$，$(X_1, X_2, \cdots, X_9)$ 為其樣本，求 $P(|\bar{X} - \mu| < 0.4)$．

解 由定理 5.2 的推論 1 知

$$\frac{\bar{X} - \mu}{2/\sqrt{9}} = \frac{3(\bar{X} - \mu)}{2} \sim N(0,1)$$

於是得

$$P(|\bar{X} - \mu| < 0.4) = P(\frac{3|\bar{X} - \mu|}{2} < 0.6)$$
$$= \Phi(0.6) - \Phi(-0.6) = 2\Phi(0.6) - 1$$
$$= 2 \times 0.7257 - 1 = 0.4514$$

例 2 設總體 $X \sim N(15, 49)$，為使樣本均值大於 12 的概率不小於 0.9，樣本容量 n 至少應是多少？

解 由題設，$\bar{X} \sim N(15, \frac{49}{n})$，從而 $\frac{\bar{X} - 15}{7/\sqrt{n}} \sim N(0,1)$．樣本容量 n 應滿足

$$P(\bar{X} > 12) \geq 0.9$$

即

$$P(\frac{\bar{X} - 15}{7/\sqrt{n}} > \frac{12 - 15}{7/\sqrt{n}}) \geq 0.9$$

$$P(\frac{\bar{X} - 15}{7/\sqrt{n}} > -\frac{3\sqrt{n}}{7}) \geq 0.9$$

亦即

$$\Phi(\frac{3\sqrt{n}}{7}) \geq 0.9$$

查標準正態分佈表，得

$$\frac{3\sqrt{n}}{7} \geq 1.29 \Rightarrow n \geq 8.92$$

即樣本容量 n 至少應取 9．

定理 5.3 設總體 $X \sim N(\mu, \sigma^2)$，$(X_1, X_2, \cdots, X_n)$ 為其樣本，則

$$\chi^2 = \frac{1}{\sigma^2} \sum_{i=1}^{n} (X_i - \mu)^2 \sim \chi^2(n)$$

證明 由定理假設可得
$$\frac{X_i - \mu}{\sigma} \sim N(0,1) \quad (i = 1, 2, \cdots, n)$$

因為諸 X_i 相互獨立，從而諸 $\frac{X_i - \mu}{\sigma}$ 亦相互獨立，所以據定義5.5，諸 $\frac{X_i - \mu}{\sigma}$ 的平方和
$$\chi^2 = \frac{1}{\sigma^2} \sum_{i=1}^{n} (X_i - \mu)^2$$

服從自由度為 n 的 χ^2 分佈．

例3 設總體 $X \sim N(0,4)$，$(X_1, X_2, \cdots, X_8)$ 為其樣本，求 $P\left(\sum_{i=1}^{8} X_i^2 > 8\right)$．

解 因 $\frac{X_i}{2} \sim N(0,1)$ $(i = 1, 2, \cdots, 8)$，且諸 X_i 相互獨立，故
$$\sum_{i=1}^{8} \left(\frac{X_i}{2}\right)^2 \sim \chi^2(8)$$

所以
$$P\left(\sum_{i=1}^{8} X_i^2 > 8\right) = P\left\{\sum_{i=1}^{8} \left(\frac{X_i}{2}\right)^2 > 2\right\} \xrightarrow{\text{查附表4}} 0.975$$

定理5.4 設總體 $X \sim N(\mu, \sigma^2)$，$(X_1, X_2, \cdots, X_n)$ 為其樣本，則有
$$\frac{(n-1)S^2}{\sigma^2} \sim \chi^2(n-1)$$

且 $\frac{(n-1)S^2}{\sigma^2}$ 與樣本均值 $\bar{X}$ 相互獨立．（證略）

例4 設總體 X 服從正態分佈 $N(0,4)$，$(X_1, X_2, \cdots, X_{17})$ 為來自總體 X 的樣本，S^2 是樣本方差．若 λ 滿足 $P(S^2 \leq \lambda) = 0.01$，求 λ．

解 由 $P(S^2 \leq \lambda) = 0.01$，可得
$$P\left(\frac{16S^2}{4} \leq \frac{16}{4}\lambda\right) = 0.01$$

即
$$P(4S^2 > 4\lambda) = 0.99$$

因 $\frac{16S^2}{4} = 4S^2$ 服從 $\chi^2(16)$ 分佈，所以 4λ 是 $\chi^2(16)$ 分佈的上側 0.99 分位數．查附表4可得
$$4\lambda = \chi^2_{0.99}(16) = 5.812$$

於是

$$\lambda = 1.453$$

定理5.5 設總體 $X \sim N(\mu, \sigma^2)$,$(X_1, X_2, \cdots, X_n)$ 為其樣本,$\bar{X}$ 和 S^2 分別為樣本均值和樣本方差,則有

$$T = \frac{\bar{X} - \mu}{S/\sqrt{n}} \sim t(n-1)$$

證明 據定理 5.2 的推論 1 及定理 5.4,有

$$\frac{\bar{X} - \mu}{\sigma/\sqrt{n}} \sim N(0,1), \frac{(n-1)S^2}{\sigma^2} \sim \chi^2(n-1)$$

且 $\frac{(n-1)S^2}{\sigma^2}$ 與 $\bar{X}$ 相互獨立,從而 $\frac{(n-1)S^2}{\sigma^2}$ 與 $\frac{\bar{X} - \mu}{\sigma/\sqrt{n}}$ 相互獨立. 於是由定義 5.6

$$\frac{\dfrac{\bar{X} - \mu}{\sigma/\sqrt{n}}}{\sqrt{\dfrac{(n-1)S^2}{\sigma^2}/(n-1)}} \sim t(n-1)$$

即

$$\frac{\bar{X} - \mu}{S/\sqrt{n}} \sim t(n-1)$$

定理 5.6 設總體 $X \sim N(\mu_1, \sigma^2)$ 與總體 $Y \sim N(\mu_2, \sigma^2)$ 相互獨立,$(X_1, X_2, \cdots, X_m)$ 和 $(Y_1, Y_2, \cdots, Y_n)$ 分別為來自總體 X 和 Y 的樣本,S_1^2 和 S_2^2 分別是 X 和 Y 的樣本方差,則

$$T = \frac{(\bar{X} - \bar{Y}) - (\mu_1 - \mu_2)}{S_W \sqrt{\dfrac{1}{m} + \dfrac{1}{n}}} \sim t(m+n-2)$$

其中

$$S_W = \sqrt{\frac{(m-1)S_1^2 + (n-1)S_2^2}{m+n-2}}$$

(證略).

定理 5.7 設兩個總體 X 與 Y 相互獨立,且有 $X \sim N(\mu_1, \sigma_1^2)$,$Y \sim N(\mu_2, \sigma_2^2)$,

$(X_1, X_2, \cdots, X_m)$ 和 $(Y_1, Y_2, \cdots, Y_n)$ 分別為來自總體 X 和 Y 的樣本,S_1^2 和 S_2^2 分別表示 X 和 Y 的樣本方差,則

$$F = \frac{S_1^2/\sigma_1^2}{S_2^2/\sigma_2^2} \sim F(m-1, n-1)$$

特別地,當 $\sigma_1^2 = \sigma_2^2$ 時

$$F = \frac{S_1^2}{S_2^2} \sim F(m-1, n-1)$$

證明 據定理5.4和定義5.7即得.

習題5.3

1. 設總體 $X \sim N(\mu, 4)$, $(X_1, X_2, \cdots, X_{16})$ 為其樣本, S^2 為樣本方差, 求:
(1) $P(S^2 < 6.666)$; (2) $P(2.279 < S^2 < 4.865)$.

2. 總體 $X \sim N(0, \sigma^2)$, $(X_1, X_2, \cdots, X_{25})$ 是總體 X 的樣本, $\bar{X}$ 和 S^2 分別是樣本均值和樣本方差, 求 λ, 使 $P(\frac{5\bar{X}}{S} < \lambda) = 0.99$.

3. 設總體 $X \sim N(30, 64)$, 為使樣本均值大於28的概率不小於0.9, 樣本容量 n 至少應是多少?

4. 設總體 $X \sim N(\mu_1, 16)$ 與總體 $Y \sim N(\mu_2, 36)$ 相互獨立, $(X_1, X_2, \cdots, X_{13})$ 和 $(Y_1, Y_2, \cdots, Y_{10})$ 分別為來自總體 X 和總體 Y 的樣本. 試求兩總體樣本方差之比落入區間 $(0.159, 1.058)$ 內的概率.

5. 設從兩個正態總體 $X \sim N(4, 1)$ 和 $Y \sim N(6, 1)$ 中分別獨立地抽取兩個樣本 $(X_1, X_2, \cdots, X_{19})$ 和 $(Y_1, Y_2, \cdots, Y_{16})$, 樣本方差分別為 S_1^2 和 S_2^2. 求 λ, 使 $P(\frac{S_1^2}{S_2^2} < \lambda) = 0.05$.

6. 設總體 X 與總體 Y 相互獨立, 且都服從正態分佈 $N(0, 9)$, $(X_1, X_2, \cdots, X_9)$ 和 $(Y_1, Y_2, \cdots, Y_9)$ 分別為來自總體 X 和 Y 的樣本. 試證明統計量

$$T = \frac{\sum_{i=1}^{9} X_i}{\sqrt{\sum_{i=1}^{9} Y_i^2}}$$

服從自由度為9的 t 分佈.

復習題五

一、單項選擇題

1. 設總體 $X \sim N(\mu, 1)$, 其中 μ 為未知參數, 若 $(X_1, X_2, \cdots, X_n)$ 為來自總體

X 的樣本,則下列樣本函數中( ) 不是統計量.

(a) $\sum_{i=1}^{n} X_i$; (b) $\sum_{i=1}^{n} (X_i - \mu)^2$;

(c) $X_1 X_2 \cdots X_n$; (d) $\sum_{i=1}^{n} X_i^2$.

2. 設總體 $X \sim N(2,4)$, $(X_1, X_2, \cdots, X_9)$ 為其樣本, $\bar{X}$ 為樣本均值,則下列統計量中服從標準正態分佈的是( ).

(a) $\bar{X}$; (b) $\frac{3}{4}(\bar{X} - 2)$;

(c) $\frac{3}{2}(\bar{X} - 2)$; (d) $\frac{9}{2}(\bar{X} - 2)$.

3. 設總體 $X \sim N(0,1)$, $(X_1, X_2, \cdots, X_5)$ 為其樣本,令

$T = \dfrac{3(X_1 + X_2)^2}{2(X_3 + X_4 + X_5)^2}$,則有 $T \sim$ ( ).

(a) $t(5)$; (b) $F(1,1)$;
(c) $F(2,3)$; (d) $F(3,2)$.

4. 設總體 $X \sim N\left(0, \dfrac{1}{4}\right)$, $(X_1, X_2, \cdots, X_5)$ 為其樣本,令

$T = \dfrac{2X_1}{\sqrt{\sum_{i=2}^{5} X_i^2}}$,則有 $T \sim$ ( ).

(a) $t(1)$; (b) $t(2)$;
(c) $t(3)$; (d) $t(4)$.

5. 設總體 $X \sim N(0,1)$, $(X_1, X_2, \cdots, X_n)$ 為其樣本, $\bar{X}$、S^2 分別是樣本均值和樣本標準差,則( ).

(a) $n\bar{X} \sim N(0,1)$; (b) $\bar{X} \sim N(0,1)$;

(c) $\sum_{i=1}^{n} X_i^2 \sim \chi^2(n)$; (d) $\dfrac{\bar{X}}{S} \sim t(n-1)$.

6. 設隨機變量 X 和 Y 都服從標準正態分佈,則( ).
(a) $X + Y$ 服從正態分佈; (b) $X^2 + Y^2$ 服從 χ^2 分佈;
(c) X^2 和 Y^2 都服從 χ^2 分佈; (d) $\dfrac{X^2}{Y^2}$ 服從 F 分佈.

二、填空題

1. 為了瞭解國內統計學專業本科畢業生的就業情況,我們調查了某地區 36

名 2010 年畢業的統計學專業本科畢業生實習期滿後的月薪情況. 則該問題的總體為( ),樣本為( ).

2. 設總體 X 服從正態分佈 $N(2,5)$,$(X_1,X_2,\cdots,X_{10})$ 為其樣本,則樣本均值 $\bar{X}$ 的分佈為 ( ).

3. 設總體 X 服從正態分佈 $N(0,1)$,$(X_1,X_2,\cdots,X_{19})$ 為其樣本,則統計量 $\sum_{i=1}^{19} X_i^2$ 的數學期望為( ).

4. 設總體 X 服從具有 n 個自由度的 χ^2 分佈,$(X_1,X_2,\cdots,X_n)$ 為其樣本,$\bar{X}$ 為樣本均值,則有 $E(\bar{X}) = ($)$,D(\bar{X}) = ($).

5. 設總體 $X \sim N(\mu,\sigma^2)$,$(X_1,X_2,\cdots,X_n)$ 為其樣本,$\bar{X}$、S^2 分別為樣本均值和樣本方差,則有 $\bar{X} \sim ($)$, \frac{(n-1)S^2}{\sigma^2} \sim ($)$, \frac{\bar{X}-\mu}{S/\sqrt{n}} \sim ($).

6. 設總體 $X \sim N(1,4)$,$(X_1,X_2,\cdots,X_5)$ 為其樣本,令
$$T = a(X_1 - X_2)^2 + b(2X_3 - X_4 - X_5)^2$$
則當 $a = ($)、$b = ($) 時有 $T \sim \chi^2(2)$.

三、解答題

1. 設總體 $X \sim N(2,16)$,$(X_1,X_2,\cdots,X_n)$ 是總體 X 的樣本,令 $A_2 = \frac{1}{n}\sum_{i=1}^{n} X_i^2$,求 A_2 的數學期望 $E(A_2)$.

2. 設總體 $X \sim N(15,9)$,$(X_1,X_2,\cdots,X_9)$ 是總體 X 的樣本,$\bar{X}$ 是樣本均值. 求常數 c,使 $P(\bar{X} \leq c) = 0.95$.

3. 設一組數據 20.5,15.5,30.2,20.5,18.6,21.3,18.6,23.4 來自於總體 X,求經驗分佈函數.

4. 設總體 $X \sim N(0,4)$,$(X_1,X_2,\cdots,X_9)$ 為其樣本. 求系數 a、b、c,使得
$$T = a(X_1 + X_2)^2 + b(X_3 + X_4 + X_5)^2 + c(X_6 + X_7 + X_8 + X_9)^2$$
服從 χ^2 分佈,並求其自由度.

5. 設總體 $X \sim N(0,\sigma^2)$,$(X_1,X_2,\cdots,X_n)$ 是總體 X 的樣本,S^2 為樣本方差,求 S^2 的方差 $D(S^2)$.

6. 設總體 $X \sim N(\mu,4)$,$(X_1,X_2,\cdots,X_{16})$ 為其樣本,S^2 為樣本方差,求常數 c,使 $P(S^2 \leq c) = 0.95$.

7. 總體 $X \sim N(0,\sigma^2)$,$(X_1,X_2,\cdots,X_9)$ 是總體 X 的樣本,$\bar{X}$ 和 S^2 分別是樣

本均值和樣本方差,求常數 c,使 $P(\dfrac{\bar{X}}{S} > c) = 0.01$.

8. 設兩個總體 $X \sim N(0,16)$ 與 $Y \sim N(0,36)$ 相互獨立,(X_1, X_2, X_3) 和 (Y_1, Y_2) 分別為來自總體 X 和總體 Y 的樣本. 求 $Z = \dfrac{3(X_1 + X_2 + X_3)^2}{2(Y_1 + Y_2)^2}$ 的分布.

第6章

數理統計的基本方法

　　數理統計的方法概括起來可分為兩大類:一為試驗的設計和研究,即研究如何更合理有效地獲取觀測資料;二為統計推斷,即研究如何利用所獲取的資料對所關心的問題做出盡可能精確可靠的結論. 限於篇幅,本章只介紹統計推斷中的兩個最基本的問題,即參數的估計和參數的假設檢驗.

　　參數估計的基本形式有兩種:點估計與區間估計. 本章中我們將介紹參數估計的基本理論,討論常用的點估計方法,給出評判點估計優劣的一些標準,並講述參數的區間估計方法.

　　參數的假設檢驗是指,在總體分佈類型已知的條件下,利用樣本觀測值所提供的信息,對關於分佈參數所做的某種假設的真偽進行檢驗的一種統計推斷方法.

§6.1 參數的點估計

設總體 X 的分佈中包含了未知參數 θ，$(X_1, X_2, \cdots, X_n)$ 是總體 X 的樣本，求點估計就是由樣本構造統計量 $\hat{\theta}(X_1, X_2, \cdots, X_n)$ 用於估計未知參數 θ，稱 $\hat{\theta} = \hat{\theta}(X_1, X_2, \cdots, X_n)$ 為參數 θ 的點估計量；將樣本觀測值 $(x_1, x_2, \cdots, x_n)$ 代入這個統計量後所得到的這個統計量的觀測值 $\hat{\theta}(x_1, x_2, \cdots, x_n)$ 稱為參數 θ 的點估計值．在不引起混淆的情況下，後面的討論中，對參數 θ 的點估計量與點估計值不作嚴格區別，都記為 $\hat{\theta}$，統稱為參數 θ 的點估計，具體含義可根據實際意義來判斷．如果總體 X 的分佈中有 k 個未知參數 $\theta_1, \theta_2, \cdots, \theta_k$，則可以構造 k 個統計量 $\hat{\theta}_1(X_1, X_2, \cdots, X_n), \hat{\theta}_2(X_1, X_2, \cdots, X_n), \cdots, \hat{\theta}_k(X_1, X_2, \cdots, X_n)$，分別作為 $\theta_1, \theta_2, \cdots, \theta_k$ 的點估計量．

下面介紹兩種常用的獲得點估計的方法．

一、矩估計法

根據概率論的知識我們知道，如果總體 X 的 k 階原點矩 $E(X^k)$ 存在，則對任意 $m = 1, 2, \cdots, k$，均有 $E(X^m)$ 也存在．因為樣本 $(X_1, X_2, \cdots, X_n)$ 中的隨機變量 $X_1, X_2, \cdots, X_n$ 相互獨立且均與總體 X 同分佈，所以 $X_1^m, X_2^m, \cdots, X_n^m$ 也相互獨立且均與 X^m 同分佈．於是由第四章中大數定律可知，樣本的 m 階原點矩 $A_m = \frac{1}{n}\sum_{i=1}^{n} X_i^m (m = 1, 2, \cdots, k)$ 依概率收斂於總體的 m 階原點矩 $E(X^m)$．即對任意給定的 $\varepsilon > 0$，當 $n \to \infty$ 時，有

$$P(|\frac{1}{n}\sum_{i=1}^{n} X_i^m - E(X^m)| > \varepsilon) \to 0 \quad (m = 1, 2, \cdots, k).$$

上式表明：隨著樣本容量的增加，樣本原點矩與總體原點矩之間出現任意小的差異的可能性愈來愈小，因此可用樣本矩去估計相應階數的總體矩．

定義 6.1 由樣本矩去估計相應階數的總體矩的方法稱為矩估計法，由此得到的參數的點估計量稱為矩估計量．

求矩估計量的具體做法是：

若總體 X 的分佈中包含 k 個未知參數 $\theta_1, \theta_2, \cdots, \theta_k$，一般來說，$X$ 的 m 階原點矩 $E(X^m)$ 應是 $\theta_1, \theta_2, \cdots, \theta_k$ 的函數，即

$$E(X^m) = g_m(\theta_1, \theta_2, \cdots, \theta_k) \quad m = 1, 2, \cdots, k.$$

191

分別用樣本 m 階原點矩去估計總體的 m 階原點矩可得下列方程組：
$$g_m(\theta_1,\theta_2,\cdots,\theta_k) = \frac{1}{n}\sum_{i=1}^{n} X_i^{m} \quad (m = 1,2,\cdots,k)$$

求解該方程組，一般可得到 $\theta_1,\theta_2,\cdots,\theta_k$ 的解 $\hat{\theta}_1,\hat{\theta}_2\cdots,\hat{\theta}_k$。如此得到的 $\hat{\theta}_1,\hat{\theta}_2,\cdots,\hat{\theta}_k$ 分別作為 $\theta_1,\theta_2,\cdots,\theta_k$ 的估計量，即分別為 $\theta_1,\theta_2,\cdots,\theta_k$ 的矩估計量。

例1 設總體 X 服從區間 $[0,\theta]$ 上的均勻分佈，$(X_1,X_2,\cdots,X_n)$ 是總體 X 的樣本。求未知參數 θ 的矩估計量。

解 因總體 X 的一階原點矩為 $E(X) = \dfrac{\theta}{2}$，故令
$$\frac{\theta}{2} = \frac{1}{n}\sum_{i=1}^{n} X_i,$$
於是得 θ 的矩估計量為
$$\hat{\theta} = \frac{2}{n}\sum_{i=1}^{n} X_i = 2\bar{X}.$$

例2 求總體 X 的均值 μ 及方差 σ^2 的矩估計。

解 設 $(X_1,X_2,\cdots,X_n)$ 是總體 X 的樣本。由 $E(X)=\mu, D(X)=\sigma^2$，得
$$E(X^2) = D(X) + [E(X)]^2 = \sigma^2 + \mu^2$$
根據矩估計法，令
$$\begin{cases} \mu = \bar{X} \\ \sigma^2 + \mu^2 = \dfrac{1}{n}\sum_{i=1}^{n} X_i^{2} \end{cases}$$
解得
$$\hat{\mu} = \bar{X},$$
$$\hat{\sigma}^2 = \frac{1}{n}\sum_{i=1}^{n} X_i^{2} - (\bar{X})^2$$

註：容易驗證，σ^2 的上述矩估計量又可表作 $\hat{\sigma}^2 = \dfrac{1}{n}\sum_{i=1}^{n}(X_i - \bar{X})^2$，可見總體方差 σ^2 的矩估計量等於樣本方差 S^2 的 $\dfrac{n-1}{n}$ 倍：$\hat{\sigma}^2 = \dfrac{n-1}{n}S^2$。

例3 設總體 $X \sim p(x,\theta) = \begin{cases} \theta x^{-(\theta+1)}, & x > 1 \\ 0, & x \leq 1 \end{cases}$ $(\theta > 1)$，總體 X 的一組觀測值為
$$4.4, 5.1, 8.0, 6.3, 5.2$$
求 θ 的矩估計。

解 因

$$E(X) = \int_1^{+\infty} x \cdot \theta x^{-(\theta+1)} \mathrm{d}x = \int_1^{+\infty} \theta x^{-\theta} \mathrm{d}x = \frac{\theta}{\theta-1}$$

故令
$$\frac{\theta}{\theta-1} = \bar{X}$$

所以,θ 的矩估計量為
$$\hat{\theta} = \frac{\bar{X}}{\bar{X}-1}$$

又,由 X 的樣本觀測值得樣本均值的觀測值為
$$\bar{x} = \frac{1}{5}(4.4+5.1+8.0+6.3+5.2) = 5.8$$

所以,θ 的矩估計值為
$$\hat{\theta} = \frac{5.8}{5.8-1} = 1.2$$

二、最大似然估計法

最大似然估計法是建立在最大似然原理基礎上的一種參數估計方法. 所謂最大似然原理,簡單說就是:如果一個試驗有若干個可能的結果 A,B,C⋯,而在一次試驗中,恰好結果 A 出現了,則可認為試驗條件應該對 A 的出現是最為有利的,或者說試驗條件應使得 A 出現的可能性最大.

根據最大似然原理可給出參數的最大似然估計法的基本思路:

對離散型總體,設有樣本觀測值$(x_1,x_2,\cdots,x_n)$,我們寫出該樣本觀測值出現的概率,它一般依賴於某個或某些參數,設為 θ,通常將這一概率記作 $L(\theta)$,即

$$L(\theta) = P\{X=x_1,X_2=x_2,\cdots,X_n=x_n\} = \prod_{i=1}^n P\{X_i=x_i\} \tag{6.1}$$

求 θ 的估計值 $\hat{\theta} = \hat{\theta}(x_1,x_2,\cdots,x_n)$ 使得 $L(\theta)$ 達到最大.

對連續型總體,我們只需用樣本$(X_1,X_2,\cdots,X_n)$的聯合密度函數在樣本觀測值$(x_1,x_2,\cdots,x_n)$處的函數值替代(6.1)中的概率即可,即

$$L(\theta) = p(x_1,x_2,\cdots,x_n) = \prod_{i=1}^n p(x_i) \tag{6.2}$$

定義6.2 由最大似然估計法所獲得的未知參數 θ 的估計值 $\hat{\theta} = \hat{\theta}(x_1,x_2,\cdots,x_n)$ 稱作參數 θ 的最大似然估計值,相應 $\hat{\theta} = \hat{\theta}(X_1,X_2,\cdots,X_n)$ 稱為 θ 的最大似然估計量;$L(\theta)$ 稱為似然函數.

通常可使用微積分學中的求最值方法求似然函數 $L(\theta)$ 的最大值點 $\hat{\theta}$. 實際計算中,由於函數 $\ln L(\theta)$(稱之為對數似然函數)與 $L(\theta)$ 有相同的最大值點(若

$L(\theta)$ 有最大值的話),所以 $\hat{\theta}$ 常可由方程

$$\frac{\mathrm{d}\ln L(\theta)}{\mathrm{d}\theta} = 0 \tag{6.3}$$

求得(6.3)為似然方程.下面通過實例來說明參數的最大似然估計法的具體計算步驟.

例4 設總體 X 的分佈律為

$$P\{X = x\} = \theta(1-\theta)^x \quad (0 < \theta < 1; x = 0,1,2,\cdots)$$

$(x_1, x_2, \cdots, x_n)$ 為其樣本觀測值.求參數 θ 的最大似然估計量.

解 (1) 寫出似然函數

$$L(\theta) = \prod_{i=1}^{n} \theta(1-\theta)^{x_i} = \theta^n (1-\theta)^{\sum_{i=1}^{n} x_i}$$

(2) 取對數,得

$$\ln L(\theta) = n\ln\theta + \left(\sum_{i=1}^{n} x_i\right)\ln(1-\theta)$$

(3) 建立似然方程,並求解

$$\frac{\mathrm{d}\ln L(\theta)}{\mathrm{d}\theta} = \frac{n}{\theta} - \frac{\sum_{i=1}^{n} x_i}{1-\theta} = 0$$

解之得

$$\hat{\theta} = \frac{n}{n + \sum_{i=1}^{n} x_i} = \frac{1}{1 + \frac{1}{n}\sum_{i=1}^{n} x_i} = \frac{1}{1 + \bar{x}}$$

因為求得的 $\hat{\theta}$ 是此對數似然函數的唯一駐點,且容易算得 $\frac{\mathrm{d}^2 \ln L(\theta)}{\mathrm{d}\theta^2} < 0$,所以此 $\hat{\theta}$ 就是 $L(\theta)$ 的最大值點.於是,θ 的最大似然估計值為

$$\hat{\theta} = \frac{1}{1 + \bar{x}}$$

θ 的最大似然估計量則是

$$\hat{\theta} = \frac{1}{1 + \bar{X}}$$

例5 設總體 X 服從參數為 λ 的指數分佈 $\mathrm{e}(\lambda)$,$(x_1, x_2, \cdots, x_n)$ 為其樣本觀測值,求總體參數 λ 的最大似然估計值.

解 指數分佈密度函數為

$$p(x,\lambda) = \begin{cases} \lambda \mathrm{e}^{-\lambda x}, & x > 0 \\ 0, & x \leq 0 \end{cases}$$

故似然函數為
$$L(\lambda) = \prod_{i=1}^{n} \lambda e^{-\lambda x_i} = \lambda^n e^{-\lambda \sum_{i=1}^{n} x_i} (x_i > 0, i = 1, 2, \cdots, n)$$
取對數,得
$$\ln L(\lambda) = n\ln\lambda - \lambda \sum_{i=1}^{n} x_i$$
建立似然方程
$$\frac{d\ln L(\lambda)}{d\lambda} = \frac{n}{\lambda} - \sum_{i=1}^{n} x_i = 0$$
解之得指數分佈參數 λ 的最大似然估計值為
$$\hat{\lambda} = \frac{n}{\sum_{i=1}^{n} x_i} = \frac{1}{\bar{x}}$$

雖然通過求導函數再解似然方程是求最大似然估計最常用的方法,但該方法並非總是有效的. 有時,我們可能需要回到定義,直接根據最大似然原理去求參數 θ 的最大似然估計.

例6 設總體 X 服從區間 $[0, \theta]$ 上的均勻分佈,$(X_1, X_2, \cdots, X_n)$ 是總體 X 的樣本. 求未知參數 θ 的最大似然估計量.

解 由題設,X 的密度函數為
$$p(x;\theta) = \begin{cases} \theta^{-1}, & 0 \leq x \leq \theta \\ 0, & \text{其他} \end{cases}$$
設 $(x_1, x_2, \cdots, x_n)$ 為樣本 $(X_1, X_2, \cdots, X_n)$ 的觀測值,則似然函數為
$$L(\theta) = \frac{1}{\theta^n} (0 \leq x_i \leq \theta, i = 1, 2, \cdots, n)$$
顯然,$L(\theta)$ 和 $\ln L(\theta)$ 均不存在駐點,因此不能通過求解似然方程來得到最大似然估計. 但易知要使 $L(\theta)$ 達到最大,應使 θ 盡量小,而 θ 又總要滿足條件
$$\theta \geq x_i (i = 1, 2, \cdots, n)$$
即要滿足
$$\theta \geq \max_{1 \leq i \leq n} \{x_i\}$$
因此 θ 的最大似然估計值為
$$\hat{\theta} = \max_{1 \leq i \leq n} \{x_i\}$$
而 θ 的最大似然估計量為
$$\hat{\theta} = \max_{1 \leq i \leq n} \{X_i\}$$

對某些總體,可能其待估計的參數不止一個,譬如說有 k 個:$\theta_1, \theta_2, \cdots, \theta_k$,

這時似然函數依賴於 $\theta_1, \theta_2, \cdots, \theta_k$，即有 $L(\theta_1, \theta_2, \cdots, \theta_k)$，則可通過下面的似然方程組求得這些參數的最大似然估計：

$$\frac{\partial \ln L}{\partial \theta_i} = 0 \quad (i = 1, 2, \cdots, k)$$

例7 設樣本 $(X_1, X_2, \cdots, X_n)$ 來自正態總體 $X \sim N(\mu, \sigma^2)$，μ、σ^2 未知，求 μ、σ^2 的最大似然估計．

解 設 $(x_1, x_2, \cdots, x_n)$ 為對應的樣本觀測值，則似然函數為

$$L(\mu, \sigma^2) = \prod_{i=1}^{n} \frac{1}{\sqrt{2\pi}\sigma} e^{-\frac{(x_i-\mu)^2}{2\sigma^2}} = (2\pi\sigma^2)^{-\frac{n}{2}} e^{-\frac{1}{2\sigma^2}\sum_{i=1}^{n}(x_i-\mu)^2}$$

取對數，得

$$\ln L(\mu, \sigma^2) = -\frac{n}{2}\ln 2\pi - \frac{n}{2}\ln \sigma^2 - \frac{1}{2\sigma^2}\sum_{i=1}^{n}(x_i-\mu)^2$$

建立似然方程

$$\begin{cases} \dfrac{\partial \ln L}{\partial \mu} = \dfrac{1}{\sigma^2}\sum_{i=1}^{n}(x_i-\mu) = 0 \\ \dfrac{\partial \ln L}{\partial \sigma^2} = -\dfrac{n}{2\sigma^2} + \dfrac{1}{2\sigma^4}\sum_{i=1}^{n}(x_i-\mu)^2 = 0 \end{cases}$$

解之得正態總體參數 μ、σ^2 的最大似然估計為

$$\hat{\mu} = \frac{1}{n}\sum_{i=1}^{n} x_i = \bar{x}, \quad \hat{\sigma}^2 = \frac{1}{n}\sum_{i=1}^{n}(x_i-\bar{x})^2$$

從本節的例題中我們可以看到，有些分佈的參數用矩估計法和最大似然估計法所得到的點估計是相同的，如例2和例7；而有些分佈的參數用上述兩種估計方法所得到的點估計又是完全不同的形式，如例1和例6．相對來說，最大似然估計更加充分地利用了總體概率分佈所提供的信息；同時，最大似然估計還有一個簡單而有用的性質：如果 $\hat{\theta}$ 是 θ 的最大似然估計，則對 θ 的任一函數 $g(\theta)$，其最大似然估計為 $g(\hat{\theta})$，該性質稱為最大似然估計的不變性．因為最大似然估計的這些良好的性質，所以當總體的概率分佈已知時，我們通常會先求其參數的最大似然估計．

三、點估計量的評判標準

未知參數 θ 的點估計量是根據不同原理人為構造出來的，因此同一參數 θ 可以有不同的點估計量．那麼應該從什麼角度，以什麼標準來對同一參數的不同點估計量進行優劣的評價呢？

下面給出評價一個點估計量的幾條標準．

1. 無偏性

定義6.3　若未知參數 q 的點估計量 $\hat{\theta} = \hat{\theta}(X_1, X_2, \cdots, X_n)$ 的數學期望存在且恰等於 θ，即

$$E(\hat{\theta}) = \theta \tag{6.4}$$

則稱 $\hat{\theta}$ 為 θ 的無偏估計量．當 $\hat{\theta}$ 不滿足(6.4)時稱其為有偏的．

例8　設 (X_1, X_2, X_3) 為來自總體 X 的樣本，$E(X) = \mu$，試證明：

$$\hat{\mu}_1 = \frac{1}{2}X_1 + \frac{1}{3}X_2 + \frac{1}{6}X_3, \hat{\mu}_2 = \frac{1}{4}X_1 + \frac{1}{4}X_2 + \frac{1}{2}X_3 \text{ 及 } \bar{X}$$

都是總體均值 μ 的無偏估計．

證明　$E(\hat{\mu}_1) = E(\frac{1}{2}X_1 + \frac{1}{3}X_2 + \frac{1}{6}X_3) = \frac{1}{2}EX_1 + \frac{1}{3}EX_2 + \frac{1}{6}EX_3$

$$= \frac{1}{2}\mu + \frac{1}{3}\mu + \frac{1}{6}\mu = \mu$$

類似地，有

$$E(\hat{\mu}_2) = \mu, E(\bar{X}) = E\left[\frac{1}{3}(X_1 + X_2 + X_3)\right] = \mu$$

所以，$\hat{\mu}_1, \hat{\mu}_2$ 和 $\bar{X}$ 都是 μ 的無偏估計．

例9　設 $(X_1, X_2, \cdots, X_n)$ 為總體 X 的樣本，$E(X) = \mu$，$D(X) = \sigma^2$，試證明樣本均值 $\bar{X}$ 及樣本方差 S^2 分別是總體均值 μ 及總體方差 σ^2 的無偏估計量．

證明　因 $E(\bar{X}) = E(\frac{1}{n}\sum_{i=1}^{n}X_i) = \frac{1}{n}\sum_{i=1}^{n}E(X_i) = \mu$

故 $\bar{X}$ 是 μ 的無偏估計量．

又因

$$D(\bar{X}) = D(\frac{1}{n}\sum_{i=1}^{n}X_i) = \frac{1}{n^2}\sum_{i=1}^{n}D(X_i) = \frac{\sigma^2}{n}$$

$$E(S^2) = \frac{1}{n-1}E\left[\sum_{i=1}^{n}(X_i - \bar{X})^2\right] = \frac{1}{n-1}E(\sum_{i=1}^{n}X_i^2 - n\bar{X}^2)$$

$$= \frac{1}{n-1}\left[\sum_{i=1}^{n}E(X_i^2) - nE(\bar{X}^2)\right]$$

$$= \frac{1}{n-1}\left\{\sum_{i=1}^{n}[DX_i + (EX_i)^2] - n[D\bar{X} + (E\bar{X})^2]\right\}$$

$$= \frac{1}{n-1}\left[n(\sigma^2 + \mu^2) - n(\frac{\sigma^2}{n} + \mu^2)\right] = \sigma^2$$

所以 S^2 是 σ^2 的無偏估計．

此例還表明，若用總體 X 的矩估計量，即 2 階樣本中心矩 B_2 作為總體方差

σ^2 的估計則是有偏的. 因為顯然有

$$E(B_2) = E\left[\frac{1}{n}\sum_{i=1}^{n}(X_i - \bar{X})^2\right] = E(\frac{n-1}{n}S^2) = \frac{n-1}{n}\sigma^2$$

2. 有效性

定義 6.4 設 $\hat{\theta}_1 = \hat{\theta}_1(X_1, X_2, \cdots, X_n), \hat{\theta}_2 = \hat{\theta}_2(X_1, X_2, \cdots, X_n)$ 均為參數 θ 的無偏估計量. 若

$$D(\hat{\theta}_1) < D(\hat{\theta}_2)$$

則稱 $\hat{\theta}_1$ 較 $\hat{\theta}_2$ 有效.

例 10 設例 8 中總體 X 的方差存在: $D(X) = \sigma^2$, 試判定例 8 中參數 μ 的 3 個無偏估計量的有效性.

解 $D(\hat{\mu}_1) = D(\frac{1}{2}X_1 + \frac{1}{3}X_2 + \frac{1}{6}X_3) = \frac{1}{4}DX_1 + \frac{1}{9}DX_2 + \frac{1}{36}DX_3$

$$= \frac{7}{18}\sigma^2$$

$D(\hat{\mu}_2) = D(\frac{1}{4}X_1 + \frac{1}{4}X_2 + \frac{1}{2}X_3) = \frac{1}{16}DX_1 + \frac{1}{16}DX_2 + \frac{1}{4}DX_3 = \frac{3}{8}\sigma^2$

$D(\bar{X}) = D\left[\frac{1}{3}(X_1 + X_2 + X_3)\right] = \frac{1}{9}(DX_1 + DX_2 + DX_3) = \frac{1}{3}\sigma^2$

於是

$$D(\bar{X}) < D(\hat{\mu}_1) < D(\hat{\mu}_2)$$

所以 $\bar{X}$ 是總體參數 μ 的較 $\hat{\mu}_1, \hat{\mu}_2$ 有效的無偏估計量.

3. 一致性

定義 6.5 若 $\hat{\theta} = \hat{\theta}(X_1, X_2, \cdots, X_n)$ 依概率收斂於未知參數 θ, 即對於任意正數 ε 都有

$$\lim_{n\to\infty} P\{|\hat{\theta} - \theta| < \varepsilon\} = 1 \qquad (6.5)$$

則稱 $\hat{\theta}$ 為 θ 的一致估計量 (又稱相合估計量).

若總體 X 有數學期望 $\mu, (X_1, X_2, \cdots, X_n)$ 為其樣本, 則據辛欽大數定律, 有

$$\bar{X} = \frac{1}{n}\sum_{i=1}^{n}X_i \xrightarrow{P} \mu$$

故由定義 6.5, $\bar{X}$ 是 $\mu = E(X)$ 的一致估計量.

類似地, 可以證明樣本方差 S^2 是總體方差 $D(X)$ 的一致估計量.

顯然, 如果 $\hat{\theta}$ 是未知參數 θ 的一致估計量, 那麼從理論上說人們就可以通過增加樣本容量 n 來提高估計精度, 可見期望一個估計量具備一致性是合理的.

習題 6.1

1. 設總體 X 服從區間 $[1, \frac{\theta}{2}]$ 上的均勻分佈，$(X_1, X_2, \cdots, X_n)$ 為其樣本，求總體參數 θ 的矩估計量．

2. 設總體 X 的分佈密度為
$$p(x) = \begin{cases} \theta x^{\theta-1}, & 0 < x < 1 \\ 0, & 其他 \end{cases}$$
總體 X 的一組觀測值為
$$0.63, 0.78, 0.92, 0.57, 0.74, 0.86$$
求總體參數 θ 的矩估計值．

3. 設總體 X 的分佈密度為
$$p(x) = \begin{cases} \dfrac{1}{\theta} e^{-\frac{x}{\theta}}, & x > 0 \\ 0, & 其他 \end{cases}$$
求總體參數 θ 的矩估計量．

4. 設總體 $X \sim U[\theta_1, \theta_2]$，$(X_1, X_2, \cdots, X_n)$ 為其樣本，求總體參數 θ_1、θ_2 的矩估計量．

5. 設總體 $X \sim B(N, p)$，$(X_1, X_2, \cdots, X_n)$ 為其樣本，求未知參數 N、p 的矩估計量．

6. 設電話總機在某段時間內接到呼喚的次數服從泊松分佈 $P(\lambda)$．現收集了 42 個數據如下：

接到呼喚的次數	0	1	2	3	4	5
出現的頻數	7	10	12	8	3	2

試求未知參數 λ 的最大似然估計量，並根據已知數據求出 λ 的估計值．

7. 設 $(X_1, X_2, \cdots, X_n)$ 是來自總體 X 的一個樣本，試求未知參數 θ 的最大似然估計量，設總體 X 的分佈密度分別為：

(1) $p(x; \theta) = \begin{cases} \dfrac{1}{\theta} e^{-\frac{x}{\theta}}, & x > 0 \\ 0, & 其他 \end{cases}$；

(2) $p(x; \theta) = \begin{cases} \theta \alpha x^{\alpha-1} e^{-\theta x^{\alpha}}, & x > 0 \\ 0, & 其他 \end{cases}$ （其中 $\alpha > 0$ 為已知常數）；

(3) $p(x;\theta) = \begin{cases} \theta x^{\theta-1}, & 0 < x < 1 \\ 0, & 其他 \end{cases}$.

8. 設 $X_1, X_2, \cdots, X_n$ 是總體 $X \sim N(0, \sigma^2)$ 的一個樣本，求方差 σ^2 的最大似然估計．

9. 設 (X_1, X_2, X_3) 是來自總體 X 的樣本，$E(X) = \mu$，已知 $\hat{\mu}_1 = \frac{5}{12}X_1 + \frac{1}{4}X_2 + \frac{1}{3}X_3$，$\hat{\mu}_2 = \frac{1}{9}X_1 + \frac{1}{3}X_2 + \frac{4}{9}X_3$，$\hat{\mu}_3 = \frac{1}{6}X_1 + \frac{7}{18}X_2 + \frac{4}{9}X_3$．

(1) $\hat{\mu}_1, \hat{\mu}_2, \hat{\mu}_3$ 中哪個是總體均值 μ 的無偏估計量？

(2) 在所給的總體均值的無偏估計量中哪個更有效？

10. 設總體 $X \sim U[\theta-2, \theta]$，證明未知參數 θ 的矩估計量是無偏估計量．

11. 設總體 X 的均值 $E(X) = \mu$ 已知，方差 σ^2 未知，$(X_1, X_2, \cdots, X_n)$ 為其樣本，證明：

$$\hat{\sigma}^2 = \frac{1}{n}\sum_{i=1}^{n}(X_i - \mu)^2$$

是 σ^2 的無偏估計．

12. 設 $\hat{\theta}_1$ 及 $\hat{\theta}_2$ 是 θ 的兩個獨立的無偏估計量，且假定 $D(\hat{\theta}_1) = 2D(\hat{\theta}_2)$，求常數 c_1 及 c_2，使 $\hat{\theta} = c_1\hat{\theta}_1 + c_2\hat{\theta}_2$ 為 θ 的無偏估計，並使得 $D(\hat{\theta})$ 達到最小．

§6.2 正態總體參數的區間估計

一、區間估計的基本概念

參數的點估計是用一個統計量 $\hat{\theta}$ 去估計待估參數 θ．由於 θ 的真值是未知的，所以當我們利用樣本得到 $\hat{\theta}$ 的某個觀測值時，實際上無從判斷它與 θ 的真值的誤差，也不知道這種估計的可信程度．如果我們改用一個以統計量 $\hat{\theta}_1$、$\hat{\theta}_2$ 為端點的隨機區間 $(\hat{\theta}_1, \hat{\theta}_2)$ 去估計 θ，並能以接近於 1 的概率保證這個隨機區間將 θ 的真值包括在其中，那麼上述估計誤差及估計信度問題自然就解決了．

定義 6.6 設 $(X_1, X_2, \cdots, X_n)$ 為總體 X 的樣本，θ 為總體的未知參數，$\hat{\theta}_1 = \hat{\theta}_1(X_1, X_2, \cdots, X_n)$，$\hat{\theta}_2 = \hat{\theta}_2(X_1, X_2, \cdots, X_n)$ 為統計量．若對於給定的 $\alpha(0 < \alpha < 1)$，有

$$P(\hat{\theta}_1 < \theta < \hat{\theta}_2) = 1 - \alpha \tag{6.6}$$

則稱隨機區間 $(\hat{\theta}_1, \hat{\theta}_2)$ 是參數 θ 的置信度為 $1-\alpha$ 的置信區間，$\hat{\theta}_1$、$\hat{\theta}_2$ 分別稱為置

信下限和置信上限.

式(6.6)中的置信度 $1-\alpha$ 又稱置信水平. $1-\alpha$ 應是一個接近於 1 而小於 1 的數,以保證置信區間有較高的置信度(即區間包含 θ 真值的概率較大). 通常置信度可取為 0.9、0.95 或 0.99.

求參數 θ 的區間估計就是指,求出滿足(6.6)的隨機區間 $(\hat{\theta}_1,\hat{\theta}_2)$,或者根據樣本觀測值求得的用以估計 θ 的具體區間.

顯然,由於樣本觀測值的不同,由 θ 的 $1-\alpha$ 置信區間 $(\hat{\theta}_1,\hat{\theta}_2)$ 所得到的具體區間也會不同. 它們之中有的包含 θ 的真值,有的不包含 θ 的真值. 由概率與頻率的關係,我們知道,只要置信度 $1-\alpha$ 較接近於 1,就能夠保證由區間估計所得到的這些區間中絕大多數是包含 θ 真值的. 例如,取 $\alpha = 0.05$,則當我們利用 100 組樣本觀測值得到 100 個用以估計 θ 的區間時,其中大約只有 5 個不包含 θ 的真值.

下面通過實例說明求待估參數 θ 置信區間的思路與方法.

例 1 設 $(X_1, X_2, \cdots, X_n)$ 為來自正態總體 $X \sim N(\mu, \sigma_0^2)$ 的樣本(其中 σ_0^2 為已知數),求總體 X 的未知參數 μ 的置信度為 $1-\alpha$ 的置信區間.

解 考慮樣本函數 $U = \dfrac{\overline{X} - \mu}{\sigma_0 / \sqrt{n}}$,據定理 5.2 的推論 1,有 $U \sim N(0,1)$. 令

$$P(a < U < b) = 1 - \alpha \quad (其中 a、b 為待定常數) \tag{6.7}$$

則

$$P\left(a < \dfrac{\overline{X} - \mu}{\sigma_0 / \sqrt{n}} < b\right) = 1 - \alpha$$

即

$$P\left(\overline{X} - \dfrac{\sigma_0}{\sqrt{n}} b < \mu < \overline{X} - \dfrac{\sigma_0}{\sqrt{n}} a\right) = 1 - \alpha$$

對照(6.6)式,若將 a、b 確定下來,則由上式已得未知參數 μ 的置信度為 $1-\alpha$ 的置信區間:

$$\left(\overline{X} - \dfrac{\sigma_0}{\sqrt{n}} b, \overline{X} - \dfrac{\sigma_0}{\sqrt{n}} a\right)$$

因 $U \sim N(0,1)$,顯然,滿足(6.7)式的實數 a、b 有無窮多組. 對於對稱分佈 $N(0,1)$ 而言,可取 $a = -b$,於是 b 為標準正態總體的上側 $\dfrac{\alpha}{2}$ 分位數 $u_{\frac{\alpha}{2}}$,即

$$a = -u_{\frac{\alpha}{2}}, b = u_{\frac{\alpha}{2}}$$

所以,μ 的置信度為 $1-\alpha$ 的置信區間為

$$\left(\bar{X} - \frac{\sigma_0}{\sqrt{n}}u_{\frac{\alpha}{2}}, \bar{X} + \frac{\sigma_0}{\sqrt{n}}u_{\frac{\alpha}{2}}\right)$$

將例 1 的思路和做法加以提煉,可以得到下面的求待估參數 θ 的置信度為 $1-\alpha$ 的置信區間的一般思路和方法:

(1) 構造樣本 $(X_1, X_2, \cdots, X_n)$ 的某個函數

$$G = G(X_1, X_2, \cdots, X_n; \theta)$$

使其只依賴於樣本及待估參數 θ,且具有與 θ 無關的已知分佈,通常稱 G 為樞軸量.

(2) 令

$$P(a < G < b) = 1 - \alpha \tag{6.8}$$

並取 a 為 G 的上 $1-\frac{\alpha}{2}$ 分位數 $z_{1-\frac{\alpha}{2}}$,b 為 G 的上 $\frac{\alpha}{2}$ 分位數 $z_{\frac{\alpha}{2}}$,即

$$a = z_{1-\frac{\alpha}{2}}, \quad b = z_{\frac{\alpha}{2}}$$

再由查表得到 a、b 的具體數值;

註:當 G 的密度曲線關於 y 軸對稱時,有 $z_{1-\frac{\alpha}{2}} = -z_{\frac{\alpha}{2}}$.

(3) 將式(6.8)左端的不等式作同解變形,得

$$P(\hat{\theta}_1 < \theta < \hat{\theta}_2) = 1 - \alpha$$

於是 $(\hat{\theta}_1, \hat{\theta}_2)$ 為欲求之置信區間.

通常將上述通過構造樞軸量 G 去尋找置信區間的方法稱作樞軸量法.

二、正態總體均值的置信區間

設總體 $X \sim N(\mu, \sigma^2)$,$(X_1, X_2, \cdots, X_n)$ 為來自總體 X 的樣本. 下面分兩種情形討論總體均值 μ 的置信區間.

1. 總體方差 σ^2 已知的情形,即已知 $\sigma^2 = \sigma_0^2$

此種情形已在例 1 中討論過,μ 的置信度為 $1-\alpha$ 的置信區間為

$$\left(\bar{X} - \frac{\sigma_0}{\sqrt{n}}u_{\frac{\alpha}{2}}, \bar{X} + \frac{\sigma_0}{\sqrt{n}}u_{\frac{\alpha}{2}}\right) \tag{6.9}$$

例 2 制藥廠生產某種藥品,該藥品每片中的有效成分含量 X(單位:毫克)服從正態分佈 $N(\mu, 0.3)$. 現從該藥品中任意抽取 8 片進行檢驗,測得其有效成分含量為:

26.2,24.1,26.3,25.7,27.0,25.1,26.8,25.6

分別計算該藥品有效成分含量均值 μ 的置信度為 0.9 及 0.95 的置信區間.

解 本例為方差已知的正態總體均值的區間估計問題,可直接利用(6.9)式.
由題設有 $n = 8$, $\sigma_0 = \sqrt{0.3}$, 樣本均值為 $\bar{x} = 25.85$.
當置信度為 $1 - \alpha = 0.9$ 時, $\alpha = 0.1$, 查正態分佈表, 得 $u_{\frac{\alpha}{2}} = u_{0.05} = 1.64$, 由(6.9)式, 均值 μ 的置信上限和置信下限分別為

$$\bar{x} + \frac{\sigma_0}{\sqrt{n}} u_{\frac{\alpha}{2}} = 25.85 + \frac{\sqrt{0.3}}{\sqrt{8}} \times 1.64 = 26.17$$

和

$$\bar{x} - \frac{\sigma_0}{\sqrt{n}} u_{\frac{\alpha}{2}} = 25.85 - \frac{\sqrt{0.3}}{\sqrt{8}} \times 1.64 = 25.53$$

於是, 均值 μ 的置信度為 0.9 的置信區間為 $(25.53, 26.17)$.

當置信度為 $1 - \alpha = 0.95$ 時, $\alpha = 0.05$, 查正態分佈表, 得 $u_{\frac{\alpha}{2}} = u_{0.025} = 1.96$, 由(6.9)式類似可得均值 μ 的置信度為 0.95 的置信區間為 $(25.47, 26.23)$.

例 2 結果表明, μ 的置信度為 0.95 的置信區間的長度大於置信度為 0.9 的置信區間的長度. 事實上, 這一結論已反應在(6.9)式之中: 顯然, 據(6.9)式, μ 的置信度為 $1 - \alpha$ 的置信區間的長度為

$$\frac{2\sigma_0}{\sqrt{n}} u_{\frac{\alpha}{2}} \qquad (6.10)$$

它不依賴於樣本, 而只依賴於樣本容量 n 及 $u_{\frac{\alpha}{2}}$. 對於固定的 n, 當置信度 $1 - \alpha$ 提高即 α 減小時, $u_{\frac{\alpha}{2}}$ 增大, 從而置信區間的長度(6.10)變長. 這就是說, 置信度的提高是以估計精度的降低為代價的. 因此, 在實際應用中常要根據問題的實際在估計的可靠程度(即置信度)和精度之間作出合理的選擇. 此外, (6.10)式也表明, 增加樣本容量 n 可以提高估計精度. 當然, 有時這要受到試驗條件的制約.

2. 總體方差 σ^2 未知的情形

因 σ^2 未知, 結果(6.9)式不再適用. 此時可選取樣本函數

$$T = \frac{\bar{X} - \mu}{S/\sqrt{n}}$$

作為樞軸量以導出 μ 的置信度為 $1 - \alpha$ 的置信區間.

據定理 5.5 有

$$T \sim t(n - 1)$$

令

$$P(a < T < b) = 1 - \alpha \quad (\text{其中 } a \text{、} b \text{ 為待定常數})$$

則

$$P(a < \frac{\bar{X} - \mu}{S/\sqrt{n}} < b) = 1 - \alpha$$

即

$$P(\bar{X} - \frac{S}{\sqrt{n}}b < \mu < \bar{X} - \frac{S}{\sqrt{n}}a) = 1 - \alpha$$

因 t 分佈亦是對稱分佈,仿照例 1 的情形,可取

$$b = t_{\frac{\alpha}{2}}(n-1), a = -b = -t_{\frac{\alpha}{2}}(n-1)$$

(其中 $t_{\frac{\alpha}{2}}(n-1)$ 是自由度為 $n-1$ 的 t 分佈的上 $\frac{\alpha}{2}$ 分位數),得 μ 的置信度為 $1-\alpha$ 的置信區間:

$$(\bar{X} - \frac{S}{\sqrt{n}}t_{\frac{\alpha}{2}}(n-1), \bar{X} + \frac{S}{\sqrt{n}}t_{\frac{\alpha}{2}}(n-1)) \qquad (6.11)$$

例 3 已知某市新生兒體重 X(單位:kg)服從正態分佈 $N(\mu, \sigma^2)$,其中 μ、σ^2 均未知. 現從該市新生兒中任選 6 名測得體重如下:

$$3.5, 2.9, 3.1, 4.2, 2.8, 3.2$$

求出該市新生兒平均體重 μ 的置信度為 0.95 的置信區間.

解 本例為方差未知的正態總體均值的區間估計問題,可直接利用(6.11)式.

由題設有 $n = 6$,樣本均值為 $\bar{x} = 3.28$,樣本標準差 $s = 0.51, \alpha = 0.05$.

查自由度為 $n - 1 = 5$ 的 t 分佈表,得 $t_{\frac{\alpha}{2}}(n-1) = t_{0.025}(5) = 2.57$. 由(6.11)式,均值 μ 的置信上限和置信下限分別為

$$\bar{x} + \frac{s}{\sqrt{n}}t_{\frac{\alpha}{2}}(n-1) = 3.28 + \frac{0.51}{\sqrt{6}} \times 2.57 = 3.82$$

和

$$\bar{x} - \frac{s}{\sqrt{n}}t_{\frac{\alpha}{2}}(n-1) = 3.28 - \frac{0.51}{\sqrt{6}} \times 2.57 = 2.74$$

於是,均值 μ 的置信度為 0.95 的置信區間為 $(2.74, 3.82)$.

三、正態總體方差的置信區間

設總體 $X \sim N(\mu, \sigma^2), (X_1, X_2, \cdots, X_n)$ 為來自總體 X 的樣本. 取樞軸量

$$G = \frac{\sum_{i=1}^{n}(X_i - \bar{X})^2}{\sigma^2} = \frac{(n-1)S^2}{\sigma^2}$$

由定理 5.4,有

$$G \sim \chi^2(n-1)$$

令

$$P(a < \frac{(n-1)S^2}{\sigma^2} < b) = 1 - \alpha$$

分別將 a、b 取成 $\chi^2(n-1)$ 的上 $1-\frac{\alpha}{2}$ 分位數和上 $\frac{\alpha}{2}$ 分位數,即

$$a = \chi^2_{1-\frac{\alpha}{2}}(n-1), b = \chi^2_{\frac{\alpha}{2}}(n-1)$$

則

$$P(\chi^2_{1-\frac{\alpha}{2}}(n-1) < \frac{(n-1)S^2}{\sigma^2} < \chi^2_{\frac{\alpha}{2}}(n-1)) = 1 - \alpha$$

即

$$P(\frac{(n-1)S^2}{\chi^2_{\frac{\alpha}{2}}(n-1)} < \sigma^2 < \frac{(n-1)S^2}{\chi^2_{1-\frac{\alpha}{2}}(n-1)}) = 1 - \alpha$$

得 σ^2 的置信度為 $1-\alpha$ 的置信區間為

$$(\frac{(n-1)S^2}{\chi^2_{\frac{\alpha}{2}}(n-1)}, \frac{(n-1)S^2}{\chi^2_{1-\frac{\alpha}{2}}(n-1)}) \tag{6.12}$$

由於在 $(0, +\infty)$ 上 σ 是 σ^2 的單調增函數,故也可給出正態總體標準差 σ 的置信度為 $1-\alpha$ 的置信區間為

$$(\frac{\sqrt{(n-1)}S}{\sqrt{\chi^2_{\frac{\alpha}{2}}(n-1)}}, \frac{\sqrt{(n-1)}S}{\sqrt{\chi^2_{1-\frac{\alpha}{2}}(n-1)}})$$

例 4 求例 3 中總體方差 σ^2 的置信度為 0.95 的置信區間.

解 由題設有 $n = 6, s^2 = 0.26, \alpha = 0.05$. 查自由度為 $n-1 = 5$ 的 χ^2 分佈表,得

$$\chi^2_{\frac{\alpha}{2}}(n-1) = \chi^2_{0.025}(5) = 12.833, \chi^2_{1-\frac{\alpha}{2}}(n-1) = \chi^2_{0.975}(5) = 0.831$$

故由 (6.12), σ^2 的 0.95 置信區間為

$$(\frac{5 \times 0.26}{12.833}, \frac{5 \times 0.26}{0.831}) = (0.10, 1.56)$$

*四、兩個正態總體均值差與方差比的置信區間

設從兩個正態總體 $N(\mu_1, \sigma_1^2)$ 和 $N(\mu_2, \sigma_2^2)$ 中分別獨立地抽取樣本 $(X_1, X_2, \cdots, X_m)$ 和 $(Y_1, Y_2, \cdots, Y_n)$,樣本均值分別為 $\bar{X}$ 和 $\bar{Y}$,樣本方差分別為 S_1^2 和 S_2^2.

1. 求 $\mu_1 - \mu_2$ 的置信水平為 $1-\alpha$ 的置信區間

（1）當 σ_1^2, σ_2^2 均為已知時，因為 $\bar{X} - \bar{Y} \sim N(\mu_1 - \mu_2, \frac{\sigma_1^2}{m} + \frac{\sigma_2^2}{n})$，所以

$$U = \frac{\bar{X} - \bar{Y} - (\mu_1 - \mu_2)}{\sqrt{\frac{\sigma_1^2}{m} + \frac{\sigma_2^2}{n}}} \sim N(0,1)$$

對給定的置信水平 $1 - \alpha$，查標準正態分佈表可得 $u_{\frac{\alpha}{2}}$，使得

$$P\left\{ -u_{\frac{\alpha}{2}} < \frac{\bar{X} - \bar{Y} - (\mu_1 - \mu_2)}{\sqrt{\frac{\sigma_1^2}{m} + \frac{\sigma_2^2}{n}}} < u_{\frac{\alpha}{2}} \right\} = 1 - \alpha$$

即

$$P\left\{ \bar{X} - \bar{Y} - u_{\frac{\alpha}{2}} \sqrt{\frac{\sigma_1^2}{m} + \frac{\sigma_2^2}{n}} < \mu_1 - \mu_2 < \bar{X} - \bar{Y} + u_{\frac{\alpha}{2}} \sqrt{\frac{\sigma_1^2}{m} + \frac{\sigma_2^2}{n}} \right\} = 1 - \alpha$$

由此得 $\mu_1 - \mu_2$ 的置信水平為 $1 - \alpha$ 的置信區間為

$$\left(\bar{X} - \bar{Y} - u_{\frac{\alpha}{2}} \sqrt{\frac{\sigma_1^2}{m} + \frac{\sigma_2^2}{n}}, \bar{X} - \bar{Y} + u_{\frac{\alpha}{2}} \sqrt{\frac{\sigma_1^2}{m} + \frac{\sigma_2^2}{n}} \right)$$

（2）當 $\sigma_1^2 = \sigma_2^2 = \sigma^2$ 未知時

$$T = \frac{\bar{X} - \bar{Y} - (\mu_1 - \mu_2)}{S_W \sqrt{\frac{1}{m} + \frac{1}{n}}} \sim t(m + n - 2)$$

其中

$$S_W = \sqrt{\frac{(m-1)S_1^2 + (n-1)S_2^2}{m + n - 2}}$$

對於給定的置信水平 $1 - \alpha$，查附表可得 $t_{\frac{\alpha}{2}}(m + n - 2)$，使得

$$P\left\{ -t_{\frac{\alpha}{2}}(m+n-2) < \frac{\bar{X} - \bar{Y} - (\mu_1 - \mu_2)}{S_W \sqrt{\frac{1}{m} + \frac{1}{n}}} < t_{\frac{\alpha}{2}}(m+n-2) \right\} = 1 - \alpha$$

即

$$P\left\{ \bar{X} - \bar{Y} - t_{\frac{\alpha}{2}}(m+n-2) S_W \sqrt{\frac{1}{m} + \frac{1}{n}} < \mu_1 - \mu_2 < \bar{X} - \bar{Y} + t_{\frac{\alpha}{2}}(m+n-2) S_W \sqrt{\frac{1}{m} + \frac{1}{n}} \right\} = 1 - \alpha$$

由此得 $\mu_1 - \mu_2$ 的置信水平為 $1 - \alpha$ 的置信區間為

$$(\bar{X} - \bar{Y} - t_{\frac{\alpha}{2}}(m+n-2)S_W\sqrt{\frac{1}{m}+\frac{1}{n}}, \bar{X} - \bar{Y} + t_{\frac{\alpha}{2}}(m+n-2)S_W\sqrt{\frac{1}{m}+\frac{1}{n}})$$

例5 從某大學的大一和大二兩個年級的男生中分別抽取5名和6名男生，測得他們的身高(厘米)分別為

大一：172,178,180.5,174,175

大二：174,171,176.5,168,172.5,170

假設兩個年級男生的身高分別服從正態分佈 $N(\mu_1, \sigma^2)$ 和 $N(\mu_2, \sigma^2)$，求 $\mu_1 - \mu_2$ 的置信水平為 0.95 的置信區間．

解 由題設可知 $m = 5, n = 6$，且可以算得 $\bar{x} = 175.9, s_1^2 = \frac{45.2}{4}$，$\bar{y} = 172, s_2^2 = \frac{45.5}{5}$，及

$$\bar{x} - \bar{y} = 3.9, s_w = \sqrt{\frac{45.2 + 45.5}{5 + 6 - 2}} = 3.17$$

對於給定的 $\alpha = 0.05$，查附表3得 $t_{\frac{\alpha}{2}}(m+n-2) = t_{0.025}(9) = 2.2622$，於是

$$t_{\frac{\alpha}{2}}(m+n-2)s_w\sqrt{\frac{1}{m}+\frac{1}{n}} = 2.2622 \times 3.17 \times 0.61 = 4.374$$

故所求 $\mu_1 - \mu_2$ 的置信水平為 0.95 的置信區間為

$$(3.9 - 4.374, 3.9 + 4.374) = (-0.474, 8.274)$$

2. 求 $\dfrac{\sigma_1^2}{\sigma_2^2}$ 的置信水平為 $1 - \alpha$ 的置信區間

由定理 5.7 知

$$F = \frac{S_1^2/\sigma_1^2}{S_2^2/\sigma_2^2} \sim F(m-1, n-1)$$

對於給定的置信水平 $1 - \alpha$，查附表可得 $f_{1-\frac{\alpha}{2}}(m-1, n-1)$ 和 $f_{\frac{\alpha}{2}}(m-1, n-1)$，使得

$$P\left\{f_{1-\frac{\alpha}{2}}(m-1, n-1) < \frac{\sigma_2^2}{\sigma_1^2} \cdot \frac{S_1^2}{S_2^2} < f_{\frac{\alpha}{2}}(m-1, n-1)\right\} = 1 - \alpha$$

即

$$P\left\{\frac{S_1^2}{S_2^2} \cdot \frac{1}{f_{\frac{\alpha}{2}}(m-1, n-1)} < \frac{\sigma_1^2}{\sigma_2^2} < \frac{S_1^2}{S_2^2} \cdot \frac{1}{f_{1-\frac{\alpha}{2}}(m-1, n-1)}\right\} = 1 - \alpha$$

由此得 $\dfrac{\sigma_1^2}{\sigma_2^2}$ 的置信水平為 $1 - \alpha$ 的置信區間為

$$(\frac{S_1^2}{S_2^2} \cdot \frac{1}{f_{\frac{\alpha}{2}}(m-1,n-1)}, \frac{S_1^2}{S_2^2} \cdot \frac{1}{f_{1-\frac{\alpha}{2}}(m-1,n-1)})$$

由於

$$\frac{1}{f_{1-\frac{\alpha}{2}}(m-1,n-1)} = f_{\frac{\alpha}{2}}(n-1,m-1)$$

故置信區間也可以為

$$(\frac{S_1^2}{S_2^2} \frac{1}{f_{\frac{\alpha}{2}}(m-1,n-1)}, \frac{S_1^2}{S_2^2} f_{\frac{\alpha}{2}}(n-1,m-1))$$

例6 在例5中,若兩個年級男生的身高分別服從正態分佈 $N(\mu_1, \sigma^2)$ 和 $N(\mu_2, \sigma^2)$,求方差比 $\frac{\sigma_1^2}{\sigma_2^2}$ 的置信水平為0.95的置信區間.

解 由例5可得 $s_1^2 = \frac{45.2}{4}, s_2^2 = \frac{45.5}{4}$,則有 $\frac{s_1^2}{s_2^2} = \frac{45.2}{4} / \frac{45.5}{5} = \frac{11.3}{9.1}$,又查附表可得 $f_{0.025}(4,5) = 7.39, f_{0.025}(5,4) = 9.36$,於是 $\frac{\sigma_1^2}{\sigma_2^2}$ 的置信水平為0.95的置信區間為

$$(\frac{11.3}{9.1} \times \frac{1}{7.39}, \frac{11.3}{9.1} \times 9.36) = (0.17, 11.62)$$

習題 6.2

1. 通常某個群體的考試成績均近似地服從正態分佈,現抽樣得到某高校16名學生某次英語四級考試成績如下:

75,63,82,91,54,77,68,84,95,49,76,69,72,80,71,88

(1) 設已知該校英語四級考試成績的標準差 $s = 15$,試求考試平均成績 μ 的置信度為0.95的置信區間;(2) 若標準差未知,該校考試平均成績 μ 的置信度為0.95的置信區間為何?

2. 某廠生產一批金屬材料,其抗彎強度(單位:千克)服從正態分佈 $N(\mu, \sigma^2)$. 現從這批金屬材料中隨機抽取11個試件,測得它們的抗彎強度為:

42.5,42.7,43.0,42.3,43.4,44.5,44.0,43.8,44.1,43.9,43.7

求:(1) 平均抗彎強度 μ 的置信度為0.95的置信區間;(2) 抗彎強度標準差 σ 的置信度為0.90的置信區間.

3. 設總體 $X \sim N(\mu_0, \sigma^2)$(其中 μ_0 為已知數),$(X_1, X_2, \cdots, X_n)$ 為其樣本,試導出未知參數 σ^2 的置信度為 $1-a$ 的置信區間.

4. 設總體 $X \sim N(\mu_1, 4)$，總體 $Y \sim N(\mu_2, 6)$，分別獨立地從這兩個總體中抽取樣本，樣本容量分別為 16 和 24，樣本均值分別為 16.9 和 15.3．求這兩個總體均值差 $\mu_1 - \mu_2$ 的置信水平為 0.95 的置信區間．

5. 某廠生產甲、乙兩種型號的儀表．為比較其無故障運行時間（單位：小時）的長短，檢驗部門抽取了甲種儀表 25 只，測得其平均無故障運行時間為 $\bar{x} = 2000$，樣本標準差 $s_1 = 80$；抽取了乙種儀表 20 只，測得其平均無故障運行時間為 $\bar{y} = 1900$，樣本標準差 $s_2 = 100$．假設兩種儀表的無故障運行時間均服從正態分佈且相互獨立，求：(1) 兩總體均值之差 $\mu_1 - \mu_2$ 的置信度為 0.99 的置信區間，假設已知兩種儀表的無故障運行時間的方差分別是 3844 和 5625；(2) 兩總體方差之比 $\dfrac{\sigma_1^2}{\sigma_2^2}$ 的置信度為 0.90 的置信區間．

§6.3 參數的假設檢驗

參數假設檢驗是指，在總體分佈類型已知的條件下，利用樣本觀測值所提供的信息，對關於分佈參數所做的某種假設的真偽進行檢驗的一種統計推斷方法．

一、假設檢驗的基本思想

設想你到商店欲購買一種電子產品．店主接待你時聲稱，他經銷的這種產品「百分之九十九都是優質品」．為檢驗其真偽，你隨手取一件這種產品進行測試．結果發現，此產品有一定的質量問題．面對這一結果你還會相信店主的話嗎？顯然，你不會．因為，假如這種產品的確像店主所聲稱的那樣「百分之九十九都是優質品」，那麼事件｛取到一件質量有問題的產品｝就是一個其概率只有 0.01 的小概率事件．根據小概率事件的實際推斷原理，在一次試驗中小概率事件一般不會發生．而現在它居然發生了！你完全有理由懷疑以至拒絕接受店主的說法．當然，如果測試的結果是取到的產品質量很好，你就沒有理由不相信店主的話了．

上面這個簡單的例子包含了假設檢驗的基本思想．怎樣去檢驗關於分佈參數所做的假設的真偽呢？一般地，在沒有出現不利於這一假設的信息時，我們權且接受這一假設．而當樣本觀測值提供的信息表明出現了不利於這一假設的小概率事件時，我們則拒絕這一假設．所以，檢驗的關鍵是，設法構造一個不利於

這一假設的小概率事件 A,並建立這樣的檢驗規則:若樣本表明事件 A 發生了,則拒絕假設;否則無理由拒絕假設,從而只有(至少暫時)接受假設.

二、假設檢驗的基本概念

下面我們結合具體例子來介紹假設檢驗的基本概念.

1. 原假設與備擇假設

例1 制藥廠自動生產線生產某種藥品,每片藥中有效成分 A 的含量(單位:mg)服從正態分佈 $N(\mu,9)$,正常情況下其均值 $\mu = 20$. 某日,該生產線發生了故障,經調試恢復生產後,抽樣得到 16 片樣品,測得其成分 A 的平均含量為 $\bar{x} = 21.5$. 試問,可否認為自動生產線生產的藥品質量正常?

分析:設藥品中成分 A 的含量為 X,依題意 $X \sim N(\mu,9)$. 要判斷調試後生產線生產的藥品的質量是否正常,可以概括為要根據抽樣得到的信息對「$\mu = 20$」和「$\mu \neq 20$」作出選擇判斷.

例2 假設按國家規定,某種產品的次品率不能超過3%. 現從一批產品中隨機抽出 80 件,發現其中有 3 件次品. 問是否可認為這批產品符合國家規定的標準?

分析:設這批產品的次品率為 p,我們的問題是依據樣本的次品率為 $\frac{3}{80} =$ 3.75% 這一信息來推斷這批產品的次品率 p 是否可認為不超過 3%,即要在「$p \leq 3\%$」和「$p > 3\%$」之間作出選擇.

上述兩個問題的共同點是:都對總體分佈中的參數提出了兩個相互對立的假設,我們稱之為原假設和備擇假設. 原假設也稱為零假設,它是被檢驗的假設,通常記為 H_0. 在拒絕原假設 H_0 後可供選擇的假設稱為備擇假設,記為 H_1,備擇假設也稱為對立假設. 那麼在具體問題中應設定哪一個假設為原假設呢? 一般地,應將沒有充分根據就不能輕易否定的命題作為原假設;同時,從字面上理解,「原」字也可解釋為「原本有的」意思. 例1 和例2 中的假設可分別表述為

$$H_0:\mu = 20, H_1:\mu \neq 20$$

和

$$H_0:p \leq 3\%, \quad H_1:p > 3\%$$

2. 顯著性水平

為了推斷原假設 H_0 是否正確,我們先假定 H_0 成立,在此條件下,利用樣本觀測值對問題進行分析. 如果發生了小概率事件,我們就有理由懷疑作為小概率事件發生前提的原假設 H_0 的正確性,因而拒絕原假設 H_0. 反之,就沒有理由

拒絕 H_0,因而接受 H_0. 一般地,在假設檢驗中,「小概率」是人為取定的,記之為 $\alpha(0 < \alpha < 1)$. 顯然,當 α 越小時這種懷疑的理由就越顯著,因此將 α 稱作檢驗的顯著性水平. α 通常取為 $0.01, 0.05$ 或 0.1 等.

3. 檢驗統計量和拒絕域

就例 1 而言,因為樣本均值 $\bar{X}$ 是總體均值 μ 的無偏估計量,因此在自動生產線生產的藥品質量正常的情況下,$\bar{X}$ 與總體均值 $\mu = 20$ 的偏差應該比較小;換句話說,$\bar{X}$ 與總體均值 $\mu = 20$ 有較大偏離的概率應該較小. 為了界定小概率事件,我們可以選取一個常數 c,使對給定的顯著性水平 α,滿足

$$P(|\bar{X} - 20| \geq c) = \alpha \tag{6.13}$$

而 (6.13) 式完全等價於

$$P\left(\left|\frac{\bar{X} - 20}{3/\sqrt{16}}\right| \geq \frac{c}{3/\sqrt{16}}\right) = \alpha \tag{6.14}$$

注意到,當 H_0 成立時,本例的總體 $X \sim N(20, 9)$,從而統計量

$$U = \frac{\bar{X} - 20}{3/\sqrt{16}} \sim N(0, 1)$$

所以 (6.14) 式成為

$$P\left(|U| \geq \frac{c}{3/\sqrt{16}}\right) = \alpha$$

亦即

$$P\left(U \geq \frac{c}{3/\sqrt{16}}\right) = \frac{\alpha}{2}$$

於是 $\dfrac{c}{3/\sqrt{16}}$ 就是標準正態分佈的上側 $\dfrac{\alpha}{2}$ 分位數 $u_{\frac{\alpha}{2}}$,即有

$$\frac{c}{3/\sqrt{16}} = u_{\frac{\alpha}{2}}$$

這樣,對於給定的 α,$u_{\frac{\alpha}{2}}$ 可由正態分佈表查到,從而 c 值可確定.

從上述討論可見統計量 U 的概率分佈和分位數 $u_{\frac{\alpha}{2}}$ 對於界定本例中的小概率事件至關重要,稱 U 為本例的檢驗統計量,稱 $u_{\frac{\alpha}{2}}$ 為臨界值,並稱導致作出拒絕 H_0 結論的樣本觀測值的集合

$$W = \{(x_1, x_2, \cdots, x_n) \mid |u| \geq u_{\frac{\alpha}{2}}\}$$

(註:$u = \dfrac{\bar{x} - 20}{3/\sqrt{16}}$ 是統計量 $U = \dfrac{\bar{X} - 20}{3/\sqrt{16}}$ 的觀測值)

為本檢驗問題的拒絕域,稱 W 的餘集(即導致作出接受 H_0 結論的樣本觀測值的

集合)

$$A = \{(x_1, x_2, \cdots, x_n) \mid |u| < u_{\frac{\alpha}{2}}\}$$

為本檢驗問題的接受域. 今後分別將它們簡記作

$$W = \{|u| \geq u_{\frac{\alpha}{2}}\} \text{ 和 } A = \{|u| < u_{\frac{\alpha}{2}}\}$$

本例中,若取顯著性水平 $a = 0.05$,查表可得 $u_{\frac{\alpha}{2}} = u_{0.025} = 1.96$,因此拒絕域

$$W = \{|u| \geq 1.96\}$$

而統計量 $|U|$ 的觀測值為

$$|u| = \left|\frac{21.5 - 20}{3/\sqrt{16}}\right| = 2 > 1.96$$

可見樣本觀測值落入拒絕域 W,從而應拒絕 H_0. 即不能認為調試後的生產線生產正常,生產線應重新調試.

三、假設檢驗的一般步驟

由例 1 可歸納出假設檢驗的基本步驟如下:

(1) 根據問題提出適當的原假設 H_0 及備擇假設 H_1;

(2) 選擇適當的檢驗統計量,設為 T,及適當的顯著性水平 a,並依據假設構造一個當 H_0 為真時的小概率事件 $\{T \in D\}$,使之滿足

$$P\{T \in D\} \leq a$$

從而確定拒絕域 W;

(3) 根據樣本觀測值 $(x_1, x_2, \cdots, x_n)$ 算出檢驗統計量 T 的觀測值,設為 t,當 $t \in D$,即 $(x_1, x_2, \cdots, x_n) \in W$ 時,拒絕原假設 H_0,否則接受 H_0.

四、幾點說明

1. 關於假設

像例 1 中的 H_0 那樣,參數只取唯一值的原假設通常稱為簡單假設,而像例 2 中的 H_0 那樣,參數可取多個值的原假設稱為複合假設.

2. 關於檢驗的顯著性水平 a

由例 1 我們容易看到,檢驗的顯著性水平 a 的不同選擇有可能導致不同的結論. 例如,若選擇 $a = 0.01$ 而不是原題中的 0.05,則可算得拒絕域

$$W = \{|u| \geq 2.57\}$$

因此,按照檢驗規則應接受 H_0. 對此,我們的解釋是,由於選擇了概率更小的小概率事件來檢驗 H_0,因此只有當 $\bar{x}$ 對 $\mu = 20$ 有更為顯著的偏離時我們才會否定

H_0.

3. 關於兩類錯誤

假設檢驗是按照小概率事件的實際推斷原理對原假設的真偽作出推斷的. 由於樣本的隨機性,這種推斷有可能犯下面兩類錯誤:

第一類錯誤:原假設 H_0 為真,但樣本值卻落入拒絕域 W,按照檢驗規則,H_0 被拒絕. 於是錯誤發生了,通常稱此類錯誤為棄真錯誤. 由於僅當小概率事件發生時才拒絕原假設,因此犯第一類錯誤的概率不超過檢驗的顯著性水平 α,即

$$P(拒絕 H_0 \mid H_0 為真) \leq \alpha$$

第二類錯誤:原假設 H_0 為偽,但樣本卻落入接受域 A,於是便錯誤地接受了 H_0. 此類錯誤稱作納偽錯誤. 用 β 表示犯納偽錯誤的概率,即

$$P(接受 H_0 \mid H_1 為真) = \beta$$

在實際應用中人們當然希望犯兩類錯誤的概率 α 和 β 都盡可能小,但這一般很難實現,因為當樣本容量 n 一定時,欲使 α 小,則 β 就會增大;反之,欲使 β 小,α 也會增大. 只有增加樣本容量,才能使犯兩類錯誤的概率都減小. 在給定樣本容量的情況下,通常最簡單的做法是,只控制犯第一類錯誤的概率,而不考慮犯第二類錯誤的概率. 因為 α 為顯著性水平,因此只需選擇較小的 α 值即可使犯棄真錯誤的概率較小. 通常稱這種只控制犯第一類錯誤概率的檢驗為顯著性檢驗. 本教材也只討論顯著性檢驗問題.

習題 6.3

1. 在假設檢驗問題中,若檢驗結果是接受原假設,則檢驗可能犯哪一類錯誤?若檢驗結果是拒絕原假設,則又可能犯哪一類錯誤?

2. 設來自總體 $X \sim N(\mu, 1)$ 的樣本 $(X_1, X_2, \cdots, X_{16})$ 的觀測值為 $(x_1, x_2, \cdots, x_{16})$,若檢驗問題

$$H_0: \mu = 2, \quad H_1: \mu \neq 2$$

的拒絕域為 $W = \{\bar{x} \geq 2.5\}$,求檢驗犯第一類錯誤的概率.

§6.4 一個正態總體參數的假設檢驗

設樣本 $(X_1, X_2, \cdots, X_n)$ 來自正態總體 $X \sim N(\mu, \sigma^2)$. 以下分別討論參數 μ 和 σ^2 的檢驗問題.

一、總體均值 μ 的檢驗

實際應用中常考慮以下三種類型的待驗假設：

I $H_0:\mu = \mu_0, H_1:\mu \neq \mu_0$；
II $H_0:\mu \leq \mu_0, H_1:\mu > \mu_0$；
III $H_0:\mu \geq \mu_0, H_1:\mu < \mu_0$。

1. 總體方差 σ^2 已知的情形

上節例1屬於這裡的類型 I，可見，此類假設檢驗應取

$$U = \frac{\bar{X} - \mu_0}{\sigma/\sqrt{n}} \tag{6.15}$$

作為檢驗統計量。當 H_0 成立時，有 $U \sim N(0,1)$。因只有當 $\bar{X}$ 的觀測值明顯偏離 μ_0 時才會拒絕 H_0，故對給定的顯著性水平 α，令

$$P(|U| \geq u_{\frac{\alpha}{2}}) = \alpha$$

得拒絕域

$$W = \{|u| \geq u_{\frac{\alpha}{2}}\} = \{u \leq -u_{\frac{\alpha}{2}} \text{ 或 } u \geq u_{\frac{\alpha}{2}}\}$$

下面討論類型 II 的檢驗問題。

檢驗統計量仍然用式(6.15)分析類型 II 的假設，顯然只有在 $\bar{X}$ 的觀測值遠遠大於 μ_0，亦即 U 的觀測值大於某個正數時才會否定 H_0。因此，對於給定的顯著性水平 α，似應令

$$P(U \geq u_\alpha) = \alpha \tag{6.16}$$

但是，由於類型 II 的原假設 H_0 是複合假設，當 H_0 成立時檢驗統計量 U 的分佈仍是不確定的，這樣也就無法利用式(6.16)確定臨界值 u_α。所以我們轉而考慮含有未知參數 μ 的樣本函數

$$U^* = \frac{\bar{X} - \mu}{\sigma/\sqrt{n}}$$

顯然，U^* 有確定的分佈：$U^* \sim N(0,1)$。

$$P(U^* \geq u_\alpha) = \alpha$$

則由於當 H_0 成立時（即 $\mu \leq \mu_0$），顯然有

$$U = \frac{\bar{X} - \mu_0}{\sigma/\sqrt{n}} \leq \frac{\bar{X} - \mu}{\sigma/\sqrt{n}} = U^*$$

從而事件 $\{U \geq u_\alpha\}$ 包含於事件 $\{U^* \geq u_\alpha\}$，所以

$$P\{U \geq u_\alpha\} \leq P\{U^* \geq u_\alpha\} = \alpha \tag{6.17}$$

式(6.17)表明，$\{U \geq u_\alpha\}$ 是 H_0 成立條件下的概率不超過 α 的小概率

事件.

綜上分析,類型 II 的拒絕域為
$$W_1 = \{u \geq u_\alpha\}$$
其中 u_α 為標準正態分佈的上側 α 分位數.

類似地,仍取 $U = \dfrac{\bar{X} - \mu_0}{\sigma/\sqrt{n}}$ 作為檢驗統計量,類型 III 的拒絕域則是
$$W_2 = \{u \leq -u_\alpha\}$$
其中 u_α 為標準正態分佈的上側 α 分位數.

在上述討論中這樣以統計量 U 作為檢驗統計量的檢驗通常稱為 U 檢驗. 像類型 I 那樣,拒絕域在接受域兩側的檢驗稱為雙側檢驗. 而像類型 II 和類型 III 那樣,拒絕域在接受域一側的檢驗稱為單側檢驗.

例1 某乳品公司生產的某品牌 500 克裝甜奶粉中蔗糖含量(單位:克) 近似地服從正態分佈 $N(\mu, 20)$. 按照公司的質量標準,該品牌甜奶粉的蔗糖含量不得超過20%. 現從公司不同批次生產的該品牌 500 克裝甜奶粉中抽取 5 袋,測得其中蔗糖實際含量分別為

$$102, 99, 107, 103, 105$$

問:能否判定公司該品牌甜奶粉的蔗糖含量超標(顯著性水平 $\alpha = 0.05$)?

解 問題歸結為檢驗如下假設的參數檢驗問題:
$$H_0: \mu \leq 100, \quad H_1: \mu > 100$$
此為單側 U 檢驗,檢驗統計量為
$$U = \frac{\bar{X} - 100}{\sqrt{20}/\sqrt{5}} = \frac{\bar{X} - 100}{2}$$
查正態分佈表,得 $u_\alpha = u_{0.05} = 1.64$,故拒絕域為
$$W = \{u \geq 1.64\}$$
由題設,得 $\bar{x} = 103.2$,故檢驗統計量 U 的樣本觀測值
$$u = \frac{103.2 - 100}{2} = 1.6 < u_\alpha$$

所以,接受 H_0,即不能判定乳品公司甜奶粉中的蔗糖含量超標.

初學者可能會對例 1 的結論感到困惑:明明樣本中蔗糖的含量已經超標,為何還不能判定公司甜奶粉中的蔗糖含量超標?對此有兩點解釋:

第一,在本檢驗的顯著性水平($\alpha = 0.05$) 之下,樣本中蔗糖含量的超標可理解為,系隨機因素所致,即其超標的幅度還不足以使人們有足夠的理由判定公司的奶粉總體質量上發生了變化.

第二，如果將檢驗的顯著性水平變為 $a = 0.1$，則 $u_\alpha = u_{0.1} = 1.28$，此時檢驗統計量的觀測值 $u = 1.6 > u_\alpha$，所以結論變成：應拒絕 H_0。但是，由於 a 值較大，此時對 H_0 所做的否定結論的令人信服的程度也就隨之降低了。

以上分析表明，實際應用中一個檢驗的顯著性水平的合理確定是非常關鍵的。

2. 總體方差 σ^2 未知的情形

由於總體方差 σ^2 未知，$U = \dfrac{\bar{X} - \mu_0}{\sigma/\sqrt{n}}$ 已不是統計量，此時應改用

$$T = \frac{\bar{X} - \mu_0}{S/\sqrt{n}}$$

作為關於總體均值 m 的上述三類檢驗問題的檢驗統計量，相應的檢驗稱作 T 檢驗。通過類似於上一款的分析，可以得到三類檢驗問題的顯著性水平為 a 的拒絕域。我們將其列於表 6.1 之中，以供查用。

表 6.1　　　　　　　　　　正態總體均值的假設檢驗

檢驗法	條件	H_0	H_1	檢驗統計量	拒絕域
U 檢驗	σ^2 已知	$\mu = \mu_0$ $\mu \leq \mu_0$ $\mu \geq \mu_0$	$\mu \neq \mu_0$ $\mu > \mu_0$ $\mu < \mu_0$	$U = \dfrac{\bar{X} - \mu_0}{\sigma/\sqrt{n}}$	$\{\|u\| \geq u_{\frac{\alpha}{2}}\}$ $\{u \geq u_\alpha\}$ $\{u \leq -u_\alpha\}$
T 檢驗	σ^2 未知	$\mu = \mu_0$ $\mu \leq \mu_0$ $\mu \geq \mu_0$	$\mu \neq \mu_0$ $\mu > \mu_0$ $\mu < \mu_0$	$T = \dfrac{\bar{X} - \mu_0}{S/\sqrt{n}}$	$\{\|t\| \geq t_{\frac{\alpha}{2}}(n-1)\}$ $\{t \geq t_\alpha(n-1)\}$ $\{t \leq -t_\alpha(n-1)\}$

〔註〕表中 u 和 t 分別是檢驗統計量 U 和 T 的觀測值。

例2　某米廠加工的 10 千克袋裝大米的重量服從正態分佈。為檢驗包裝機運行是否正常，質檢人員對 10 千克袋裝大米的重量進行了抽查，測得 8 袋米的重量如下（單位：千克）：

9.88, 10.02, 9.94, 9.81, 10.03, 9.85, 9.90, 9.86

問：包裝機運行是否正常（$a = 0.05$）？

解　據題設，這是雙側 T 檢驗問題。由表 6.1，待檢驗的假設為

$$H_0: \mu = 10, H_1: \mu \neq 10$$

檢驗統計量為

$$T = \frac{\bar{X} - 10}{S/\sqrt{n}}$$

其中 $\bar{X}$、S 的觀測值可由題設算得，分別是 $\bar{x} = 9.91$、$s = 0.08$，查 t 分佈表，得

$$t_{\frac{\alpha}{2}}(n-1) = t_{0.025}(7) = 2.36$$

於是拒絕域為

$$W = \{|t| \geq 2.36\}$$

又，$|T|$ 的觀測值為

$$|t| = \left|\frac{9.91 - 10}{0.08/\sqrt{8}}\right| = 3.18 > 2.36$$

所以應拒絕 H_0，即認為包裝機運行不正常．

例3 公司生產的某種元件的壽命（單位：小時）服從正態分佈 $N(m, \sigma^2)$，正常情況下元件壽命應不低於 550 小時．現抽測得 9 個樣品的壽命如下：

$$531, 482, 601, 398, 569, 624, 499, 545, 504$$

問：可否據此判定公司生產的該種元件的平均壽命明顯不合要求（$a = 0.05$）？

解 據題設，這是單側 T 檢驗問題，待檢驗的假設為

$$H_0: \mu \geq 550, H_1: \mu < 550$$

檢驗統計量為

$$T = \frac{\bar{X} - 550}{S/\sqrt{n}}$$

查 t 分佈表，得

$$t_{1-\alpha}(n-1) = t_{0.95}(8) = -1.86$$

故拒絕域為

$$W = \{t \leq t_{1-\alpha}(n-1)\} = \{t \leq -1.86\}$$

又，由題設可算得 $\bar{x} = 528.11$、$s = 67.97$，從而 T 的觀測值為

$$t = \frac{528.11 - 550}{67.97/\sqrt{9}} = -0.97 > -1.86$$

所以，應接受 H_0，即據此尚不能判定該種元件的平均壽命明顯不合要求．

例4 某市為治理水污染問題對工業污水中有害物 A 的含量（單位：克）作了限制：每噸排放物中 A 的含量不能超過 3 克．已知某化工廠的工業污水經無害處理後，每噸排放物中 A 的含量近似服從正態分佈．現環保部門對該廠不同時段的每噸排放物中 A 的含量進行了檢測，數據如下：

$$3.1, 3.4, 2.8, 2.9, 3.0, 4.1, 3.5$$

問：化工廠排放物中 A 的含量是否超標（$a = 0.1$）？

解 據題意，本題應是單側 T 檢驗問題，待驗假設為

$$H_0: \mu \leq 3, \quad H_1: \mu > 3$$

檢驗統計量是

$$T = \frac{\bar{X} - 3}{S/\sqrt{n}}$$

拒絕域為

$$W = \{t > t_\alpha(n-1)\} = \{t > t_{0.1}(6)\}$$

查 t 分佈表,得 $t_{0.1}(6) = 1.44$ 又,由題設可算得 $\bar{x} = 3.26$、$s = 0.45$,從而檢驗統計量 T 的觀測值為

$$t = \frac{3.26 - 3}{0.45/\sqrt{7}} = 1.53 > t_{0.1}(6)$$

所以,應拒絕 H_0 而接受 H_1,即可以判定化工廠排放物中 A 的含量超標.

二、總體方差 σ^2 的檢驗

常用的待驗假設有以下三類(其中 σ_0^2 為已知數):

Ⅰ $H_0: \sigma^2 = \sigma_0^2, H_1: \sigma^2 \neq \sigma_0^2$;
Ⅱ $H_0: \sigma^2 \leq \sigma_0^2, H_1: \sigma^2 > \sigma_0^2$;
Ⅲ $H_0: \sigma^2 \geq \sigma_0^2, H_1: \sigma^2 < \sigma_0^2$.

一個檢驗的核心問題是選擇適當的檢驗統計量,以下就檢驗問題 Ⅰ 進行討論.

顯然,當 H_0 成立即總體方差 σ^2 確是 σ_0^2 時,作為總體方差的無偏估計量的樣本方差 S^2 應以 σ_0^2 為中心取值,從而統計量 $\dfrac{S^2}{\sigma_0^2}$ 應以 1 為中心取值,其觀測值過大或過小都會被視作異常而引起對 H_0 的懷疑乃至否定. 據此,我們選取統計量

$$\chi^2 = \frac{(n-1)S^2}{\sigma_0^2} \tag{6.18}$$

作為問題 Ⅰ 檢驗統計量.

據定理 5.3,當 H_0 成立時,統計量(6.18)具有確定的分佈:

$$\frac{(n-1)S^2}{\sigma_0^2} \sim \chi^2(n-1)$$

為了確定檢驗的拒絕域,應將 H_0 成立時的小概率事件規定為

$$\{\chi^2 \leq a \text{ 或 } \chi^2 \geq b\}$$

即令

$$P\{\chi^2 \leq a \text{ 或 } \chi^2 \geq b\} = \alpha \tag{6.19}$$

顯然,滿足式(6.19)的數組 a、b 有無窮多組,通常取

$$a = \chi^2_{1-\frac{\alpha}{2}}(n-1), b = \chi^2_{\frac{\alpha}{2}}(n-1)$$

於是,得問題 I 的拒絕域
$$W = \{\chi^2 \leqslant \chi^2_{1-\frac{\alpha}{2}}(n-1) \text{ 或 } \chi^2 \geqslant \chi^2_{\frac{\alpha}{2}}(n-1)\}$$

綜上,問題 I 的檢驗可稱雙側 c^2 檢驗法. 借助類似於對總體均值 m 的 U 檢驗法的分析方法不難知道,關於總體方差 σ^2 的檢驗問題 II 和 III 亦可利用 (6.18) 式作為檢驗統計量,其拒絕域分別為

$$W_1 = \{\chi^2 \geqslant \chi^2_{\alpha}(n-1)\}$$

和

$$W_2 = \{\chi^2 \leqslant \chi^2_{1-\alpha}(n-1)\}$$

可見問題 II 和 III 均為單側 χ^2 檢驗. 我們將這三種檢驗列於表 6.2 之中,以供查用.

表 6.2　　　　　　　　正態總體方差的假設檢驗

檢驗法	條件	H_0	H_1	檢驗統計量	拒絕域
χ^2 檢驗	μ 未知	$\sigma^2 = \sigma_0^2$	$\sigma^2 \neq \sigma_0^2$	$\chi^2 = \dfrac{(n-1)S^2}{\sigma_0^2}$	$\{\chi^2 \leqslant \chi^2_{1-\frac{\alpha}{2}}(n-1)$ 或 $\chi^2 \geqslant \chi^2_{\frac{\alpha}{2}}(n-1)\}$
		$\sigma^2 \leqslant \sigma_0^2$	$\sigma^2 > \sigma_0^2$		$\{\chi^2 > \chi^2_{\alpha}(n-1)\}$
		$\sigma^2 \geqslant \sigma_0^2$	$\sigma^2 < \sigma_0^2$		$\{\chi^2 < \chi^2_{1-\alpha}(n-1)\}$

例 5　某金工車間加工的鋼珠直徑(單位:毫米) 服從正態分佈 $N(\mu, \sigma^2)$,質檢員抽查鋼珠質量時,測得 20 枚鋼珠直徑的樣本方差為 $s^2 = 4.3$,問:是否可以認為該車間加工的鋼珠違反了廠方制訂的 $\sigma^2 \leqslant 4$ 的加工精度要求($a = 0.05$)?

解　此為單側 χ^2 檢驗問題,待驗假設為
$$H_0: \sigma^2 \leqslant 4, \quad H_1: \sigma^2 > 4$$

取
$$\chi^2 = \frac{(n-1)S^2}{4}$$

為檢驗統計量,則拒絕域為
$$W = \{\chi^2 > \chi^2_{\alpha}(n-1)\}$$

查自由度為 $n - 1 = 19$ 的 χ^2 分佈表,得
$$\chi^2_{\alpha}(n-1) = \chi^2_{0.05}(19) = 30.14$$

又,檢驗統計量的觀測值為
$$\chi^2 = \frac{(20-1) \times 4.3}{4} = 20.43 < 30.14$$

所以,接受 H_0,即尚不能認為車間已明顯違反了加工精度要求.

例6 建材廠生產的預制板的強度(單位:kg/cm²)服從正態分佈 $N(m,\sigma^2)$,以往數據表明參數 $m=460$,$\sigma^2=3450$,為了提高產品質量廠方對製作工藝進行了改革.現測得新工藝下的一組預制板的強度如下:
$$456,487,551,476,513,460,564$$
問:新工藝下生產的預制板強度及其穩定性是否均有明顯的提高($a=0.05$)?

解 本題中預制板強度的方差越小表明強度越穩定.據題設,須檢驗兩種假設:

(1) $H_0:\mu=460$,$H_1:\mu>460$;

(2) $H_0':\sigma^2=3450$,$H_1':\sigma^2<3450$.

下面分別檢驗之.

(1) 新工藝下的預制板強度仍服從正態分佈 $N(\mu,\sigma^2)$,但其均值和方差均未知,故應用 T 檢驗.可以證明,此類檢驗問題與前述關於總體均值的 T 檢驗的問題 Ⅱ 一樣,可取

$$T=\frac{\bar{X}-\mu_0}{S/\sqrt{n}}$$

作為檢驗統計量(這裡 $\mu_0=460$),並有相同的拒絕域

$$W=\{t\geqslant t_\alpha(n-1)\}$$

查 t 分佈表,得臨界值

$$t_\alpha(n-1)=t_{0.05}(6)=1.94$$

又,由題設可算得 $\bar{x}=501$、$s=43.1$,從而檢驗統計量 T 的觀測值

$$t=\frac{501-460}{43.1/\sqrt{7}}=2.52>1.94$$

所以,應拒絕 H_0 而接受 H_1,即可以認為新工藝下的預制板強度有明顯的提高.

(2) 此檢驗與總體方差的 χ^2 檢驗中的問題 Ⅲ 一樣,檢驗統計量為

$$\chi^2=\frac{(n-1)S^2}{\sigma_0^2}$$

這裡 $\sigma_0^2=3450$,拒絕域是 $W=\{\chi^2\leqslant\chi^2_{1-\alpha}(n-1)\}$

查表得

$$\chi^2_{1-\alpha}(n-1)=\chi^2_{0.95}(6)=1.64$$

檢驗統計量 χ^2 的觀測值為

$$\chi^2=\frac{6\times 43.1^2}{3450}=3.23>1.64$$

所以,不能拒絕 H_0',即尚不能說新工藝下預制板強度的穩定性有明顯的提高.

  註:事實上可以證明,若將前述正態總體數學期望 μ 的檢驗問題 Ⅱ、Ⅲ 中的原假設均改成「$\mu = \mu_0$」(備擇假設不變)的話,所用的檢驗統計量及拒絕域均不改變,關於方差 σ^2 的檢驗問題 Ⅱ、Ⅲ 亦是如此.

習題 6.4

  1. 已知某磚廠生產的磚的抗斷強度服從正態分佈 $N(32.5, 1.1^2)$,現隨機抽取 6 塊,測得抗斷強度(單位:千克／平方厘米)如下:
$$32.56, 29.66, 31.64, 30.00, 31.87, 31.03$$
試問這批磚的平均抗斷強度是否為 32.50(顯著性水平 $a = 0.10$)?

  2. 某種元件,要求其使用壽命不得低於 1000 小時,現從一批這種元件中隨機抽取 25 個,測得其壽命平均值為 950 小時,已知該種元件壽命服從標準差為 $\sigma = 100$ 的正態分佈.可否據此判定這批元件不合格(顯著性水平 $a = 0.05$)?

  3. 在正常情況下工廠生產的某種型號的無縫鋼管的內徑服從正態分佈 $N(54, 0.75^2)$,從某日生產的鋼管中抽出 10 根,測得內徑(單位:厘米)如下:
$$53.8, 54.0, 55.1, 52.1, 54.2, 54.2, 55.0, 55.8, 55.1, 55.3$$
如果標準差不變,該日生產的鋼管的平均內徑與正常生產時是否有顯著差異 ($a = 0.05$)?

  4. 某人從一房地產商處購買了一套據稱是 120 平方米的住房,並請人對房子的建築面積(單位:平方米)進行了 5 次獨立測量,得數據如下:
$$119.2, 118.5, 119.7, 119.4, 120.0$$
設測量值近似地服從正態分佈,可否據此判定該套住房「缺斤短兩」(顯著性水平 $a = 0.05$)?

  5. 已知制藥廠一自動生產線生產的一種藥片中有效成分的含量(單位:毫克)服從正態分佈,按照標準,該藥片中有效成分的含量不應低於 100. 某日廠質檢科從自動生產線生產的藥片中抽查了 40 片,測得其中有效成分的平均含量為 98,樣本標準差為 5.8. 廠質檢科是否可以據此以 0.05 的顯著性水平判定生產線該日生產的藥片質量未達標?若將顯著性水平改為 0.01 結論如何?

  6. 某車間生產鋼絲,生產一向比較穩定,且其產品的折斷力(單位:千克)服從正態分佈.今從產品中隨機抽出 10 根檢查折斷力,得數據如下:
$$578, 572, 570, 568, 572, 570, 570, 572, 596, 584$$
問:是否可以相信該車間的鋼絲折斷力的方差為 64(顯著性水平 $a = 0.05$)?

7. 一自動車床加工零件的長度(單位:毫米)服從正態分佈$N(\mu,\sigma^2)$,原來加工精度$\sigma_0^2 = 0.18$,經過一段時間加工後,為檢驗該車床加工精度而隨機抽取了31個零件,測得數據如下:

零件長	10.1	10.3	10.6	11.2	11.5	11.8	12.0
頻數	1	3	7	10	6	3	1

問:該車床的加工精度是否有所降低(顯著性水平$a = 0.05$)?

*§6.5　兩個正態總體參數的假設檢驗

設總體$X \sim N(\mu_1,\sigma_1^2)$,$(X_1,X_2,\cdots,X_m)$為其樣本,樣本均值和樣本方差分別記為$\bar{X}$和$S_1^2$;總體$Y \sim N(\mu_2,\sigma_2^2)$,$(Y_1,Y_2,\cdots,Y_n)$為其樣本,樣本均值和樣本方差分別記為$\bar{Y}$和$S_2^2$.並設兩個樣本獨立.

一、兩個正態總體均值的假設檢驗

與單正態總體均值的假設檢驗類似,常考慮以下三種檢驗問題:

Ⅰ　$H_0:\mu_1 = \mu_2, H_1:\mu_1 \neq \mu_2$;
Ⅱ　$H_0:\mu_1 \leq \mu_2, H_1:\mu_1 > \mu_2$;
Ⅲ　$H_0:\mu_1 \geq \mu_2, H_1:\mu_1 < \mu_2$.

1. 兩個總體方差σ_1^2和σ_2^2均已知的情形

對於檢驗問題Ⅰ,選

$$U = \frac{\bar{X} - \bar{Y}}{\sqrt{\frac{\sigma_1^2}{m} + \frac{\sigma_2^2}{n}}} \tag{6.20}$$

為檢驗統計量,當H_0為真時,有$U \sim N(0,1)$.令

$$P(|U| \geq u_{\frac{\alpha}{2}}) = \alpha$$

可得拒絕域

$$W = \{|u| \geq u_{\frac{\alpha}{2}}\}$$

類似於§6.4中關於單正態總體均值的檢驗中的推導,容易知道σ_1^2和σ_2^2已知時檢驗問題Ⅱ和Ⅲ亦可取式(6.20)作為檢驗統計量,其拒絕域分別為

$$W_1 = \{u \geq u_\alpha\}$$

和
$$W_2 = \{u \leq u_{1-\alpha}\}$$

2. 兩個總體方差 σ_1^2 和 σ_2^2 均未知,但 $\sigma_1^2 = \sigma_2^2$ 的情形

此時可選

$$T = \frac{\bar{X} - \bar{Y}}{S_W \sqrt{\frac{1}{m} + \frac{1}{n}}}$$

為檢驗統計量,其中

$$S_W = \sqrt{\frac{(m-1)S_1^2 + (n-1)S_2^2}{m+n-2}}$$

對問題 I 而言,當 H_0 為真時,由定理 5.6,有

$$T \sim t(m+n-2)$$

拒絕域為

$$W = \{|t| \geq t_{\frac{\alpha}{2}}\}$$

問題 II 和 III 的拒絕域則分別為

$$W_1 = \{t \geq t_\alpha\}$$

和

$$W_2 = \{t \leq t_{1-\alpha}\}$$

例 1 制藥廠自動生產線生產的某種藥品中成分 A 的每片含量(單位:毫克)服從正態分佈. 技術人員發現,將生產線的參數設在第一檔時,藥品中成分 A 的每片含量 $X \sim N(\mu_1, 10.5)$,而將參數設在第二檔時,藥品中成分 A 的每片含量 $Y \sim N(\mu_2, 12.4)$. 現分別抽取不同參數設置下的藥片 20 片和 15 片,測得其成分 A 的每片平均含量分別為 $\bar{x} = 28$ 和 $\bar{y} = 31$,問:能否判定兩種參數設置下生產的藥品中成分 A 的每片含量有明顯差別($\alpha = 0.1$)?

解 據題設判斷,此為雙正態總體的雙側 U 檢驗問題,待驗假設為

$$H_0: \mu_1 = \mu_2, \quad H_1: \mu_1 \neq \mu_2$$

檢驗統計量為

$$U = \frac{\bar{X} - \bar{Y}}{\sqrt{\frac{10.5}{m} + \frac{12.4}{n}}}$$

拒絕域為

$$W = \{|u| \geq u_{\frac{\alpha}{2}}\}$$

查正態分佈表,得

223

$$u_{\frac{\alpha}{2}} = u_{0.05} = 1.64$$

又，由題設，$\bar{x} = 28$，$\bar{y} = 31$，$m = 20$，$n = 15$，從而 $|U|$ 的觀測值

$$|u| = \left| \frac{28 - 31}{\sqrt{\frac{10.5}{20} + \frac{12.4}{15}}} \right| = 2.58 > 1.64$$

所以，可以判定兩種參數設置下生產的藥品中成分 A 的每片含量有明顯差別．

表6.3　　　　　　　　兩個正態總體均值的假設檢驗

檢驗法	條件	H_0	H_1	檢驗統計量	拒絕域
U 檢驗	σ_1、σ_2 已知	$\mu_1 = \mu_2$ $\mu_1 \leq \mu_2$ $\mu_1 \geq \mu_2$	$\mu_1 \neq \mu_2$ $\mu_1 > \mu_2$ $\mu_1 < \mu_2$	$U = \dfrac{\bar{X} - \bar{Y}}{\sqrt{\dfrac{\sigma_1^2}{m} + \dfrac{\sigma_2^2}{n}}}$	$\{|u| \geq u_{\frac{\alpha}{2}}\}$ $\{u \geq u_\alpha\}$ $\{u \leq u_{1-\alpha}\}$
T 檢驗	$\sigma_1 = \sigma_2$ 未知	$\mu_1 = \mu_2$ $\mu_1 \leq \mu_2$ $\mu_1 \geq \mu_2$	$\mu_1 \neq \mu_2$ $\mu_1 > \mu_2$ $\mu_1 < \mu_2$	$T = \dfrac{\bar{X} - \bar{Y}}{S_w \sqrt{\dfrac{1}{m} + \dfrac{1}{n}}}$	$\{|t| \geq t_{\frac{\alpha}{2}}(m+n-2)\}$ $\{t \geq t_\alpha(m+n-2)\}$ $\{t \leq t_{1-\alpha}(m+n-2)\}$

二、兩個正態總體方差的假設檢驗

只討論兩個總體均值 μ_1、μ_2 均未知情況下關於方差 σ_1^2、σ_2^2 的檢驗問題．常考慮以下三類檢驗：

Ⅰ　$H_0: \sigma_1^2 = \sigma_2^2, H_1: \sigma_1^2 \neq \sigma_2^2$；

Ⅱ　$H_0: \sigma_1^2 \leq \sigma_2^2, H_1: \sigma_1^2 > \sigma_2^2$；

Ⅲ　$H_0: \sigma_1^2 \geq \sigma_2^2, H_1: \sigma_1^2 < \sigma_2^2$.

誠如前述，一個檢驗問題最重要的就是選取適當的檢驗統計量．本檢驗的核心問題是對兩個正態總體方差的大小作出判定．由於樣本方差是總體方差的極大似然估計，因此兩個總體的樣本方差之比 $\dfrac{S_1^2}{S_2^2}$ 應能幫助我們對總體方差之比 $\dfrac{\sigma_1^2}{\sigma_2^2}$ 的大小作出判定．對問題 Ⅰ 而言，當 H_0 真時，據定理5.7 有

$$F = \frac{S_1^2}{S_2^2} \sim F(m-1, n-1) \tag{6.21}$$

因此，選取統計量式(6.21)作為檢驗統計量是適當的．顯然，當兩個正態總體方差相等時，F 值不應偏離1過大，因此檢驗問題 Ⅰ 的拒絕域為

$$W = \{f \leqslant f_{1-\frac{\alpha}{2}}(m-1, n-1) \text{ 或 } f \geqslant f_{\frac{\alpha}{2}}(m-1, n-1)\}$$

(**註**:式中 f 是檢驗統計量 F 的觀測值.)

類似於前面對單側檢驗問題的討論,不難知道檢驗問題 Ⅱ、Ⅲ 亦取統計量 (6.21) 式作為檢驗統計量,其拒絕域分別為

$$W_1 = \{f \geqslant f_\alpha(m-1, n-1)\}$$

和

$$W_2 = \{f \leqslant f_{1-\alpha}(m-1, n-1)\}$$

例 2 某高校金融系在對其一年級學生經濟數學期末考試作試卷分析時,抽得男生試卷 25 份、女生試卷 31 份,經統計得男、女生樣卷成績的樣本標準差分別為 $s_1 = 15.6$ 和 $s_2 = 11.2$,假設通常學生考試成績近似地服從正態分佈,問:可否認定該系男生數學成績比女生數學成績有較大的方差($\alpha = 0.05$)?

解 設男生成績為 $X \sim N(\mu_1, \sigma_1^2)$,女生成績為 $Y \sim N(\mu_2, \sigma_2^2)$,則待驗假設為

$$H_0: \sigma_1^2 \leqslant \sigma_2^2, \quad H_1: \sigma_1^2 > \sigma_2^2$$

取

$$F = \frac{S_1^2}{S_2^2}$$

為檢驗統計量,拒絕域為

$$W = \{f > f_\alpha(m-1, n-1)\}$$

查 F 分佈表,得臨界值

$$f_\alpha(m-1, n-1) = f_{0.05}(24, 30) = 1.64$$

又,F 的觀測值

$$f = \frac{15.6^2}{11.2^2} = 1.94 > 1.64$$

所以,應拒絕 H_0 而接受 H_1,即可以認為男生成績比女生成績有較大的方差.

例 3 假設鐵礦石中的含鐵量(%)服從正態分佈,現從甲、乙兩鐵礦分別採得樣本並測得其含鐵量如下:

甲礦:21.1,23.4,22.5,20.3,18.5,22.8

乙礦:18.5,19.6,17.3,21.2,18.7,22.0,19.1

問:是否可以認為甲礦的含鐵量高於乙礦($\alpha = 0.1$)?

解 設甲礦含鐵量 $X \sim N(\mu_1, \sigma_1^2)$,乙礦含鐵量 $Y \sim N(\mu_2, \sigma_2^2)$,檢驗分兩步進行:

(1) 因二總體方差均未知,故先檢驗假設

$$H_0 : \sigma_1^2 = \sigma_2^2, \quad H_1 : \sigma_1^2 \neq \sigma_2^2$$

檢驗統計量為

$$F = \frac{S_1^2}{S_2^2}$$

拒絕域是

$$W_1 = \{f \leq f_{1-\frac{\alpha}{2}}(m-1, n-1) \text{ 或 } f \geq f_{\frac{\alpha}{2}}(m-1, n-1)\}$$

由題設,$m = 6$、$n = 7$、$\alpha = 0.1$,查自由度為$(5,6)$的F分佈表,得臨界值

$$f_{1-\frac{\alpha}{2}}(5,6) = f_{0.95}(5,6) = \frac{1}{4.95} = 0.20 \quad f_{0.05}(5,6) = 4.69$$

又,據題設可算得$s_1^2 = 3.37$、$s_2^2 = 2.63$,從而F的觀測值為

$$f = \frac{3.37}{2.63} = 1.28$$

因

$$0.20 < f < 4.69$$

故接受H_0,即可以認為兩礦含鐵量的方差相同.

(2)再檢驗假設

$$H_0' : \mu_1 \leq \mu_2, \quad H_1' : \mu_1 > \mu_2$$

因有$\sigma_1^2 = \sigma_2^2$,故用雙正態總體的單側T檢驗法,檢驗統計量為

$$T = \frac{\bar{X} - \bar{Y}}{S_W \sqrt{\frac{1}{m} + \frac{1}{n}}}$$

拒絕域為

$$W_2 = \{t \geq t_\alpha(m+n-2)\}$$

查t分佈表,得

$$t_\alpha(m+n-2) = t_{0.1}(11) = 1.36$$

又,據題設數據可算得$\bar{x} = 21.43$、$\bar{y} = 19.49$、$s_W = 1.72$,從而T的觀測值

$$t = \frac{21.43 - 19.49}{1.72 \times \sqrt{\frac{1}{6} + \frac{1}{7}}} = 2.03 > 1.36$$

所以應拒絕H_0'而接受H_1',即可以認定甲礦的含鐵量高於乙礦.

表 6.4　　　　　　　　兩個正態總體方差的假設檢驗

檢驗法	條件	H_0	H_1	檢驗統計量	拒絕域
F 檢驗	μ_1,μ_2 未知	$\sigma_1^2 = \sigma_2^2$	$\sigma_1^2 \neq \sigma_2^2$	$F = \dfrac{S_1^2}{S_2^2}$	$\{f \leq f_{1-\frac{\alpha}{2}}(m-1,n-1)$ 或 $f \geq f_{\frac{\alpha}{2}}(m-1,n-1)\}$
		$\sigma_1^2 \leq \sigma_2^2$	$\sigma_1^2 > \sigma_2^2$		$\{f > f_\alpha(m-1,n-1)\}$
		$\sigma_1^2 \geq \sigma_2^2$	$\sigma_1^2 < \sigma_2^2$		$\{f \leq f_{1-\alpha}(m-1,n-1)\}$

習題 6.5

1. 裝配某種零部件可以採用兩種不同的生產工序，經驗表明，用這兩種工序裝配零部件所需的時間(單位:分鐘)分別服從標準差為 $\sigma_1 = 2, \sigma_2 = 3$ 的正態分佈．現對兩種工序裝配零部件所需的時間進行了抽樣檢查，兩種工序每裝配 10 個零部件平均所需的時間分別為 5 和 7 分鐘．在 $\alpha = 0.10$ 的顯著水平下，檢驗兩種工序的效率是否有顯著差異？

2. 設甲、乙兩個品牌的同類保健藥品中有效成分 A 的每瓶含量分別為 $X \sim N(\mu_1, 30^2)$ 和 $Y \sim N(\mu_2, 43^2)$．現分別抽得甲牌藥品 10 瓶、乙牌藥品 14 瓶，測得其有效成分 A 的平均含量分別為 $\bar{x} = 310, \bar{y} = 283$，是否可據此認為甲牌藥品的有效成分含量較高($\alpha = 0.10$)？

3. 設甲、乙兩機床加工的同一種零件的尺寸(單位:毫米)均服從正態分佈．現分別抽得甲、乙兩機床加工的零件的尺寸數據如下：

甲:31.2,30.8,31.2,30.3,31.9,31.5

乙:30.3,32.1,29.8,31.7,29.9,29.0,31.9,32.4

問:甲、乙兩機床的加工精度是否有顯著差異(顯著性水平 $\alpha = 0.1$)？

4. 為瞭解各系學生素質教育的效果，學校抽測了甲、乙兩系各 20 名學生．測試結果是:甲系平均分 $\bar{x} = 75$、標準差 $s_1 = 15$，乙系平均分 $\bar{y} = 79$、標準差 $s_2 = 23$．試據此判斷甲、乙兩系學生素質教育效果有無顯著差異(顯著性水平 $\alpha = 0.1$)？

復習題六

一、單項選擇題

1. 設總體 X 有方差 $D(X) = \sigma^2$，$(X_1, X_2, \cdots, X_n)$ 為來自總體 X 的樣本，令
$T = \dfrac{1}{n} \sum_{i=1}^{n} (X_i - \bar{X})^2$
則 $E(T) = ($　　$)$.

(a) σ^2；

(b) $\dfrac{\sigma^2}{n}$；

(c) $\dfrac{n}{n-1}\sigma^2$；

(d) $\dfrac{n-1}{n}\sigma^2$.

2. 設總體 X 的期望為 $E(X) = \mu$，(X_1, X_2) 為來自總體 X 的樣本，則下列統計量中($\quad$)不是未知參數 μ 的無偏估計.

(a) $\dfrac{1}{3}X_1 + \dfrac{2}{3}X_2$；

(b) $\dfrac{3}{4}X_1 + \dfrac{1}{4}X_2$；

(c) X_2；

(d) $X_1 + \dfrac{1}{2}X_2$.

3. 設總體 $X \sim N(\mu, \sigma^2)$（其中 μ、σ^2 均未知），$(X_1, X_2, \cdots, X_n)$ 為其樣本，則 μ 的置信度為 $1 - \alpha$ 的置信區間為($\quad$).

(a) $(\bar{X} - \dfrac{S}{\sqrt{n}} t_{\frac{\alpha}{2}}(n), \bar{X} + \dfrac{S}{\sqrt{n}} t_{\frac{\alpha}{2}}(n))$；

(b) $(\bar{X} - \dfrac{S}{\sqrt{n}} t_{\alpha}(n-1), \bar{X} + \dfrac{S}{\sqrt{n}} t_{\alpha}(n-1))$；

(c) $(\bar{X} - \dfrac{S}{\sqrt{n}} t_{\frac{\alpha}{2}}(n-1), \bar{X} + \dfrac{S}{\sqrt{n}} t_{\frac{\alpha}{2}}(n-1))$；

(d) $(\bar{X} - \dfrac{\sigma}{\sqrt{n}} t_{\frac{\alpha}{2}}(n-1), \bar{X} + \dfrac{\sigma}{\sqrt{n}} t_{\frac{\alpha}{2}}(n-1))$.

4. 已知某總體的未知參數 θ 的置信度為 $1 - \alpha$ 的置信區間為 $(\hat{\theta}_1, \hat{\theta}_2)$，則($\quad$).

(a) $\theta \in (\hat{\theta}_1, \hat{\theta}_2)$；

(b) θ 落入隨機區間 $(\hat{\theta}_1, \hat{\theta}_2)$ 的概率為 $1 - \alpha$；

(c) 隨機區間 $(\hat{\theta}_1, \hat{\theta}_2)$ 包含 θ 的概率為 $1 - \alpha$；

(d) 對於 $\hat{\theta}_1$、$\hat{\theta}_2$ 的任意一組觀測值 θ_1^0, θ_2^0 均成立 $\theta \in (\theta_1^0, \theta_2^0)$.

5. 設總體 X 服從正態分佈 $N(\mu, \sigma^2)$ (σ^2 已知),若使未知參數 μ 的置信度為 $1-a$ 的置信區間的長度不超過 k,則樣本容量 n 應不小於( ).

(a) $\dfrac{2\sigma^2 u_\alpha}{k^2}$; (b) $\dfrac{4\sigma^2 u_\alpha^2}{k^2}$;

(c) $\dfrac{4\sigma^2 u_{\frac{\alpha}{2}}^2}{k^2}$; (d) $\dfrac{2\sigma u_{\frac{\alpha}{2}}}{k}$.

6. 在假設檢驗中 H_0、H_1 分別表示原假設與備擇假設,通常所稱的「犯第二類錯誤」是指( ).

(a) H_0 真而接受 H_1; (b) H_1 不真而接受 H_1;
(c) H_1 真而接受 H_0; (d) H_0 不真而接受 H_1.

7. 設 $(X_1, X_2, \cdots, X_n)$ 是來自正態分佈 $N(\mu, \sigma^2)$ 的樣本,其中參數 μ 和 σ 未知,記

$$\bar{X} = \frac{1}{n}\sum_{i=1}^n X_i, T^2 = \sum_{i=1}^n (X_i - \bar{X})^2$$

則對假設 $H_0: \mu = 0$ 作檢驗所使用的檢驗統計量為( ).

(a) $\dfrac{\sqrt{n}\bar{X}}{T}$; (b) $\dfrac{\sqrt{n-1}\bar{X}}{T}$;

(c) $\dfrac{\sqrt{n(n-1)}\bar{X}}{T^2}$; (d) $\dfrac{\sqrt{n(n-1)}\bar{X}}{T}$.

8. 假設檢驗中,當原假設 H_0 在顯著性水平 0.05 下被接受時,若將顯著性水平變更為 0.01,則( ).

(a) H_0 必定仍被接受; (b) H_0 必定被拒絕;
(c) H_0 可能被接受亦可能被拒絕; (d) 無法判定 H_0 是否被接受.

9. 設總體 $X \sim N(\mu, \sigma^2)$ (μ、σ^2 均未知),$(X_1, X_2, \cdots, X_n)$ 為其樣本,則檢驗問題 $H_0: \mu \leq 10, H_1: \mu > 10$ 的檢驗統計量是( ).

(a) $\dfrac{\bar{X} - 10}{S/\sqrt{n}}$; (b) $\dfrac{\bar{X} - \mu}{S/\sqrt{n}}$;

(c) $\dfrac{\bar{X} - 10}{\sigma/\sqrt{n}}$; (d) $\dfrac{\bar{X} - \mu}{\sigma/\sqrt{n}}$.

10. 設總體 $X \sim N(\mu, \sigma^2)$ (μ、σ^2 均未知),$(X_1, X_2, \cdots, X_n)$ 為其樣本,則檢驗問題

$$H_0: \sigma^2 \geq \sigma_0^2, H_1: \sigma^2 < \sigma_0^2$$

的檢驗統計量為 $\chi^2 = \dfrac{(n-1)S^2}{\sigma_0^2}$，若取顯著性水平為 0.1 則檢驗的拒絕域 $W =$ ( ).

(a) $\{\chi^2 \leqslant \chi_{0.9}^2(n)\}$;
(b) $\{\chi^2 \leqslant \chi_{0.9}^2(n-1)\}$;
(c) $\{\chi^2 \leqslant \chi_{0.1}^2(n)\}$;
(d) $\{\chi^2 \leqslant \chi_{0.1}^2(n-1)\}$.

二、填空題

1. 求參數點估計量的矩估計法的理論依據是( ).

2. 設總體 $X \sim B(4,p)$, $(X_1,X_2,\cdots,X_n)$ 為其樣本，則未知參數 p 的矩估計量為 $\hat{p} = $ ( ).

3. 設總體 $X \sim U[0,2\theta]$, $(X_1,X_2,\cdots,X_n)$ 為其樣本，則未知參數 θ 的矩估計量為 $\hat{\theta} = $ ( ).

4. 設總體 $X \sim e(\lambda)$, $(x_1,x_2,\cdots,x_n)$ 為其樣本觀測值，則參數 λ 的最大似然估計為 $\hat{\lambda} = $ ( ).

5. 設參數 θ 的點估計量 $\hat{\theta}$ 滿足 $E(\hat{\theta}) = \theta + \dfrac{1}{n}$，則 θ 的一個無偏估計量為 ( ).

6. 設總體 X 有方差 $D(X) = \sigma^2$, B_2 為 2 階樣本中心矩，則 $E(B_2) = $ ( ).

7. 若隨機區間 $(\hat{\theta}_1, \hat{\theta}_2)$ 是未知參數 θ 的置信度為 $1-a$ 的置信區間，則表明對於任意給定的 $\alpha(0 < \alpha < 1)$，有 $P(\hat{\theta}_1 < \theta < \hat{\theta}_2) = $ ( ).

8. 假設檢驗的顯著性水平 a 是指檢驗犯( )錯誤的概率的上限.

9. 設總體 $X \sim N(\mu,4)$, $(x_1,x_2,\cdots,x_n)$ 為其一組樣本觀測值，則檢驗問題
$$H_0:\mu = 30, H_1:\mu \neq 30$$
的檢驗統計量為( )；若檢驗的顯著性水平 $a = 0.01$，則此檢驗的拒絕域為( ).

10. 設總體 $X \sim N(\mu,\sigma^2)$, $(x_1,x_2,\cdots,x_9)$ 為其一組樣本觀測值，則檢驗問題
$$H_0:\sigma^2 \geqslant 2, H_1:\sigma^2 < 2$$
的檢驗統計量為( )；若檢驗的顯著性水平 $a = 0.1$，則此檢驗的拒絕域為( )；若據樣本觀測值已算得樣本方差 $s^2 = 1.4$，則應( ) H_0.

三、解答題

1. 設 $(X_1,X_2,\cdots,X_n)$ 為來自總體 X 的樣本，X 的密度函數為

$$p(x,\theta) = \begin{cases} \dfrac{2}{\theta^2}(\theta - x), & 0 < x < \theta \\ 0, & 其他 \end{cases}$$

其中 $\theta(>0)$ 是未知參數，求 θ 的矩估計量．

2. 設總體 X 的密度函數為

$$p(x,\theta) = \begin{cases} \theta x^{\theta-1}, & 0 < x < 1 \\ 0, & 其他 \end{cases}$$

(1) $(X_1, X_2, \cdots, X_n)$ 為來自總體 X 的樣本，求總體參數 θ 的矩估計量；
(2) 若總體 X 的一組觀測值為：0.6, 0.8, 0.9, 0.5, 0.7, 0.6, 0.8, 0.7
求總體參數 θ 的矩估計值．

3. 設總體 X 的分佈密度為

$$p(x;\theta) = \begin{cases} (\theta + 1)x^\theta, & 0 < x < 1 \\ 0, & 其他 \end{cases}$$

其中 $\theta > -1$ 是未知參數．$X_1, X_2, \cdots, X_n$ 是總體 X 的樣本，求參數 θ 的矩估計和最大似然估計．

4. 設總體 $X \sim N(\mu_1, \sigma^2)$，總體 $Y \sim N(\mu_2, \sigma^2)$，從兩個總體中分別抽取容量為 n_1 和 n_2 的兩個獨立樣本，其樣本方差分別為 S_1^2 和 S_2^2．

(1) 證明：對於任意 a 和 $b(a+b=1)$，$Z = aS_1^2 + bS_2^2$ 都是 σ^2 的無偏估計量；(2) 試確定常數 a 和 $b(a+b=1)$，使 $D(Z)$ 達到最小．

5. 投資的回收利潤率常用來衡量投資的風險．隨機地調查 26 個樣本的年回收利潤率(%)，得樣本標準差 $s = 15(\%)$．設回收利潤率服從正態分佈，求它的均方差的置信度為 95% 的置信區間．

6. 通常某個群體的考試成績均近似地服從正態分佈，現抽樣得到某高校 16 名學生某次英語四級考試成績如下：

75, 63, 82, 91, 54, 77, 68, 84, 95, 49, 76, 69, 72, 80, 71, 88

(1) 設已知該校英語四級考試成績的標準差 $s = 15$，試求考試平均成績 μ 的置信度為 0.95 的置信區間；(2) 若標準差未知，該校考試平均成績 μ 的置信度為 0.95 的置信區間為何？

7. 設總體 $X \sim N(\mu_0, \sigma^2)$（其中 μ_0 為已知數），$(X_1, X_2, \cdots, X_n)$ 為其樣本，試導出未知參數 σ^2 的置信度為 $1-a$ 的置信區間．

8. 某廠生產甲、乙兩種型號的儀表．為比較其無故障運行時間(單位：小時)的長短，檢驗部門抽取了甲種儀表 25 只，測得其平均無故障運行時間為 $\bar{x} = 2000$，樣本標準差 $s_1 = 80$；抽取了乙種儀表 20 只，測得其平均無故障運行時間為 $\bar{y} =$

1900,樣本標準差 $s_2 = 100$. 假設兩種儀表的無故障運行時間均服從正態分佈且相互獨立,試求:(1) 兩總體均值之差 $\mu_1 - \mu_2$ 的置信度為 0.99 的置信區間,假設已知兩種儀表的無故障運行時間的方差分別是 3844 和 5625;(2) 兩總體方差之比 σ_1^2/σ_2^2 的置信度為 0.90 的置信區間.

    9. 設某味精廠生產的味精在手工包裝時的每袋重量 $X \sim N(15, 0.05)$. 技術革新後,改用機器包裝,現抽查 8 個樣品測得重量(單位:克)為:14.7,15.1,14.8,15,15.3,14.9,15.2,14.6. 已知方差不變,問機器包裝的味精每袋平均重量是否仍為 15?(顯著水平 $\alpha = 0.05$)

    10. 已知某廠生產的燈泡的使用壽命(單位:小時)$X \sim N(\mu, 200^2)$,根據經驗,原來燈泡的平均使用壽命不超過 1500 小時. 現測試了 25 只採用新工藝生產的燈泡的使用壽命,得其平均值為 1575 小時. 問新工藝是否提高了燈泡的使用壽命. ($\alpha = 0.05$)

    11. 某超市為了增加銷售額,對營銷方式、管理人員等進行了一系列調整,調整後隨機抽查了 9 天的日銷售額(單位:萬元),結果如下:

        56.4,54.2,50.6,53.7,55.9,48.3,57.4,58.7,55.3

根據統計,調整前的日平均銷售額為 51.2 萬元. 假定日銷售額服從正態分佈,試問調整措施的效果是否顯著. ($\alpha = 0.05$)

    12. 電工器材廠生產一批保險絲,取 10 根測得其熔化時間(分鐘)為 42,65,75,78,59,57,68,54,55,71. 問是否可以認為整批保險絲的熔化時間的方差小於等於 80. ($\alpha = 0.05$,熔化時間為正態變量)

    *13. 假設 A 廠生產的燈泡的使用壽命(單位:小時)$X \sim N(\mu_1, 95^2)$,B 廠生產的燈泡的使用壽命 $Y \sim N(\mu_2, 120^2)$. 在兩廠生產的產品中各抽取了 100 只和 75 只樣本,測得燈泡的平均使用壽命分別為 1180 小時和 1220 小時. 問在顯著水平 $\alpha = 0.05$ 下,這兩個工廠生產的燈泡的平均使用壽命有無顯著差異?

    *14. 假設在校大學生每週進行課外體育活動的時間(單位:小時)近似地服從正態分佈. 某高校學生會對此作了一次抽樣調查,結果是:21 名男生的平均活動時間 $\bar{x} = 3.4$、標準差 $s_1 = 2.3$,18 名女生的平均活動時間 $\bar{y} = 2.3$、標準差 $s_2 = 1.9$. 問:該校男女生的課外體育活動時間是否有顯著差異?(顯著性水平 $a = 0.2$)

參考答案

習題 1.1

1. (1) 不是；(2) 是；(3) 是．

2. (1){(正,正,正),(正,正,反),(正,反,正),(正,反,反),(反,正,正),(反,正,反),(反,反,正),(反,反,反)}；(2){0,1,2,⋯}；(3){$(x,y) \mid x^2 + y^2 \leqslant 1$}．

3. A = {(1,1),(2,2),(3,3),(4,4),(5,5),(6,6)}；B = {(4,6),(5,5),(6,4)}；C = {(4,4),(4,5),(4,6),(5,4)(6,4)}；$A \cup B$ = {(1,1),(2,2),(3,3),(4,4),(5,5),(6,6),(4,6),(6,4)}；
$ABC = \varnothing$；$A - C$ = {(1,1),(2,2),(3,3),(4,4),(5,5),(6,6)}；$C - A$ = {(4,5),(4,6),(5,4),(6,4)}；$B\bar{C}$ = {(5,5)}．

4. (1)$\bar{A}_3$；(2)$\bar{A}_5 A_{11}$；(3)$A_6 \cup \bar{A}_{11}$．

5. (1)$A\bar{B}$；(2)$\bar{A}(B \cup C)$；(3)$AB\bar{C} \cup A\bar{B}C \cup \bar{A}BC$；(4)$ABC \cup A\bar{B}\bar{C} \cup \bar{A}B\bar{C} \cup \bar{A}\bar{B}C$；
(5)$AB\bar{C} \cup A\bar{B}C \cup \bar{A}BC \cup ABC$；(6)$\bar{A} \cup \bar{B} \cup \bar{C}$．

6. (1) 大二女生且不是運動員；(2) 運動員全是大二女生；(3) 男生都是大二的．

7. (1) $(A - B) \cup A = A$；(2)$(A - B) \cup B = A \cup B$；(3)$A - B$；
(4)$(A - B)B = \varnothing$；(5)$(A \cup B) \cap (A \cup \bar{B}) \cap (\bar{A} \cup A) = A$．

8. 證明略．

習題 1.2

1. $1 - \dfrac{A_{365}^{23}}{365^{23}}$．

2. (1) $\dfrac{2}{5}$；(2) $\dfrac{7}{15}$；(3) $\dfrac{14}{15}$．

3. $P(A) = 0.011,07$．

4. $\dfrac{1}{2} + \dfrac{1}{\pi}$．

5. $\dfrac{1}{4}$．

6. $0.4 - 0.18\ln 3$．

233

習題 1.3

1. $P(A\bar{B}) = 0.3$.
2. 證明略.
3. $P(\bar{B}) = 0.8$.
4. $P(A - B) = 0.3$.
5. $P(\bar{A}\bar{B}\bar{C}) = \dfrac{1}{2}$.
6. $P(AB) \geq 0.5; P(AB) \leq P(B) = 0.7$.
7. 證明略.
8. $P(\bar{A}B) = \dfrac{3}{4}$.
9. $P(A) = 1 - P(\bar{A}) = 1 - \dfrac{(n-1)^{k-1}}{n^k}$.

習題 1.4

1. $\dfrac{2}{3}$.
2. $\dfrac{1}{3}$.
3. $P(B) = \dfrac{3}{200}$.
4. 0.23.
5. $\dfrac{11}{27}$.
6. 0.458.
7. $(1) 0.4825; (2) 0.9881, 0.006$.
8. 0.087.
9. 0.72.
10. $\dfrac{90}{100} \times \dfrac{89}{99} \times \dfrac{10}{98}$.
11. $0.000,58$.
12. $P(A_1 \mid B) = 0.5172, P(A_2 \mid B) = 0.4184, P(A_3 \mid B) = 0.0690, P(A_3 \mid B) = 0.0690$
    $P(A_3 \mid B) = 0.0690, P(A_4 \mid B) = 0$. 比較以上四個概率值,可見他坐火車和坐船的概率大,坐汽車的可能性很小,且是坐飛機過來的概率為 0.

習題 1.5

1. 0.98.
2. $\dfrac{15}{22}$.
3. 配備 5 門此型號火炮．
4. 證明略．
5. (1) 0.388；(2) 0.059．
6. 相同．
7. (1) 0.72；(2) 0.26；(3) 0.98.
8. 0.9914.
9. 0.8629．

復習題一

一、單項選擇題

1~5：b d a b a；6~10：d b a d d．

二、填空題

1. 0.3；2. 0.3；3. $1-p$；4. $\dfrac{19}{27}$；5. 0.2；6. $\dfrac{1}{3}$；7. $\dfrac{3}{4}$；8. $\dfrac{12}{55}$；9. 0.5；10. $\dfrac{1}{12}$.

三、計算題

1. (1) $\dfrac{70}{143}$；(2) $\dfrac{60}{143}$.

2. 規則一：$P(A) = 0.5177$；規則二：$P(B) = 0.4914$.

3. $\dfrac{1}{4} + \dfrac{1}{2}\ln 2$.

4. $P(AB) = 0.05$

5. 0.07.

6. (1) 0.862；(2) 0.988.

7. (1) 0.81；(2) 0.32.

8. 甲先中的概率為：$\dfrac{4}{7}$；乙先中的概率為：$\dfrac{3}{7}$.

9. (1) $\sum\limits_{k=0}^{3} C_{10}^{k}(0.6)^{k}(0.4)^{10-k}$；(2) $1 - \sum\limits_{k=0}^{3} C_{10}^{k}(0.1)^{k}(0.9)^{10-k}$

習題 2.1

1. 用 X 表示一個電話交換臺每小時收到呼喚的次數，X 的全部可能取值為可列的 $0,1,2,3,\cdots,$；用 Y 表示某人擲一枚骰子出現的點數，Y 的全部可能取值為有限個 $1,2,3,4,5,6$。

2. 用 X 表示某燈泡廠生產的燈泡壽命(以小時記)，X 的全部可能取值為區間 $(0,+\infty)$。

3. $F(x) = \begin{cases} 0, & x < 0 \\ \dfrac{x^2}{r^2}, & 0 \leq x < r. \\ 1, & x \geq r \end{cases}$

4. $4,\ 0.75$.

5. $A = \dfrac{1}{2}, B = \dfrac{1}{\pi}$.

習題 2.2

1. $X \sim \begin{bmatrix} 0 & 1 & 2 \\ \dfrac{21}{38} & \dfrac{15}{38} & \dfrac{2}{38} \end{bmatrix}$; $F(x) = \begin{cases} 0, & x < 0 \\ \dfrac{21}{38}, & 0 \leq x < 1 \\ \dfrac{36}{38}, & 1 \leq x < 2 \\ 1, & x \geq 2 \end{cases}$.

2. $X \sim \begin{bmatrix} 0 & 1 & 2 & 3 \\ \dfrac{7}{10} & \dfrac{7}{30} & \dfrac{7}{120} & \dfrac{1}{120} \end{bmatrix}$

3. $X \sim \begin{bmatrix} 5 & 6 & 7 \\ \dfrac{1}{21} & \dfrac{5}{21} & \dfrac{15}{21} \end{bmatrix}$

4. $X \sim \begin{bmatrix} 1 & 2 & \cdots & n \\ \dfrac{1}{n} & \dfrac{1}{n} & \cdots & \dfrac{1}{n} \end{bmatrix}$

5. $X \sim \begin{bmatrix} 0 & 1 & 2 & 3 \\ \dfrac{1}{2} & \dfrac{1}{4} & \dfrac{1}{8} & \dfrac{1}{8} \end{bmatrix}$

6. $X \sim \begin{bmatrix} 1 & 2 & 3 & 4 \\ \dfrac{1}{2} & \dfrac{5}{12} & \dfrac{17}{216} & \dfrac{1}{216} \end{bmatrix}$

7. (1) $F(X) = \begin{cases} 0, & x < 0 \\ 0.2, & 0 \leq x < 1 \\ 0.5, & 1 \leq x < 2 \\ 0.6, & 2 \leq x < 3 \\ 1, & x \geq 3 \end{cases}$; (2) 0.5; 0.5; 0.6.

8. (1) $X \sim \begin{bmatrix} -1 & 0 & 2 \\ 0.2 & 0.5 & 0.3 \end{bmatrix}$; (2) 0.5; 0.2; 0.8; 0.625.

9. $p = 0.5$

10. $P\{X = k\} = C_5^k 0.25^k 0.75^{5-k} (k = 0,1,2,3,4,5)$; (2) 0.1035.

11. 第一種方案對甲隊有利.

12. 9 件.

13. 0.5507.

14. 0.3739.

15. $(0.9999)^2 \times 0.0001$

習題 2.3

1. $1, \dfrac{1}{2}$.

2. (1) $a = 1, b = -1$; (2) $p(x) = \begin{cases} xe^{-\frac{x^2}{2}}, & x > 0 \\ 0, & x \leq 0 \end{cases}$

3. (1) $a = 2$; (2) $F(x) = \begin{cases} 0, & x \leq 0 \\ 2(x - \dfrac{x^2}{2}), & 0 < x < 1. \\ 1, & x \geq 1 \end{cases}$

4. (1) $F(x) = \begin{cases} 0, & x < -2 \\ \dfrac{1}{8}(x+2)^2, & -2 \leq x < 0 \\ \dfrac{1}{2}(1 + \sin x), & 0 \leq x < \dfrac{\pi}{2} \\ 1, & x \geq \dfrac{\pi}{2} \end{cases}$;

(2) $\dfrac{3}{8} + \dfrac{1}{2}\sin 1$; $\dfrac{1}{2}(1 - \dfrac{\sqrt{2}}{2})$.

5. $a = \dfrac{1}{2}, b = \dfrac{1}{\pi}$; $\dfrac{2}{3}$.

6. (1) $a = \dfrac{1}{2}, b = \dfrac{1}{\pi}$; (2) $p(x) = \dfrac{1}{\pi(1 + x^2)} (-\infty < x < +\infty)$; (3) $\dfrac{1}{2}$.

7. $\dfrac{20}{27}$.

8. 0.6.

9. (1) 0.0392;(2) 0.8187;(3) 0.8187.

10. $Y \sim B(5, e^{-2})$; $P\{Y \geqslant 1\} = 1 - (1 - e^{-2})^5$.

11. $c = \dfrac{1}{\sqrt{\pi}} e^{-\frac{1}{4}}$

12. (1) 0.383, 0.6247, 0.5987;(2) $a = -2$.

13. (1) 0.9236;(2) $x \geqslant 57.575$.

14. (1) 12.1%;(2) 53.4%.

習題 2.4

1. $Y \sim \begin{bmatrix} -7 & -5 & -3 & -1 \\ \frac{1}{6} & \frac{1}{3} & \frac{1}{6} & \frac{1}{3} \end{bmatrix}$; $Z \sim \begin{bmatrix} 1 & 2 & 5 \\ \frac{1}{6} & \frac{2}{3} & \frac{1}{6} \end{bmatrix}$

2. $p_Y(y) = \begin{cases} \dfrac{1}{\sqrt{2\pi}\sigma y} \exp\left[-\dfrac{(\ln y - \mu)^2}{2\sigma^2}\right], & y > 0 \\ 0, & y \leqslant 0 \end{cases}$

3. $p_Y(y) = \dfrac{2e^y}{\pi(1 + e^{2y})}, -\infty < y < +\infty$.

4. 略.

5. $p_Y(y) = \begin{cases} \dfrac{2}{\pi\sqrt{1 - y^2}}, & 0 < y < 1 \\ 0, & 其他 \end{cases}$

6. $p_Y(y) = \begin{cases} 0, & y < 0 \\ e^{-(3+y)} + e^{-(3-y)}, & 0 \leqslant y < 3 \\ e^{-(3+y)}, & y \geqslant 3 \end{cases}$

7. $F_Y(y) = \begin{cases} 0, & y < 0 \\ 2(\sqrt{y} - \dfrac{y}{2}), & 0 \leqslant y < 1 \\ 1, & y \geqslant 1 \end{cases}$; $p_Y(y) = \begin{cases} \dfrac{1}{\sqrt{y}} - 1, & 0 < y \leqslant 1 \\ 0, & 其他 \end{cases}$

復習題二

一、單項選擇題

1~5:c a b a c;6~10:b b c c d.

二、填空題

1. $\dfrac{1}{2}$；2. 幾何分佈 $Gze(0.99)$；3. $\dfrac{19}{27}$；4. $\dfrac{4}{3}e^{-2}$；5. $\dfrac{1}{2} - e^{-1}$；6. $a = \dfrac{1}{2}$；7. $a + \dfrac{1}{2}b = 1$；

8. $k \in [1,3]$；9. $\dfrac{1}{2}$；10. $p(\ln y)\dfrac{1}{y}\ (y>0)$.

三、解答題

1. 可以成為離散型隨機變量的分佈，因為級數 $\sum\limits_{n=1}^{\infty} \dfrac{1}{n^2}$ 收斂.

2. $P(X=0) = 0.4$ $P(X=1) = 0.6 \times 0.4 = 0.24$，$P(X=2) = 0.6^2 \times 0.4 = 0.144$
$P(X=3) = 0.6^3 \times 0.4 = 0.0864$ $P(X=4) = 0.6^4 = 0.1296$.

3. $F(x) = \begin{cases} 0, & x < -1 \\ \dfrac{5x+7}{16}, & -1 \leq x < 1 \\ 1, & x \geq 1 \end{cases}$

4. $\psi(x)$ 可以，$G(x)$ 不能.

5. (1) $c = 21$；(2) $F(x) = \begin{cases} 0, & x < 0 \\ 7x^3 + \dfrac{1}{2}x^2, & 0 \leq x < 0.5 \\ 1, & x \geq 0.5 \end{cases}$；

(3) $\dfrac{17}{54}$；(4) $\dfrac{103}{108}$.

6. (1) $\dfrac{1}{3}$；(2) $\sum\limits_{k=31}^{50} C_{50}^{k} \left(\dfrac{1}{3}\right)^k \left(\dfrac{2}{3}\right)^{50-k}$.

7. 78.75.

8. $p_Y(y) = \dfrac{2e^y}{\pi(1+e^{2y})}\ (-\infty < y < +\infty)$.

9. $p_Y(y) = \begin{cases} \dfrac{1}{6y}, & e^{-2} < y < e^4 \\ 0, & \text{其他} \end{cases}$.

10. $p_Y(y) = \begin{cases} \dfrac{1}{\sqrt{2\pi}} e^{-\tfrac{(2-y)^2}{8}}, & y < 2 \\ 0, & y \geq 2 \end{cases}$.

11. $p_Y(y) = \begin{cases} \dfrac{2}{\pi\sqrt{1-y^2}}, & 0 < y < 1 \\ 0, & \text{其他} \end{cases}$.

12. $p_Y(y) = \begin{cases} \dfrac{3}{8\sqrt{y}}, & 0 < y < 1 \\ \dfrac{1}{8\sqrt{y}}, & 1 \leq y < 4 \\ 0, & \text{其他} \end{cases}$.

習題 3.1

1. 參考教材

2. (1) $F_X(x) = \begin{cases} 1 - 2^{-x}, & x \geq 0, \\ 0, & x < 0. \end{cases} ; F_Y(y) = \begin{cases} 1 - 2^{-y}, & y \geq 0, \\ 0, & y < 0. \end{cases} ;$ (2) $\frac{1}{16}$.

3. $G(x,y)$ 不是任何二維隨機變量 (X,Y) 的聯合分佈函數.

習題 3.2

1.

X \ Y	0	1	2
0	0	0	$\frac{1}{35}$
1	0	$\frac{6}{35}$	$\frac{6}{35}$
2	$\frac{3}{35}$	$\frac{12}{35}$	$\frac{3}{35}$
3	$\frac{2}{35}$	$\frac{2}{35}$	0

2.

X \ Y	1	2	3	4	5	6	$p_{i\cdot}$
1	$\frac{1}{36}$	$\frac{1}{36}$	$\frac{1}{36}$	$\frac{1}{36}$	$\frac{1}{36}$	$\frac{1}{36}$	$\frac{1}{6}$
2	0	$\frac{2}{36}$	$\frac{1}{36}$	$\frac{1}{36}$	$\frac{1}{36}$	$\frac{1}{36}$	$\frac{1}{6}$
3	0	0	$\frac{3}{36}$	$\frac{1}{36}$	$\frac{1}{36}$	$\frac{1}{36}$	$\frac{1}{6}$
4	0	0	0	$\frac{4}{36}$	$\frac{1}{36}$	$\frac{1}{36}$	$\frac{1}{6}$
5	0	0	0	0	$\frac{5}{36}$	$\frac{1}{36}$	$\frac{1}{6}$
6	0	0	0	0	0	$\frac{6}{36}$	$\frac{1}{6}$
$p_{\cdot j}$	$\frac{1}{36}$	$\frac{3}{36}$	$\frac{5}{36}$	$\frac{7}{36}$	$\frac{9}{36}$	$\frac{11}{36}$	

3. $P\{X = Y\} = \frac{9}{35}$.

4.

X_1 \ Y_2	-1	1	$p_{i\cdot}$
0	0	$\frac{1}{3}$	$\frac{1}{3}$
1	$\frac{1}{3}$	0	$\frac{1}{3}$
2	$\frac{1}{3}$	0	$\frac{1}{3}$
$p_{\cdot j}$	$\frac{2}{3}$	$\frac{1}{3}$	

5.

X \ Y	0	1
-1	$\frac{1}{4}$	0
0	0	$\frac{1}{2}$
1	$\frac{1}{4}$	0

6.

X \ Y	1	3	$p_{i\cdot}$
0	0	$\frac{1}{8}$	$\frac{1}{8}$
1	$\frac{3}{8}$	0	$\frac{3}{8}$
2	$\frac{3}{8}$	0	$\frac{3}{8}$
3	0	$\frac{1}{8}$	$\frac{1}{8}$
$p_{\cdot j}$	$\frac{3}{4}$	$\frac{1}{4}$	

習題 3.3

1. (1) $A = 2$;

(2) $F(x,y) = \begin{cases} (1-e^{-x})(1-e^{-2y}), & x>0, y>0 \\ 0, & 其他 \end{cases}$;

(3) $\frac{1}{e}(1-\frac{1}{e})^2, 1-\frac{2}{e}$.

2. (1) $p(x,y) = \frac{6}{\pi^2(4+x^2)(9+y^2)}$ $-\infty < x,y < +\infty$

$p_X(x) = \frac{2}{\pi(4+x^2)}$, $p_Y(y) = \frac{3}{\pi(9+y^2)}$;

（2）0.1875.

3.（1）$A = 15$；

（2）$p_X(x) = \begin{cases} \dfrac{15}{2}x^2(1-x^2), & 0 < x < 1 \\ 0, & 其他 \end{cases}, p_Y(y) = \begin{cases} 5y^4, & 0 < y < 1 \\ 0, & 其他 \end{cases}$；

（3）$\dfrac{17}{64}, \dfrac{59}{64}$.

4.（1）$p_X(x) = \begin{cases} 4(1-x)^3, & 0 < x < 1 \\ 0, & 其他 \end{cases}, p_Y(y) = \begin{cases} 12y(1-y)^2, & 0 < y < 1 \\ 0, & 其他 \end{cases}$；

（2）$\dfrac{1}{4}$.

5.（1）$p_X(x) = \begin{cases} e^{-x}, & x > 0 \\ 0, & x \leqslant 0 \end{cases}$；（2）$1 - 2e^{-\frac{1}{2}} + e^{-1}$.

6. 證明略.

7.（1）$p_X(x) = \begin{cases} \dfrac{2}{\pi a^2}\sqrt{a^2 - x^2}, & -a < x < a \\ 0, & 其他 \end{cases}$；

$p_Y(y) = \begin{cases} \dfrac{4}{\pi a^2}\sqrt{a^2 - y^2}, & 0 < y < a \\ 0, & 其他 \end{cases}$；

（2）$\dfrac{1}{4}$.

8. $\dfrac{1}{2}$.

習題 3.4

1.（1）

Y\X	3	6	9	
0.4	0.15	0.30	0.35	0.8
0.8	0.05	0.12	0.03	0.2
	0.2	0.42	0.38	

（2）不獨立.

2. 因 $P\{X = 0, y = -1\} = 0 \neq P\{X = 0\} \times P\{y = -1\} = \dfrac{1}{4} \times \dfrac{1}{2} = \dfrac{1}{8}$，故 X 與 Y 不

243

獨立.

3. (1) $a = 1$; (2) X 與 Y 不獨立.

4. X 與 Y 不獨立.

5. (1) 0.68; (2) 0.5966.

6. $\dfrac{1}{6}$; $\dfrac{1}{3}$.

7. $\dfrac{1}{4}(3 + e^{-4})$

習題 3.5

1. (1) $Z \sim \begin{bmatrix} 0 & 1 & 2 & 3 & 4 \\ 0.05 & 0.1 & 0.3 & 0.25 & 0.3 \end{bmatrix}$;

(2) $Z \sim \begin{bmatrix} 0 & 1 & 2 & 3 \\ 0.05 & 0.2 & 0.45 & 0.3 \end{bmatrix}$;

(3) $Z \sim \begin{bmatrix} 0 & 1 & 2 \\ 0.45 & 0.45 & 0.1 \end{bmatrix}$.

2. $P(Z = i) = (i - 1)p^2 q^{i-2}$ $(i = 2, 3, \cdots)$.

3. $p_Z(z) = \begin{cases} 2e^{-2z}(e^z - 1), & z > 0 \\ 0, & z \leq 0 \end{cases}$.

4. (1) $p_Z(z) = \begin{cases} \dfrac{z}{a^2}, & 0 < z < a \\ \dfrac{2}{a} - \dfrac{1}{a^2}z, & a \leq z < 2a \\ 0, & 其他 \end{cases}$;   (2) $p_Z(z) = \begin{cases} \dfrac{a - z}{a^2}, & 0 \leq z < a \\ \dfrac{a + z}{a^2}, & -a \leq z < 0 \\ 0, & 其他 \end{cases}$;

(3) $p_Z(z) = \begin{cases} \dfrac{1}{a^2}(2\ln a - \ln z), & 0 < z \leq a^2 \\ 0, & 其他 \end{cases}$.

5. (1) $\dfrac{4}{5}$; (2) $\dfrac{3}{5}$.

6. $p_M(z) = \begin{cases} 0, & z < 0, \\ 1 - e^{-3z} + 3ze^{-3z}, & 0 \leq z < 1, \\ 3e^{-3z}, & z \geq 1. \end{cases}$

$p_N(z) = \begin{cases} 4e^{-3z} - 3ze^{-3z}, & 0 < z < 1. \\ 0, & 其他 \end{cases}$

习题 3.6

1. $P\{X = k \mid Y = 0\}(k = 0,1,2,3)$ 依次为 $0, 0, \dfrac{3}{5}, \dfrac{2}{5}$.

$P\{X = k \mid Y = 1\}(k = 0,1,2,3)$ 依次为 $0, \dfrac{3}{10}, \dfrac{3}{5}, \dfrac{1}{10}$.

$P\{X = k \mid Y = 2\}(k = 0,1,2,3)$ 依次为 $\dfrac{1}{10}, \dfrac{3}{5}, \dfrac{3}{10}, 0$.

2. $P\{Y = k \mid X = 1\} = \dfrac{1}{6}(k = 1,2,\cdots,6)$

$P\{Y = 2 \mid X = 2\} = \dfrac{1}{3},\ P\{Y = k \mid X = 2\} = \dfrac{1}{6}(k = 3,4,5,6)$

$P\{Y = 3 \mid X = 3\} = \dfrac{1}{2},\ P\{Y = k \mid X = 3\} = \dfrac{1}{6}(k = 4,5,6)$

$P\{Y = 4 \mid X = 4\} = \dfrac{2}{3},\ P\{Y = k \mid X = 4\} = \dfrac{1}{6}(k = 5,6)$

$P\{Y = 5 \mid X = 5\} = \dfrac{5}{6},\ P\{Y = 6 \mid X = 5\} = \dfrac{1}{6}$

$P\{Y = 6 \mid X = 6\} = 1$

3. (1) $y > 0$ 时, $p(x \mid y) = \begin{cases} e^{-x}, & x > 0 \\ 0, & x \leq 0 \end{cases}$;

$x > 0$ 时, $p(y \mid x) = \begin{cases} 2e^{-2y}, & y > 0 \\ 0, & y \leq 0 \end{cases}$.

(2) $0 < y < 1$ 时, $p(x \mid y) = \begin{cases} \dfrac{3x^2}{y^3}, & 0 < x < y \\ 0, & \text{其他} \end{cases}$;

$0 < x < 1$ 时, $p(y \mid x) = \begin{cases} \dfrac{2y}{1 - x^2}, & x < y < 1 \\ 0, & \text{其他} \end{cases}$.

(3) $0 < y < 1$ 时, $p(x \mid y) = \begin{cases} \dfrac{2(1 - x - y)}{(1 - y)^2}, & 0 < x < 1 - y \\ 0, & \text{其他} \end{cases}$;

$0 < x < 1$ 时, $p(y \mid x) = \begin{cases} \dfrac{6y(1 - x - y)}{(1 - x)^3}, & 0 < y < 1 - x \\ 0, & \text{其他} \end{cases}$.

(4) $0 < y < 1$ 时, $p(x \mid y) = \begin{cases} \dfrac{x + y}{y + 0.5}, & 0 < x < 1 \\ 0, & \text{其他} \end{cases}$;

$0 < x < 1$ 時, $p(y|x) = \begin{cases} \dfrac{x+y}{x+0.5}, & 0 < y < 1 \\ 0, & \text{其他} \end{cases}$.

4. $P\{Y > 0.5\} = \dfrac{47}{64}$.

復習題三

一、單項選擇題

1~5: d b d d c; 6~10: c c c a a.

二、填空題

1.

X \ Y	0	1
0	$\dfrac{1}{4}$	$\dfrac{1}{4}$
1	$\dfrac{1}{4}$	$\dfrac{1}{4}$

2. 0.6.;

3. $F(x,y) = \begin{cases} \dfrac{1}{3}, & 0 \leq x < 1, 0 \leq y < 1 \\ \dfrac{1}{3}, & 0 \leq x < 1, y \geq 1 \\ \dfrac{2}{3}, & x \geq 1, 0 \leq y \leq 1 \\ 1, & x \geq 1, y \geq 1 \\ 0, & \text{其他} \end{cases}$

4. $\dfrac{1}{4}, \dfrac{1}{6}$; 5. 8.; 6. $\dfrac{1}{2}$; 7. $Z \sim \begin{bmatrix} 0 & 1 \\ \dfrac{1}{4} & \dfrac{3}{4} \end{bmatrix}$; 8. $Z \sim \begin{bmatrix} -1 & 0 & 1 & 2 \\ 0.3 & 0.2 & 0.4 & 0.1 \end{bmatrix}$;

9. $N(1,13)$; 10. $\begin{cases} ze^{-z}, & z > 0 \\ 0, & z \leq 0 \end{cases}$

三、解答題

1. (1) $\dfrac{C_2^i C_3^j C_3^{3-i-j}}{C_8^3}, 0 \leq i \leq 2, 0 \leq j \leq 3, i+j \leq 3$.

(2) $\dfrac{C_2^i C_6^{3-i}}{C_8^3}, i=0,1,2$; $\dfrac{C_3^j C_5^{3-j}}{C_8^3}, j=0,1,2,3$.

2. $F(x,y) = \begin{cases} 0, & x<0 \text{ 或 } y<0 \\ xy, & 0<x<1, 0<y<1 \\ x, & 0<x<1, y\geq 1 \\ y, & x\geq 1, 0<y<1 \\ 1, & x\geq 1, y\geq 1 \end{cases}$;

$p_X(x) = \begin{cases} 1, & 0<x<1 \\ 0, & \text{其他} \end{cases}$; $p_Y(y) = \begin{cases} 1, & 0<y<1 \\ 0, & \text{其他} \end{cases}$; X 與 Y 獨立.

3. $p_X(x) = \begin{cases} \dfrac{\ln x}{x^2}, & x\geq 1 \\ 0, & x<1 \end{cases}$; $p_Y(y) = \begin{cases} 0, & y\leq 0 \\ \dfrac{1}{2}, & 0<y\leq 1 \\ \dfrac{1}{2y^2}, & y>1 \end{cases}$

4. (1) $p_X(x) = \begin{cases} 2x^2 + \dfrac{2}{3}x, & 0\leq x\leq 1 \\ 0, & \text{其他} \end{cases}$; $p_Y(y) = \begin{cases} \dfrac{1}{3} + \dfrac{y}{6}, & 0\leq y\leq 2 \\ 0, & \text{其他} \end{cases}$;

(2) X 與 Y 不獨立; (3) $\dfrac{79}{180}$.

5. (1) e^{-1} ; (2) $p_X(x) = \begin{cases} 10, & 0.1<x<0.2 \\ 0, & \text{其他} \end{cases}$; (3) $e^{-0.6}$; $e^{-0.8}$;

其經濟意義:價格提高時售出同樣數量產品的概率降低.

6. $\dfrac{1}{6} + \dfrac{2}{9}\ln 2$.

7. $\alpha = \dfrac{2}{9}, \beta = \dfrac{1}{9}$.

8. $p_Z(z) = \begin{cases} 0, & z<0 \\ \dfrac{1}{2}, & 0\leq z<1 \\ \dfrac{1}{2z^2}, & z\geq 1 \end{cases}$.

9. $Z \sim \begin{bmatrix} 0 & 1 \\ \dfrac{\mu}{\lambda+\mu} & \dfrac{\lambda}{\lambda+\mu} \end{bmatrix}$, $F_Z(z) = \begin{cases} 0, & z<0 \\ \dfrac{\mu}{\lambda+\mu}, & 0\leq z<1 \\ 1, & z\geq 1 \end{cases}$.

10. $p_Y(y) = \begin{cases} -\ln(1-y), & 0<y<1 \\ 0, & \text{其他} \end{cases}$.

247

習題 4.1

1. $\dfrac{3}{8}$.

2. $\dfrac{n+1}{2}$.

3. $E(X) = \sum_{k=1}^{c} kq^{k-1}p + cq^c = \dfrac{1-q^c}{p}$.

4. 4 人.

5. $\dfrac{1}{6}$.

6. $a=3, b=2$.

7. 1.

8. 0.

習題 4.2

1. (1) -1.6; (2) 1.5.

2. 5.21.

3. (1) 3; (2) $\dfrac{1}{3}$.

4. $a=\sqrt[3]{4}$; (2) $\dfrac{3}{4}$.

5. $E(XY) = -0.1$.

6. $E(XY) = \dfrac{4}{3}$.

7. $E(XY^2) = \dfrac{383}{15}$.

8. $\dfrac{7}{4}$.

9. 35.

習題 4.3

1. $D(X) = \dfrac{77}{192}$.

2. $D(X) = \dfrac{n^2-1}{12}$.

3. 0.3937.

4. (1) $\dfrac{1}{6}$; (2) $\dfrac{2}{3}$.

5. 證明略.

6. $E[(X+Y)^2] = 2$.

7. $\dfrac{175}{6}$.

8. ≥ 0.89.

9. $P\{10 < X < 18\} \geq \dfrac{13}{48}$.

10. $P\left\{\left|\dfrac{X}{1000} - p\right| < 0.1\right\} \geq 0.975$

11. $E(X^n) = \dfrac{2^n}{n+1}$.

12. $E(X^n) = \sigma^n (n-1)(n-3)\cdots 1$.

13. $v_3 = \mu_3 - 3\mu_2\mu_1 + 2\mu_1^3$;當 $X \sim e(\lambda)$ 時,有 $v_3 = \dfrac{2}{\lambda^3}$.

習題 4.4

1. $Cov(X,Y) = -0.04, \rho_{XY} \approx -0.117$;(2) $Cov(X^2, Y^2) = 0$.

2. $Cov(X,Y) = -\dfrac{1}{144}$.

3. $Cov(Z_1, Z_2) = \dfrac{9}{\lambda^2}$.

4. $D(X+Y) = 3, D(X-Y) = 1$.

5. $\rho_{XY} = \dfrac{3}{\sqrt{57}} = 0.397$.

6. $\rho_{UV} = \dfrac{1}{\sqrt{3}} = 0.577$.

習題 4.5

1. $\dfrac{4}{3}, \dfrac{5}{3}$.

2. $\dfrac{7}{12}, \dfrac{3}{5}$.

3. $\dfrac{1}{4}$.

4. $\frac{1}{\lambda}$.

習題 4.6

1. 證明略.
2. 證明略.

習題 4.7

1. 0.1587;2. 0.9525 3. 0.9525;4. 0.1814;5. $n \approx 145$;6. 0.719.

復習題四

一、單項選擇題

1~5:b b c a b;6~10:b d d c a.

二、填空題

1. $\frac{5}{3}$; 2. 1; 3. 3; 4. 4; 5. 2; 6. $\frac{1}{18}$;7. $\frac{1}{4}$. ;8. 4;9. 91;10. 10.

三、解答題

1. $E(X) = \frac{20}{3}$.

2. (1) $\sqrt{\frac{\pi}{2}}\sigma$;(2)0.4559.

3. 公司應該組織 450 噸貨源,可使利潤達到最大.

4. $E(Y^2) = 5$.

5. 略.

6. $\alpha = \frac{1}{8}, \beta = \frac{1}{4}$ 或 $\alpha = \frac{1}{4}, \beta = \frac{1}{8}$ 時 X 與 Y 不相關;$\alpha = \frac{1}{8}, \beta = \frac{1}{4}$ 時,X 與 Y 相互獨立;當 $\alpha = \frac{1}{4}, \beta = \frac{1}{8}$ 時,X 與 Y 不獨立.

7. $E(X) = \frac{2}{3}, E(Y) = 0; D(X) = \frac{1}{18}, D(Y) = \frac{1}{6}; E(XY) = 0, Cov(X,Y) = 0, \rho_{XY} = 0$.

8. $\frac{a^2 - b^2}{a^2 + b^2}$.

9. (1)24,000;(2)0.9.

10. 準備大概 643 件.

習題 5.1

1. 26.25;102.21;778.5;89.44.

2. $\dfrac{31}{32}$.

3. 證明略.

4. $F_6(x) = \begin{cases} 0, & x < 0.75 \\ \dfrac{1}{6}, & 0.75 \leq x < 1.86 \\ \dfrac{1}{3}, & 1.86 \leq x < 1.98 \\ \dfrac{1}{2}, & 1.98 \leq x < 2.45 \\ \dfrac{2}{3}, & 2.45 \leq x < 3.21 \\ \dfrac{5}{6}, & 3.21 \leq x < 4.12 \\ 1, & x \geq 4.12 \end{cases}$

5. 2.33;0.05.

習題 5.2

1. 0.6247.

2. $\lambda = 16.919$.

3. 10,20.

4. 0.6744.

5. (1) $a = -1.7823$;(2) $b = -2.6810$

6. $\lambda = f_{0.99}(8,12) = \dfrac{1}{f_{0.01}(12,8)} = \dfrac{1}{5.67} = 0.176$.

習題 5.3

1. (1) 0.95;(2) 0.65.

2. 2.4922.

3. n 至少應取 27.

4. 0.85.

5. $\lambda = f_{0.95}(18,15) = \dfrac{1}{f_{0.05}(15,18)} = \dfrac{1}{2.27} = 0.44$.

6. 證明略.

復習題五

一、單項選擇題

1~5：b c b d c；6. c.

二、填空題

1. 國內所有統計專業本科畢業生實習期滿後的月薪，36 名畢業生的月薪；
2. $N\left(2,\dfrac{1}{2}\right)$；3. 19；4. n ，2 ；5. $N\left(\mu,\dfrac{\sigma^2}{n}\right)$，$\chi^2(n-1)$，$t(n-1)$；6. $\dfrac{1}{8}$，$\dfrac{1}{24}$．

三、解答題

1. $E(A_2) = 20$.

2. $c = 16.645$.

3. $F_8(x) = \begin{cases} 0, & x \leqslant 15.5 \\ \dfrac{1}{8}, & 15.5 \leqslant x < 18.6 \\ \dfrac{3}{8}, & 18.6 \leqslant x < 20.5 \\ \dfrac{5}{8}, & 20.5 \leqslant x < 21.3 \\ \dfrac{6}{8}, & 21.3 \leqslant x < 23.4 \\ \dfrac{7}{8}, & 23.4 \leqslant x < 30.0 \\ 1, & x \geqslant 30.2 \end{cases}$

4. $a = \dfrac{1}{8}, b = \dfrac{1}{12}, c = \dfrac{1}{16}$；自由度為 3.

5. $D(S^2) = \dfrac{2\sigma^4}{n-1}$.

6. $c = 6.666$.

7. $c = 0.9655$.

8. $F(1,1)$.

習題 6.1

1. $\hat{\theta} = 4\bar{X} - 2$.

2. 矩估計量為 $\hat{\theta} = \dfrac{\bar{X}}{1-\bar{X}}$,矩估計值為 $\hat{\theta} = 3$.

3. $\hat{\theta} = \bar{X}$.

4. $\hat{\theta}_1 = \bar{X} - \sqrt{\dfrac{3}{n}\sum_{i=1}^{n}(X_i-\bar{X})^2}, \hat{\theta}_2 = \bar{X} + \sqrt{\dfrac{3}{n}\sum_{i=1}^{n}(X_i-\bar{X})^2}$.

5. $\hat{N} = \dfrac{\bar{X}}{\hat{p}}, \hat{p} = 1 - \dfrac{(n-1)S^2}{n\bar{X}}$.

6. $\hat{\lambda} = \bar{X}, \hat{\lambda} = 1.90$.

7. (1) $\hat{\theta} = \bar{X}$; (2) $\hat{\theta} = \dfrac{n}{\sum_{i=1}^{n}X_i^{\alpha}}$; (3) $\hat{\theta} = -\dfrac{n}{\sum_{i=1}^{n}\ln X_i}$.

8. $\hat{\sigma}^2 = \dfrac{1}{n}\sum_{i=1}^{n}X_i^2$.

9. (1) $\hat{\mu}_1, \hat{\mu}_3$ 是無偏估計量;(2) $\hat{\mu}_1$ 最有效.

10. 證明略.

11. 證明略.

12. $c_1 = \dfrac{1}{3}, c_2 = \dfrac{2}{3}$.

習題 6.2

1. (1)(67.28, 81.98);(2)(67.96, 81.30).

2. (1)(42.97, 43.93);(2)(0.2844, 1.3216).

3. $\left[\dfrac{\sum_{i=1}^{n}(X_i-\mu_0)^2}{\chi_{\frac{\alpha}{2}}^{2}(n)}, \dfrac{\sum_{i=1}^{n}(X_i-\mu_0)^2}{\chi_{1-\frac{\alpha}{2}}^{2}(n)}\right]$

4. (0.214, 2.986).

5. (1)(46.39, 153.61);(2)(0.3303, 1.2992).

習題 6.3

1. 第 II 類錯誤;第 I 類錯誤.

2. 0.0228.

習題 6.4

1. $H_0: \mu = 32.50, H_1: \mu \neq 32.50$. 拒絕 H_0,即不能認為平均抗斷強度為 32.50.

2. $H_0:\mu \geq 1000, H_1:\mu < 1000$,拒絕 H_0,即應判定這批元件不合格.

3. $H_0:\mu = 54, H_1:\mu \neq 54$,接受 H_0,即可以認為該日生產的鋼管的平均內徑與正常生產時無顯著差異.

4. $H_0:\mu \geq 120, H_1:\mu < 120.$,拒絕 H_0,即認為該住房面積不夠 120 平方米.

5. $H_0:\mu \geq 100, H_1:\mu < 100$,拒絕 H_0,即應判定生產線該日生產的藥片質量未達標.

6. $H_0:\sigma^2 = 64, H_1:\sigma^2 \neq 64$,接受 H_0,即可以認為該車間的鋼絲折斷力的方差為 64.

7. $H_0:\sigma^2 \leq 0.18, H_1:\sigma^2 > 0.18$,拒絕 H_0,即判定加工精度有所降低.

習題 6.5

1. $H_0:\mu_1 = \mu_2$, $H_1:\mu_1 \neq \mu_2$,絕 H_0,即認為兩種工序的效率有顯著差異.

2. $H_0:\mu_1 \leq \mu_2$, $H_1:\mu_1 > \mu_2$,拒絕 H_0,即可以認為甲牌藥品的有效成分含量較高.

3. $H_0:\sigma_1^2 = \sigma_2^2$, $H_1:\sigma_1^2 \neq \sigma_2^2$,拒絕 H_0,應判定兩機床的加工精度是有顯著差異.

4. $H_0:\mu_1 = \mu_2$, $H_1:\mu_1 \neq \mu_2$,接受 H_0,即可以認為兩系學生素質教育效果無差異顯著.

復習題六

一、單項選擇題

1 ~ 5:d d c c c;6 ~ 10:c d c a b.

二、填空題

1. 大數定律 ;2. $\frac{1}{4}\bar{X}$;3. $\bar{X}$;4. $\frac{1}{\bar{x}}$;5. $\hat{\theta} = \hat{\theta} - \frac{1}{n}$;6. $\frac{n-1}{n}\sigma^2$;7. $1 - a$;

8. 第 I 類;9. $U = \frac{\bar{X} - 30}{2/\sqrt{n}}, W = \{|u| \geq 2.57\}$;10. $\chi^2 = \frac{(n-1)S^2}{2}, W = \{\chi^2 \leq 3.490\}$,接受.

三、解答題

1. $\hat{\theta} = 3\bar{X}$.

2. (1) $\hat{\theta} = \frac{\bar{X}}{1-\bar{X}}$;(2) $\hat{\theta} = 2.33$.

3. 矩估計為 $\hat{\theta} = \frac{1}{1-\bar{X}} - 2$;最大似然估計為 $\hat{\theta} = \frac{-n}{\sum_{i=1}^{n}\ln X_i} - 1$.

4. (1) 證明略;(2) 當 $a = \frac{n_1 - 1}{n_1 + n_2 - 2}$ 時,$D(Z)$ 最小,此時 $b = 1 - a = \frac{n_2 - 1}{n_1 + n_2 - 2}$.

5. (11.76, 20.71)

6. (1)(67.28, 81.98);(2)(67.96, 81.30)

7. $\left[\dfrac{\sum_{i=1}^{n}(X_i - \mu_0)^2}{\chi_{\frac{\alpha}{2}}^2(n)}, \dfrac{\sum_{i=1}^{n}(X_i - \mu_0)^2}{\chi_{1-\frac{\alpha}{2}}^2(n)} \right]$

8. （1）(46.39，153.61)；（2）(0.3303，1.2992).

9. $H_0:\mu = 15, H_1:\mu \neq 15$，接受 H_0，即可以認為平均重量仍為 15.

10. $H_0:\mu \leqslant 1500, H_1:\mu > 1500$. 拒絕 H_0，即可認為新工藝提高了燈泡的使用壽命.

11. $H_0:\mu \leqslant 51.2, H_1:\mu > 51.2$. 拒絕 H_0，即可以判定調整措施的效果是顯著的.

12. $H_0:\sigma^2 \leqslant 80; H_1:\sigma^2 > 80$，接受 H_0，可以認為這批保險絲的熔化時間的方差小於等於 80.

13. $H_0:\mu_1 = \mu_2$，$H_1:\mu_1 \neq \mu_2$，拒絕 H_0，即認為這兩個工廠生產的燈泡的平均使用壽命有顯著差異.

14. （1）$H_0:\sigma_1^2 = \sigma_2^2, H_1:\sigma_1^2 \neq \sigma_2^2$，接受 H_0，即可認為男女學生課外體育活動時間方差相同；（2）$H_0:\mu_1 = \mu_2, H_1:\mu_1 \neq \mu_2$，拒絕 H_0，即應認定男女生的課外體育活動時間有顯著差異.

附　表

附表1　泊松分佈函數值表

$$F(c) = \sum_{k=0}^{c} \frac{\lambda^k}{k!} e^{-\lambda}$$

c \ λ	0.1	0.2	0.3	0.4	0.5	0.6	0.7	0.8	0.9	1.0
0	0.9048	0.8187	0.7408	0.6703	0.6065	0.5488	0.4966	0.4493	0.4066	0.3679
1	0.9953	0.9825	0.9631	0.9384	0.9098	0.8781	0.8442	0.8088	0.7725	0.7358
2	0.9998	0.9989	0.9964	0.9921	0.9856	0.9769	0.9659	0.9526	0.9371	0.9197
3	1.0000	0.9999	0.9997	0.9992	0.9982	0.9966	0.9942	0.9909	0.9865	0.9810
4		1.0000	1.0000	0.9999	0.9998	0.9996	0.9992	0.9986	0.9977	0.9963
5				1.0000	1.0000	1.0000	0.9999	0.9998	0.9997	0.9994
6							1.0000	1.0000	1.0000	0.9999

c \ λ	1.5	2.0	2.5	3.0	3.5	4.0	4.5	5.0	5.5	6.0
0	0.2231	0.1353	0.0821	0.0498	0.0302	0.0183	0.0111	0.0067	0.0041	0.0025
1	0.5578	0.4060	0.2873	0.1991	0.1359	0.0916	0.0611	0.0404	0.0266	0.0174
2	0.8088	0.6767	0.5438	0.4232	0.3208	0.2381	0.1736	0.1247	0.0884	0.0620
3	0.9344	0.8571	0.7576	0.6472	0.5366	0.4335	0.3423	0.2650	0.2017	0.1512
4	0.9814	0.9473	0.8912	0.8153	0.7254	0.6288	0.5321	0.4405	0.3575	0.2851
5	0.9955	0.9834	0.9589	0.9161	0.8576	0.7851	0.7029	0.6160	0.5289	0.4457
6	0.9991	0.9955	0.9858	0.9665	0.9347	0.8893	0.8311	0.7622	0.6860	0.6063
7	0.9998	0.9989	0.9958	0.9881	0.9733	0.9489	0.9134	0.8666	0.8095	0.7440
8	1.0000	0.9998	0.9989	0.9962	0.9901	0.9786	0.9597	0.9319	0.8944	0.8472
9			0.9997	0.9989	0.9967	0.9919	0.9829	0.9682	0.9462	0.9161
10			0.9999	0.9997	0.9990	0.9972	0.9933	0.9863	0.9747	0.9574
11			1.0000	0.9999	0.9997	0.9991	0.9976	0.9945	0.9870	0.9799
12				0.9999	0.9997	0.9992	0.9980	0.9955	0.9912
13				1.0000	0.9999	0.9997	0.9993	0.9983	0.9964
14						0.9999	0.9998	0.9994	0.9986
15						1.0000	0.9999	0.9998	0.9995
16								0.9999	0.9998
17								1.0000	0.9999

附表1(續)

λ \ c	6.5	7.0	7.5	8.0	8.5	9.0	9.5	10.0
0	0.0015	0.0009	0.0006	0.0003	0.0002	0.0001	0.0001	0.0000
1	0.0113	0.0073	0.0047	0.0030	0.0019	0.0012	0.0008	0.0005
2	0.0430	0.0296	0.0203	0.0138	0.0093	0.0032	0.0042	0.0028
3	0.1118	0.0818	0.0591	0.0424	0.0301	0.0212	0.0149	0.0103
4	0.2237	0.1730	0.1321	0.0996	0.0744	0.0550	0.0403	0.0293
5	0.3690	0.3007	0.2414	0.1912	0.1496	0.1157	0.0885	0.0671
6	0.5265	0.4497	0.3782	0.3134	0.2562	0.2068	0.1649	0.1301
7	0.6728	0.5987	0.5246	0.4530	0.3856	0.3239	0.2687	0.2202
8	0.7916	0.7291	0.6620	0.5925	0.5231	0.4557	0.3918	0.3328
9	0.8774	0.8305	0.7764	0.7166	0.6530	0.5874	0.5218	0.4579
10	0.9332	0.9015	0.8622	0.8159	0.7634	0.7060	0.6453	0.5830
11	0.9661	0.9467	0.9208	0.8881	0.8487	0.8030	0.7520	0.6968
12	0.9840	0.9730	0.9573	0.9362	0.9091	0.8758	0.8364	0.7916
13	0.9929	0.9872	0.9784	0.9658	0.9486	0.9261	0.8981	0.8645
14	0.9970	0.9943	0.9897	0.9827	0.9726	0.9585	0.9400	0.9165
15	0.9988	0.9976	0.9954	0.9918	0.9862	0.9780	0.9665	0.9513
16	0.9996	0.9990	0.9980	0.9963	0.9934	0.9889	0.9823	0.9730
17	0.9998	0.9996	0.9992	0.9984	0.9970	0.9947	0.9911	0.9857
18	0.9999	0.9999	0.9997	0.9993	0.9987	0.9976	0.9957	0.9928
19	1.0000	1.0000	0.9999	0.9997	0.9995	0.9989	0.9980	0.9965
20			1.0000	0.9999	0.9998	0.9996	0.9991	0.9984
21				1.0000	0.9999	0.9998	0.9996	0.9993
22					1.0000	0.9999	0.9999	0.9997
23							0.9999	0.9999

附表 2　標準正態分佈函數值表

$$\Phi(x) = \frac{1}{\sqrt{2\pi}} \int_{-\infty}^{x} e^{-\frac{t^2}{2}} dt$$

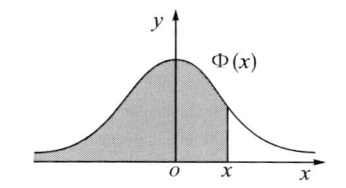

x	0.00	0.01	0.02	0.03	0.04	0.05	0.06	0.07	0.08	0.09
0.0	0.5000	0.5040	0.5080	0.5120	0.5160	0.5199	0.5239	0.5279	0.5319	0.5359
0.1	0.5398	0.5438	0.5478	0.5517	0.5557	0.5596	0.5636	0.5675	0.5714	0.5753
0.2	0.5793	0.5832	0.5871	0.5910	0.5943	0.5987	0.6026	0.6064	0.6103	0.6141
0.3	0.6179	0.6217	0.6255	0.6293	0.6631	0.6368	0.6406	0.6443	0.6480	0.6517
0.4	0.6554	0.6591	0.6628	0.6664	0.6700	0.6736	0.6772	0.6808	0.6844	0.6879
0.5	0.6915	0.6950	0.6985	0.7019	0.7054	0.7088	0.7123	0.7157	0.7190	0.7224
0.6	0.7257	0.7291	0.7324	0.7357	0.7389	0.7422	0.7454	0.7486	0.7517	0.7549
0.7	0.7580	0.7611	0.7642	0.7673	0.7704	0.7734	0.7764	0.7794	0.7823	0.7852
0.8	0.7881	0.7910	0.7939	0.7967	0.7995	0.8023	0.8051	0.8078	0.8106	0.8133
0.9	0.8159	0.8186	0.8212	0.8238	0.8264	0.8289	0.8315	0.8340	0.8365	0.8389
1.0	0.8413	0.8438	0.8461	0.8485	0.8508	0.8531	0.8554	0.8577	0.8599	0.8621
1.1	0.8543	0.8665	0.8686	0.8708	0.8729	0.8749	0.8770	0.8790	0.8810	0.8830
1.2	0.8849	0.8869	0.8888	0.8907	0.8925	0.8944	0.8962	0.8980	0.8997	0.9015
1.3	0.9032	0.9049	0.9066	0.9085	0.9099	0.9115	0.9131	0.9147	0.9162	0.9177
1.4	0.9192	0.9507	0.9222	0.9236	0.9251	0.9265	0.9278	0.9292	0.9306	0.9319
1.5	0.9332	0.9345	0.9357	0.9370	0.9382	0.9394	0.9406	0.9418	0.9430	0.9441
1.6	0.9452	0.9463	0.9474	0.9484	0.9495	0.9505	0.9515	0.9525	0.9535	0.9545
1.7	0.9554	0.9564	0.9573	0.9582	0.9591	0.9599	0.9608	0.9616	0.9625	0.9633
1.8	0.9641	0.9649	0.9656	0.9664	0.9671	0.9678	0.9686	0.9693	0.9700	0.9706
1.9	0.9713	0.9719	0.9726	0.9732	0.9738	0.9744	0.9750	0.9756	0.9762	0.9767

附表2(續)

x	0.00	0.01	0.02	0.03	0.04	0.05	0.06	0.07	0.08	0.09
2.0	0.9772	0.9778	0.9783	0.9788	0.9793	0.9798	0.9803	0.9808	0.9812	0.9817
2.1	0.9821	0.9826	0.9831	0.9834	0.9838	0.9842	0.9846	0.9850	0.9854	0.9857
2.2	0.9861	0.9864	0.9868	0.9871	0.9875	0.9878	0.9881	0.9884	0.9887	0.9890
2.3	0.9893	0.9896	0.9898	0.9901	0.9904	0.9906	0.9909	0.9911	0.9913	0.9916
2.4	0.9918	0.9920	0.9922	0.9925	0.9927	0.9929	0.9931	0.9932	0.9934	0.9936
2.5	0.9938	0.9940	0.9941	0.9943	0.9945	0.9946	0.9948	0.9949	0.9951	0.9952
2.6	0.9953	0.9955	0.9956	0.9957	0.9959	0.9960	0.9961	0.9962	0.9963	0.9964
2.7	0.9965	0.9966	0.9967	0.9968	0.9969	0.9970	0.9971	0.9972	0.9973	0.9974
2.8	0.9974	0.9975	0.9976	0.9977	0.9977	0.9978	0.9979	0.9979	0.9980	0.9981
2.9	0.9981	0.9982	0.9982	0.9983	0.9984	0.9984	0.9985	0.9985	0.9986	0.9986
3.0	0.9987	0.9987	0.9987	0.9988	0.9988	0.9989	0.9989	0.9989	0.9990	0.9990
3.1	0.9990	0.9991	0.9991	0.9991	0.9992	0.9992	0.9992	0.9992	0.9993	0.9993
3.2	0.9993	0.9993	0.9994	0.9994	0.9994	0.9994	0.9994	0.9995	0.9995	0.9995
3.3	0.9995	0.9995	0.9995	0.9996	0.9996	0.9996	0.9996	0.9996	0.9996	0.9997
3.4	0.9997	0.9997	0.9997	0.9997	0.9997	0.9997	0.9997	0.9997	0.9997	0.9998
3.5	0.9998	0.9998	0.9998	0.9998	0.9998	0.9998	0.9998	0.9998	0.9998	0.9998
3.6	0.9998	0.9998	0.9999	0.9999	0.9999	0.9999	0.9999	0.9999	0.9999	0.9999

附表3 t 分佈上側分位數表

$$P\{t(n) > t_\alpha(n)\} = \alpha$$

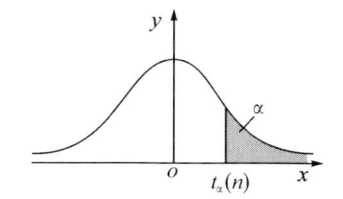

n \ α	0.25	0.10	0.05	0.025	0.01	0.005
1	1.0000	3.077,7	6.313,8	12.706,2	31.820,7	63.657,4
2	0.816,5	1.885,6	2.920,0	4.302,7	6.964,6	9.924,8
3	0.764,9	1.637,7	2.353,4	3.182,4	4.540,7	5.840,9
4	0.740,7	1.533,2	2.131,8	2.776,4	3.746,9	4.604,1
5	0.726,7	1.475,9	2.015,0	2.570,6	3.364,9	4.032,2
6	0.717,6	1.439,8	1.943,2	2.446,9	3.142,7	3.707,4
7	0.711,1	1.414,9	1.894,6	2.364,6	2.998,0	3.499,5
8	0.706,4	1.396,8	1.859,5	2.306,0	2.896,5	3.355,4
9	0.702,7	1.383,0	1.833,1	2.262,2	2.821,4	3.249,8
10	0.699,8	1.372,2	1.812,5	2.228,1	2.763,8	3.169,3
11	0.697,4	1.363,4	1.795,9	2.201,0	2.718,1	3.105,8
12	0.695,5	1.356,2	1.782,3	2.178,8	2.681,0	3.054,5
13	0.693,8	1.350,2	1.770,9	2.160,4	2.650,3	3.012,3
14	0.692,4	1.345,0	1.761,3	2.144,8	2.624,5	2.976,8
15	0.691,2	1.340,6	1.753,1	2.131,5	2.602,5	2.946,7
16	0.690,1	1.336,8	1.745,9	2.119,9	2.583,5	2.920,8
17	0.689,2	1.333,4	1.739,6	2.109,8	2.566,9	2.898,2
18	0.688,4	1.330,4	1.734,1	2.100,9	2.552,4	2.878,4
19	0.687,6	1.327,7	1.729,1	2.093,0	2.539,5	2.860,9
20	0.687,0	1.325,3	1.724,7	2.086,0	2.528,0	2.845,3

附表3(續)

n \ α	0.25	0.10	0.05	0.025	0.01	0.005
21	0.686,4	1.323,2	1.720,7	2.079,6	2.517,7	2.831,4
22	0.685,8	1.321,2	1.717,1	2.073,9	2.508,3	2.818,8
23	0.685,3	1.319,5	1.713,9	2.068,7	2.499,9	2.807,3
24	0.684,8	1.317,8	1.710,9	2.063,9	2.492,2	2.796,9
25	0.684,4	1.316,3	1.708,1	2.059,5	2.485,1	2.787,4
26	0.684,0	1.315,0	1.705,6	2.055,5	2.478,6	2.778,7
27	0.683,7	1.313,7	1.703,3	2.051,8	2.472,7	2.770,7
28	0.683,4	1.312,5	1.701,1	2.048,4	2.467,1	2.763,3
29	0.683,0	1.311,4	1.699,1	2.045,2	2.462,0	2.756,4
30	0.682,8	1.310,4	1.697,3	2.042,3	2.457,3	2.750,0
31	0.682,5	1.309,5	1.695,5	2.039,5	2.452,8	2.744,0
32	0.682,2	1.308,6	1.693,9	2.036,9	2.448,7	2.738,5
33	0.682,0	1.307,7	1.692,4	2.034,5	2.444,8	2.733,3
34	0.681,8	1.307,0	1.690,9	2.032,2	2.441,1	2.728,4
35	0.681,6	1.306,2	1.689,6	2.030,1	2.437,7	2.723,8
36	0.681,4	1.305,5	1.688,3	2.028,1	2.434,5	2.719,5
37	0.681,2	1.304,9	1.687,1	2.026,2	2.431,4	2.715,4
38	0.681,0	1.304,2	1.686,0	2.024,4	2.428,6	2.711,6
39	0.680,8	1.303,6	1.684,9	2.022,7	2.425,8	2.707,9
40	0.680,7	1.303,1	1.683,9	2.021,1	2.423,3	2.704,5
41	0.680,5	1.302,5	1.682,9	2.019,5	2.420,8	2.701,2
42	0.680,4	1.302,0	1.682,0	2.018,1	2.418,5	2.698,1
43	0.680,2	1.301,6	1.681,1	2.016,7	2.416,3	2.695,1
44	0.680,1	1.301,1	1.680,2	2.015,4	2.414,1	2.692,3
45	0.680,0	1.300,6	1.679,4	2.014,1	2.412,1	3.689,6

附表4　χ^2 分佈上側分位數表

$$P\{\chi^2(n) > \chi^2_\alpha(n)\} = \alpha$$

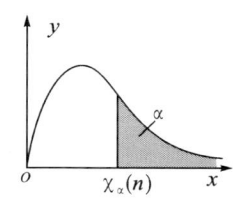

n \ α	0.995	0.99	0.975	0.95	0.90	0.75
1	—	—	0.001	0.004	0.016	0.102
2	0.010	0.020	0.051	0.103	0.211	0.575
3	0.072	0.115	0.216	0.352	0.584	1.213
4	0.207	0.297	0.484	0.711	1.064	1.923
5	0.412	0.554	0.831	1.145	1.610	2.675
6	0.676	0.872	1.237	1.635	2.204	3.455
7	0.989	1.239	1.690	2.167	2.833	4.255
8	1.344	1.646	2.180	2.733	3.490	5.071
9	1.735	2.088	2.700	3.325	4.168	5.899
10	2.156	2.558	3.247	3.940	4.865	6.737
11	2.603	3.053	3.816	4.575	5.578	7.584
12	3.074	3.571	4.404	5.226	6.304	8.438
13	3.565	4.107	5.009	5.892	7.042	9.299
14	4.075	4.660	5.629	6.571	7.790	10.165
15	4.601	4.229	6.262	7.261	8.547	11.037
16	5.142	5.812	6.908	7.962	9.312	11.912
17	5.697	6.408	7.564	8.672	10.085	12.792
18	6.265	7.015	8.231	9.390	10.865	13.675
19	6.844	7.633	8.907	10.117	11.651	14.562
20	7.434	8.260	9.591	10.851	12.443	15.452

附表4(續1)

n \ α	0.995	0.99	0.975	0.95	0.90	0.75
21	8.034	8.897	10.283	11.591	13.240	16.344
22	8.643	9.542	10.982	12.338	14.042	17.240
23	9.260	10.196	11.689	13.091	14.848	18.137
24	9.886	10.856	12.401	13.848	15.659	19.037
25	10.520	11.524	13.120	14.611	16.473	19.939
26	11.160	12.198	13.844	15.379	17.292	20.843
27	11.808	12.879	14.573	16.151	18.114	21.749
28	12.461	13.565	15.308	16.928	18.939	22.657
29	13.121	14.257	16.047	17.708	19.768	23.567
30	13.787	14.954	16.791	18.493	20.599	24.478
31	14.458	15.655	17.539	19.281	21.434	25.390
32	15.134	16.362	18.291	20.072	22.271	26.304
33	15.815	17.074	19.047	20.867	23.110	27.219
34	16.501	17.789	19.806	21.664	23.952	28.136
35	17.192	18.509	20.569	22.465	24.797	29.054
36	17.887	19.233	21.336	23.269	25.643	29.973
37	18.586	19.960	22.106	24.075	26.492	30.893
38	19.289	20.691	22.878	24.884	27.343	31.815
39	19.996	21.426	23.654	25.695	28.196	32.737
40	20.707	22.164	24.433	26.509	29.051	33.660
41	21.421	22.906	25.215	27.326	29.907	34.585
42	22.138	23.650	25.999	28.144	30.765	35.510
43	22.859	24.398	26.785	28.965	31.625	36.436
44	23.584	25.148	27.575	29.787	32.487	37.363
45	24.311	25.901	28.366	30.612	33.350	38.291

附表4(續2)

n \ α	0.25	0.10	0.05	0.025	0.01	0.005
1	1.323	2.706	3.841	5.024	6.635	7.879
2	2.773	4.605	5.991	7.378	9.210	10.597
3	4.108	6.251	7.815	9.348	11.345	12.838
4	5.385	7.779	9.488	11.143	13.277	14.860
5	6.626	9.236	11.071	12.833	15.086	16.750
6	7.841	10.645	12.592	14.449	16.812	18.548
7	9.037	12.017	14.067	16.013	18.475	20.278
8	10.219	13.362	15.507	17.535	20.090	21.955
9	11.389	14.684	16.919	19.023	21.666	23.589
10	12.549	15.987	18.307	20.483	23.209	25.188
11	13.701	17.275	19.675	21.920	24.725	26.757
12	14.845	18.549	21.026	23.337	26.217	28.299
13	15.984	19.812	22.362	24.736	27.688	29.819
14	17.117	21.064	23.685	26.119	29.141	31.319
15	18.245	22.307	24.996	27.488	30.578	32.801
16	19.369	23.542	26.296	28.845	32.000	34.267
17	21.489	24.769	27.587	30.191	33.409	35.718
18	21.605	25.989	28.869	31.526	34.805	37.156
19	22.718	27.204	30.144	32.852	36.191	38.582
20	23.828	28.412	31.410	34.170	37.566	39.997
21	24.935	29.615	32.671	35.479	38.932	41.401
22	26.039	30.813	33.924	36.781	40.289	42.796
23	27.141	32.007	35.172	38.076	41.638	44.181
24	28.241	33.196	36.415	39.364	42.980	45.559
25	29.339	34.382	37.652	40.646	44.314	46.928

附表4(續3)

n \ α	0.25	0.10	0.05	0.025	0.01	0.005
26	30.435	35.563	38.885	41.923	45.642	48.290
27	31.528	36.741	40.113	43.194	46.963	49.645
28	32.620	37.916	41.337	44.461	48.278	50.993
29	33.711	39.987	42.557	45.722	49.588	52.336
30	34.800	40.256	43.773	46.979	50.892	53.672
31	35.887	41.422	44.985	48.232	52.191	55.003
32	36.973	42.585	46.194	49.480	53.486	56.328
33	38.058	43.745	47.400	50.725	54.776	57.648
34	39.141	44.903	48.602	51.966	56.061	58.964
35	40.223	46.059	49.802	53.203	57.342	60.275
36	41.304	47.212	50.998	54.437	58.619	61.581
37	42.383	48.363	52.192	55.668	59.892	62.883
38	43.462	49.513	53.384	56.896	61.162	64.181
39	44.539	50.660	54.572	58.120	62.428	65.476
40	45.616	51.805	55.758	59.342	63.691	66.766
41	46.692	52.949	56.942	60.561	64.950	68.053
42	47.766	54.090	58.124	61.777	66.206	69.336
43	48.840	55.230	59.304	62.990	67.459	70.616
44	49.913	56.369	60.481	64.201	68.710	71.893
45	50.985	57.505	61.656	65.410	69.957	73.166

國家圖書館出版品預行編目(CIP)資料

概率論與數理統計教程 / 白淑敏 主編. -- 第二版.
-- 臺北市：崧博出版：財經錢線文化發行, 2018.10
　面；　公分
ISBN 978-957-735-622-2(平裝)
1.機率 2.數理統計
319.1　　　　107017342

書　　名：概率論與數理統計教程
作　　者：白淑敏 主編
發 行 人：黃振庭
出 版 者：崧博出版事業有限公司
發 行 者：財經錢線文化事業有限公司
E-mail：sonbookservice@gmail.com
粉絲頁　　　　　網　址：
地　　址：台北市中正區延平南路六十一號五樓一室
8F.-815, No.61, Sec. 1, Chongqing S. Rd., Zhongzheng Dist., Taipei City 100, Taiwan (R.O.C.)
電　　話：(02)2370-3310　傳　真：(02) 2370-3210
總 經 銷：紅螞蟻圖書有限公司
地　　址：台北市內湖區舊宗路二段 121 巷 19 號
電　　話：02-2795-3656　　傳真：02-2795-4100　網址：
印　　刷：京峯彩色印刷有限公司（京峰數位）

　　本書版權為西南財經大學出版社所有授權崧博出版事業有限公司獨家發行電子書及繁體書繁體版。若有其他相關權利及授權需求請與本公司聯繫。

定價：450元
發行日期：2018 年 10 月第二版
◎ 本書以POD印製發行